엄마, 나는 자라고 있어요

출산 후, 나로 돌아가는 시간

Oei ik Groei - Back To You
by Xaviera Plooij

엄마, 나는 자라고 있어요
출산 후, 나로 돌아가는 시간

자비에라 프로에이 ·
로런스 미슈너
지음

박혜성
감수
유영미
옮김

BACK
TO
YOU

The Wonder
Weeks

◆ 산후 완전회복 가이드북 ◆

B 북폴리오

머리말

팩트 체크

◆ 출산 뒤에는 신체, 정신, 심지어 뇌 구조까지 변한다.

◆ 신체가 새로운 호르몬 대사에 적응하려면 몇 달 걸린다.

◆ 골반저근이 약화되어 배변 시 통증이나 어려움, 오르가슴의 둔화, (더 나이 들어) 요실금 같은 증상이 평생을 두고 나타날 수 있다.

◆ 부부관계가 변화된다.

◆ 출산 후 회복이 제대로 이루어지지 않으면 아기와의 애착 형성에 부정적인 영향을 초래할 수 있다.

당신의 몸은 9개월 동안 불어나고, 9개월 동안 원래대로 돌아온다. 9개월간 몸이 불어날 때는 모든 여성이 그것에 주의를 기울이고 돌봄도 받는다. 하지만 출산 6주 후 마지막 산후 검진을 받고 오면, 혼자 남겨진 느낌이다. 사실 출산 후 원래 몸으로 돌아오는 일 역시 심신에 만만치 않은 부담이 되는 일이다. 하지만 이 일은 혼자 알아서 해야 한다. 어떻게 여성들에게 이 일을 그냥 혼자 알아서 하게 방치할 수 있단 말인가?

이런 상황은 변해야 한다.

이젠 변할 것이다.

백투유Back-To-You, BTY 프로그램은 혁명이다. 이 프로그램은 출산 후 힘든 시기에 당신과 함께하며 심신을 회복하도록 도울 것이다. 이 프로그램을 통해 출산 후 회복 과정은 필수적으로 거쳐야 하는 과정이 될 것이다. 당신과 당신의 몸, 당신의 관계가 소중하기 때문이다. 당신은 놀라운 생명을 세상에 선사했고, back to you, 즉 이제 다시 자기 자신으로 돌아가는 일에 도움을 받을 자격이 충분하다.

모든 산모는 아기가 복부 근육의 위치만 바꾸어놓은 것이 아니라는 걸 안다. 백투유 프로그램을 개발하는 것은 세계 최고의 전문가들과 함께하는 보물찾기와 비슷했다. 지난한 과정을 통해 혁명적인 프로그램이 탄생했다. BTY는 어떻게 하면 예전에 입던 옷 치수로 돌아갈 것인지, 어떻게 하면 배가 다시 들어갈 것인지와 같은 질문뿐 아니라, 출산 뒤 모든 회복 과정을 다룬다. 다시금 활기찬 몸과 기민한 정신으로 돌아가고자 하는 여성들에게 졸속으로 마련된 겉핥기식의 출산 후 회복 프로그램은 참으로 얄랑하기 짝이 없는 것이다. 진정한 회복이란 그런 겉핥기 프로그램을 훨씬 뛰어넘기 때문이다.

BTY 운동을 시작해야 한다는 건 명백한 사실이었다. 우리가 만나본 전문가들은 이구동성으로 그런 프로그램의 필요성을 지적했다. 우리에게 그런 프로그램을 개발해달라고 부탁하며, 그런 프로그램을 통해 부디 출산을 끝낸 전 세계의 여성들이 제대로 건강한 자신으로 돌아갈 수 있기를 바라마지 않았다. 독일의 저명한 산부인과 의사인 실라 데리즈 박사는 이렇게 이야기해주었다. "지금껏 여성들에게 이토록 도움이 되는 프로그램은 없었어요. 좋은 책에 참여할 수 있어서 너무나 큰 영광입니다." 다른 전문가들도 비슷한 격려를 해주었다. "드디어 이런 주제에 관한 책이 나오는군요.", "이제 이런 이야기를 할 때도 되었죠.", "이 운동은 전 세계의 많은 여성에게 엄청난 도움이 될 거예요." 우리는 정말 많은 격려를 받았다.

전문가들의 격려 덕분에 우리는 더 힘을 내서 이런 혁명적인 프로그램을 개발해 나갈 수 있었다.

BTY – 모든 것은 연결되어 있다

전문가들과 이야기하는 중 한 가지 사실이 점점 더 분명해졌다. 앞으로 건강은 어느 특수 분야의 몫이 아니라 여러 분야를 통합적으로 고려해야 한다는 사실 말이다. 임신 뒤의 신체적 변화는 이를 분명히 보여준다. 의사는 자신의 전문 분야에 충실해야 할 뿐 아니라, 사람을 전인적으로 바라보고 모든 것이 서로 어떻게 연결되고 상호 어떤 영향을 미치는지를 깨달아야 한다. BTY는 모든 것이 연결되어 있다는 생각을 기본으로 한다. 발 자세가 잘못되면 골반저에 불편을 초래할 수도 있다(그리하여 성관계 시 통증이 있거나, 배변 장애가 생길 수도 있다). 뭔가 잘못하지 않을까 하는 두려움으로 말미암은 스트레스는 엄지손가락 통증을 유발할 수 있다. 밤에 수면이 부족하면 호르몬 대사에 영향을 미쳐 회복이 지연될 수 있고, 출산 이후 엄마 역할이 가장 우선이 되면 파트너 관계는 적잖이 등한시될 수 있다. 뇌에서 느끼는 공감의 종류나 강도가 변화하면서 스스로에 대해 적잖은 회의가 밀려들 수도 있으며, 영양은 산후우울증에 영향을 줄 수 있다. 간단히 말해 신체와 정신은 모든 면에서 서로 연결되어 있다. 그러므로 전체를 이해하고자 한다면 신체와 정신, 그리고 주변의 모든 측면을 분리해 생각해서는 안 된다.

BTY – 최대의 효과를 위해

우리는 "XL-기본 요소"를 개발했다. 이것은 각각 별개로 당신의 회복과 건강에 엄청난 영향을 미치는 네 가지 요소를 말한다. 영양, 휴식과 이완, 자세와 호흡, 운동이 그것으로, 이 모두가 어우러져 심신에 기적을 일으킬 수 있다.

BTY – 지식과 뒷받침

백투유가 제공하는 것들.

1. 변화에 대한 조망: 두뇌, 파워하우스(배, 등, 횡격막, 골반 부분의 근육), 질, 호르몬 대사, 정신에서 일어난 변화를 정리해준다.

2. 포괄적인 회복 프로그램: 골반저근에서 파워하우스, 정신 건강에 이르기까지 모든 영역을 동시에 강화하여 더 건강하고 활기찬 생활을 할 수 있도록 돕는다.

BTY 프로그램은 이렇게 기능한다

무료 앱을 다운받자!

BTY 프로그램은 이 책과 무료 실전 앱, 두 부분으로 구성된다. 앱을 다운로드한 뒤 개별 고유 번호(별첨)를 입력하면 모든 운동 동영상을 볼 수 있다. 무료 앱을 마련한 것은 어떤 부분들은 읽기만 하는 것보다 눈으로 볼 때 더 이해하기 쉽기 때문이다.

BTY 프로그램은 3단계로 구성된다

1. **Back**(0~6주) ···› 지금은 몸이 좀 축난 상태다. 이제 충분한 휴식을 취하면서 아기와 애착을 형성하고, 엄마로서의 새로운 역할에 익숙해지는 것이 중요하다. 이 시기에는 정신과 파워하우스를 연결하는 데 집중하는 연습을 할 것이다.

2. **To**(7~24주) ···› 서서히 "정상적인" 생활로 나아가고 있을 것이다. 외출도 더 많이 하고, 다시 사람들을 만나고, 자신을 만나게 될 것이다. 이 시기에는

신체 훈련에서는 안정성과 가동성에 중점을 둘 것이고, 정신 면에서는 당신의 자아가 다시 "일상적인" 세계로 복귀하도록 뒷받침할 것이다.

3. **You(25~40주)** ⋯ 당신은 점점 더 "새로운 자아"로 거듭나고, 점점 생기를 되찾을 것이다. 우리는 당신의 새로운 자아에 집중하여, 심신이 더 건강하고, 더 활력 있고, 더 보기 좋아지도록 도울 것이다. 당신은 새로운 자신, 나아가 더 나은 자신이 될 것이다!

BTY 프로그램의 핵심 원칙

양질의 회복으로 나아가게끔 하는 BTY 핵심 원칙 세 가지가 있다. 당신의 심신에 중요한 원칙들이다. 그리하여 우리는 이 세 원칙을 기반으로 몸과 마음을 훈련할 것이다.

1. 연결
2. 압력 분산
3. 전체 가동 범위(완전한 이완에서 완전한 수축까지)

● 감사의 말

우리가 이 프로그램을 만들 수 있도록 도와준 모든 국제 전문가들에게 감사합니다. 이들의 전문적이고 의학적이고, 종합적인 시각이 없었다면 백투유는 결코 지금 같은 특별한 형태가 되지 못했을 것입니다.

실라 데리즈Sheila de Liz 박사(산부인과 의사, 미국과 독일). 당신은 최고 전문가일 뿐 아니라 친구이자 나(자비에라)의 영웅입니다.

린지 베스털Lindsey Vestal 박사(작업 치료사, 골반저 전문가, 미국과 프랑스). 열정적인 도움, 골반저, 그리고 다른 신체 부위들의 관계에 대한 특별한 관점을 나누어주어 감사합니다. 파리로 당신을 방문했던 일은 책 내용 뿐 아니라 개인의 삶도 더 풍성하게 만들어주었습니다.

소니아 발라니Sonia Bahlani 박사[비뇨기과 전문의(하복부 통증 전문), 산부인과 의사, 미국]. 여성의 건강에 대한 당신의 종합적인 관점은 우리의 눈을 열어주었고, 당신의 도움을 통해 우리의 책이 한 단계 업그레이드될 수 있었습니다.

미란다 고에르츠Miranda Goertz(심리학자, 네덜란드). 두루두루 뒷받침해주고 좋은 생각들을 제안해준 것에 감사드립니다.

라르스 마크Lars Mak(에스틸의 가수이자 보컬 트레이너). 목소리의 울림, 사용, 자세… 모든 것이 연결되어 있음을 알게 되었습니다!

안-마를레네 헤닝Ann-Marlene Henning(성생활 및 부부 치료사, 독일). 섹스와 부부관계에 대한 놀랍고, 현실적이며 열린 생각들을 알려주었습니다. 모든 부부가 당신의 조언에서 배울 점이 있을 것입니다!

베튈 베르톨트Betül Berthold(임산부 도우미, 독일). 흥미로운 대화와 구체적인 좋은 아이디어를 통해 여성들이 셀프헬프를 할 수 있게 해주었습니다.

패트릭 존슨Patrick Johnson(자세 및 협응 전문가, 알렉산더 테크닉 스페셜리스트, 네덜란드). 우리의 행동이 자세에 어떤 영향을 미치는지 새롭고 차별적인 시각을 제공해주었습니다!

니키 디트롤리오Nikki Ditrolio. 당신은 런던의 필라테스 전문가이자 "척추 중립 자세의 여왕"입니다!

카롤린 푸르테르만Caroline Poorterman(조산사, 네덜란드). 당신은 세계 최고의 조산사이자 나의 소중한 친구입니다.

주디스 미어Judith Meer 박사(골반저 치료사, 물리 치료사, CSCS, 미국). 뉴욕에서 당신을 만나 나누었던 대화들이 종종 생각나는군요.

졸린 브라이튼Jolene Brighten 박사(자연요법 의사, 화학자, 여성 호르몬 전문가, 미국). 졸린, 당신은 모든 여성이 알아야 하는 복잡한 사안들을 그렇게도 분명하고 일목요연하게 설명해줄 수 있는 환상적인 능력과 에너지를 가진 몇 안 되는 사람 중 하나입니다. 여성이 신체를 둘러싼 모든 것을 더 의식하고 자각할 수 있게 힘쓰는 독보적이고 진정한 투사입니다.

랄프 무르만Ralph Moorman(영양학자, 식품공학자, 호르몬 균형 프로그램 창시자, 네덜란드). 당신은 내(로런스)가 운동과 영양, 호르몬을 연결시킬 수 있도록 일깨워주었습니다. 당신이 나의 선생님이라는 점이 자랑스럽군요.

캐서리너 미스네르Kathelijne Mischner(체육 교사, 네덜란드). 감사, 감사, 감사합니다. 당신과의 동영상 작업은 정말 축제와 같았습니다!

호니히Honig 박사, 교수(정신과 의사, 네덜란드). 당신 품에 안긴 특별한 손자와 함께 한 인터뷰는 정말 특별했습니다.

도리너 반라벤스베르그^{Dorine Van Ravensberg} 박사(운동 과학자, 네덜란드). 세심한 검토, 건설적인 비판, 좋은 생각들을 나누어준 것에 감사드립니다.

프란스 프로에이^{Frans Plooij} 박사. 나(자비에라)의 사랑하는 아버지, 조언자이자 후원자. 당신은 나의 영웅이에요.

방대하고 만만찮은 퍼즐 맞추기였지만, 연구자들, 전문가, 의료인들과 많은 시간을 함께하며 무수한 대화를 통해 이 책을 탄생시킬 수 있었습니다. 이제 출산이라는 엄청난 성취를 이루고 다시 자신으로 돌아오는 데 도움을 줄 최초의 책을 손에 든 독자들에게 응원을 전합니다.

사랑을 담아
자비에라와 로런스

차례

당신의 몸과 마음

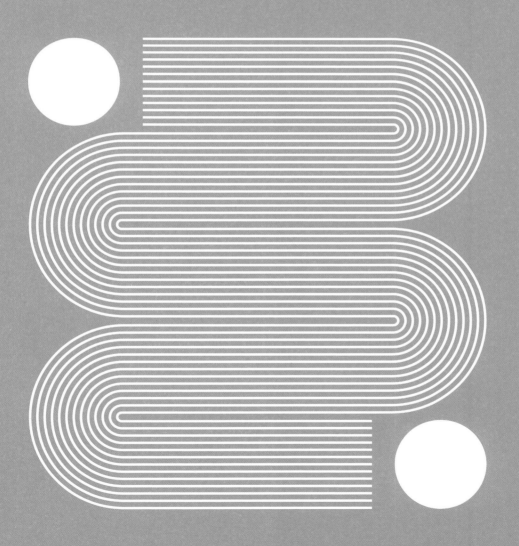

01

당신과 당신의 뇌

임신 중에는 자궁이 수 배로 커지고, 때에 따라서는 발도 한 치수 커진다. 피부가 늘어나고, 튼살이 생긴다. 게다가 호르몬도 변화한다. 우리 모두가 익히 아는 사실이다. 하지만 별로 잘 알려지지 않은 사실이 있으니… 두둥… 그것은 바로 임신과 출산을 통해 뇌도 변화한다는 사실이다! 그렇다. 정말로, 뇌 구조도 아이를 가진 여성 특유의 변화를 보인다. 와! 이런 변화는 다 이유가 있어서 일어나는 것이다. 뇌 구조의 변화로 말미암아 당신은 다른 사람들에게 감정이입을 더 잘할 수 있다. 더 세심해지고, 섬세해지며, 우선순위가 달라진다. 엄마 역할을 감당하기 위한 좋은 출발 조건이다. 하지만 이런 새로움—새로운 능력—에 익숙해지기까지는 약간 시간이 걸린다!

엄마-뇌를 이해하면 안심이 된다

사실, 임신이 뇌에 미치는 영향에 대해서는 아직 많이 알려지지 않았다. 관련 연구가 시작된 지 불과 몇 년 되지 않았기 때문이다. 그래서 보통 사람들은 임신에 수반되는 뇌 구조의 변화에 대해 별로 들어본 적이 없을 것이다. 많은 의사와 조산사 역시 아직 이에 대해 전혀 알지 못하거나, 연구가 진척되어 정말 뇌 구조가 변화하는 것으로 확인되면 그때 그런 정보들을 습득하면 된다는 입장이다. 맞는 이야기다. 하지만 엄마 뇌에 관한 연구가 상세히 이루어지기까지는 앞으로 몇십 년이 더 걸릴 수도 있다. 그리고 그때까지 새내기 엄마들은 헷갈리는 질문과 감정을 혼자서 해결해야 한다. 임신과 출산을 통해 뇌가 변화한다는 것을 알면 많은 것이 달라질 수 있을 텐데도 말이다. 그러므로 한 가지는 명심해야 한다. 감정적으로 불안하고 회의가 생기는 것들이 당신 탓이나 당신 책임이 아니라는 것 말이다. 약간 고개가 갸우뚱해지는 말일지도 모르지만, 지금 당신이 느끼는 것이 당신을 더 나은 엄마로 만들어주며, 지금의 감정은 아주 자연스런 생물학적 과정이다. 거의 모든 엄마가 이런 감정을 알고 있다. 뇌가 그렇게 프로그램되어 있기 때문이다. 백투유Back To You, BTY에서 우리는 오늘날 우리가 엄마 뇌에 대해 무엇을 알고 있는지, 그리고 (다시금) 감정을 조절하기 위해 무엇을 할 수 있을지를 소개할 것이다. 이런 내용을 알면 마음이 편해질 것이다. 당신이 겪는 상태는 바로 뇌의 생물학적, 화학적 변화에서 기인하기 때문이다.

엄마 뇌에 관한 학문적 연구 결과

최근까지 아무도 임신이 뇌에 미치는 영향에 주목하지 않았다. 임신과 출산에 관한 연구도 대부분은 남성이 주관했으며, 남성 연구자들은 임신과 출산을 담당하는 여성 자체에 대해서는 별 관심을 두지 않았다. 주로 아기가 자라는 여성의 배에만 주목했을 따름이었다. 물론 당연한 일이었는지 모르지만, 그러다 보니 출산 후의 시간에 대해서는 정말로 알려진 것이 별로 없다. 2016년 네덜란드 레이던대학의 신경과학자 엘세리네 호크제마(Elseline Hoekzema) 박사가 엄마-뇌 연구를 시작했다. 그녀는 출산을 마친 여성의 뇌에 유의미한 변화가 나타난다는 것과 이런 변화가 2년 이상 지속되며, 때에 따라서는 변화된 상태가 평생 유지된다는 것을 규명했다. 이런 변화는 여성이 엄마가 되는 일에 중요한 역할을 한다.

뇌는 회백질과 백질로 구성된다. 회백질은 신경세포체로 구성되고, 백질에는 신경세포의 경로들이 위치한다. 분만 뒤에 회백질에 큰 변화가 나타나는데, 사회적 지각, 즉 감정이입 능력과 공감을 담당하는 부분이 변한다. 바로 다른 사람의 감정을 해독하는 걸 담당하는 부분이 변하는 것이다. 회백질이 변화하는 방식은 언뜻 볼 때는 꽤나 이상해 보인다. 특정 구역의 회백질이 줄어들기 때문이다. 대신에 남은 회백질이 더 개선되거나, 더 민감해지는 것으로 나타났다. 마치 회백질의 감소가 뇌를 특화시켜줄 수 있는 것처럼 말이다. 이를 통해 여성은 엄마 역할에 더 빠르게 적응하고, 아기의 필요에 더 잘 부응할 수 있다. 따라서 엄마 뇌로 변화하는 것은 매우 특별한 일이다!

출산한 여성의 뇌 구조는 임신한 적이 없는 여성의 뇌와 뚜렷이 달라서 컴퓨터 알고리즘이 뇌 스캔만으로 그 여성이 이미 임신 경험이 있는지 없는지를 알 수 있을 정도였다. 이것은 사실 전혀 놀랄 일도 아니다. 임신 동안의 호르몬 변화는 사춘기에 일어나는 변화와 비견될 정도로 크다. 사춘기 후에도 뇌가 재편성되고 재구조화된다. 사춘기와 임신, 출산으로 인한 뇌 구조의 변화는 호르몬 홍수의 결과이다. 진화론적 관점으로 보자면, 이제 당신은 엄마로서 새로운 도전에 맞서 문제에 다른 방식으로 대처하고 우선순위를 달리해야 한다고 말할 수 있다. 변화된 뇌 구조인 엄마 뇌가 이를 가능케 해준다.

엄마 뇌로 하는 《엄마, 나는 자라고 있어요》 – 도약

《엄마, 나는 자라고 있어요》에서 당신은 아기가 거치는 발달 단계들에 대해 알게 될 것이다. 아기가 겪는 10개의 뇌 변화에 대해서도 알게 될 것이다. 이런 발달상의 도약이 시작될 때 당신은 아기가 불안하고, 칭얼대고, 많이 울고, 기분이 이랬다저랬다 한다는 점이 눈에 띌 것이다. 당연한 일이다. 뇌의 변화로 말미암아 아기가 갑자기 온 세계를 다르게 경험하고(아기는 새로운 지각 능력을 갖게 된다), 이런 상황에 익숙해지기까지 약간 시간이 필요하기 때문이다. 아기가 발달상의 도약을 한 다음에는 뇌 변화가 이루어지기 전에는 할 수 없었던 새로운 일들을 할 수 있음을 보게 될 것이다.

이제 엄마 뇌에 대해 생각해보자. 엄마 뇌 역시 변화를 경험한다. 그리고 이를 통해 당신은 세상을 다르게 경험하게 된다. 이 역시 꽤나 불안한 일이며, 이로 인해 종종 울음이 나오기도 하고 아무 의욕이 생기지 않기도 하고 기분이 이랬다저랬다 하기도 한다. 따라서 엄마로서 당신 역시도 도약을 경험하는 것이다!《엄마, 나는 자라고 있어요》에는 아기가 칭얼대는 정도를 약화하는 방법이나 아기가 드디어 잠을 푹 자게 만드는 마법 같은 방법은 담겨 있지 않다. 하지만《엄마, 나는 자라고 있어요》는 전 세계의 부모들에게 아기의 두뇌 변화에 대한 새로운 통찰을 제공함으로써 엄마들이 아기를 더 잘 이해하게 하고, 처음 겪는 부모 역할을 좀 더 안정감 있게 감당할 수 있도록 해준다. 복잡한 생물학적 과정을 이해하기만 해도 이미 도움이 되고, 공연히 의심하고 고민하는 시간을 줄여준다. 당신과 당신의 '엄마 뇌'도 마찬가지다. 자신의 뇌가 변한다는 것을 알기만 해도 안심이 된다.

당신의 감정과 당신의 엄마 뇌

좋은 일이다. 이제 당신은 다른 사람들을 더 잘 이해할 수 있고, 특정한 감정 신호에 더 세심하게 반응하고, 더 잘 공감할 수 있다. 당신은 슈퍼우먼이 된 것이다. 그럼에도 그 사실을 있는 그대로 받아들이는 것은 쉽지 않다. 이것은 정말로 아주 정상적인 현상이고, 엄마가 되어가는 과정에 속한 것이다. 늘 확신에 차 있고, 우울감은 추호도 알지 못하는 예외적인 여성만 제외하고는 거의 모든 새내기 엄마가 때로 자신이 잘하고 있는지 의심하고, 가정을 이루었다는 사실에 부담스러워하고, 책임져야 하는 아기가 생겼다는 사실에도 부담을 느낀다. 하지만 이런 현실을 터놓고 이야기하는 것은 완전히 터부시된다. 거의 모든 여성이 스스로가 잘하고 있는지 의구심을 갖는다. 거의 모두가 육아라는 커다란 과제 앞에서 부담을 느끼고 아이를 잘 키울 수 있을지 자신 없어 한다. 거의 모든 여성이 아이를 낳은 것이 잘한 일인지 자괴감을 느낀다. 하지만 그에 대해 이야기할까? 거의 이야기하지 않는다. 우리는 이런 감정을 입 밖에 내기를 꺼린다. 안타까운 일이다. 거의 누구나 느끼는 감정들이기 때문이다. 말하지 않으면 이런 의심이 점점 더 커질 우려가 있다. 거의 모두가 의심하고 불안해하며, 어려운 순간들을 경험한다. 이제 우리는 이런 현상이 약간은 우리의 '엄마 뇌' 때문임도 알고 있다. 이런 지식은 우리를 안심시킨다. 당신이 무언가 잘못하고 있는 것이 아니라, 생물학적 과정이 당신의 뇌를 변화시킴으로써 자연스레 생기는 현상인 것이다.

당신의 두뇌 또는 당신의 의식?

흠… 여기서 우리는 다시금 우리 몸의 모든 부분이 서로 연결되어 있음을 뚜렷이 알 수 있다. 뇌가 변하는 상황이 당신의 기분과 컨디션에 커다란 영향을 미칠 수 있는 것이다. 감정, 특정 신체 부분에 귀속시킬 수 없는 "자아"의 모든 측면에 영향을 미친다. 엄마가 되면서 중요한 역할을 하는 모든 변화는 68쪽 〈당신과 당신의 정신〉 장에서 더 자세히 살펴보자.

당신과 당신의 파워하우스

솔직히 말해보자. 아기를 낳는 것은 일종의 힘든 운동이며, 고도의 능력이 있어야 하는 힘든 운동은 신체에 부담이 된다. 임신의 결과는 배 주변에서 가장 많이 나타난다. 당연한 일이다. 아기가 9개월간 자란 자궁이 배 속에 있기 때문이다. 자궁은 임신 동안에 굉장히 커져서 골반과 골반저에 강한 압력을 행사한다.

그리고 임신은 대부분 생각하는 것과 달리 골반에만 영향을 미치는 것이 아니다. 골반(골반저)은 복부 근육, 등 근육, 그리고 이를 통해 횡격막과도 직접 연결된다. 그러므로 임신과 출산을 마치고 건강한 몸으로 완전히 돌아가고자 한다면, 이 네 영역을 따로따로 분리해 생각해서는 안 된다. 이 네 영역은 톱니바퀴처럼 맞물려 서로를 강화하며, 한 부분이 약하면 다른 부분이 대가를 치르게 된다.

네 영역이 함께 모여 파워하우스를 이룬다. 파워하우스는 신체의 다른 모든 부분과 영향을 주고받는다. 모든 것은 서로 연결되어 있고 서로 의존한다.

임신과 출산은 오랫동안 당신의 몸에 영향을 미친다. 트레이닝을 하지 않으면 영향이 평생 지속될 수도 있다. 물론 의식적인 노력을 통해 후유증을 피할 수 있다. 아이를 낳고 나면 평생 이런저런 증상에 시달린다며 그냥 그러려니 받아들이고 살라는 말은 이제 곧이듣지 말자.

평생 느낄 수 있는 여러 후유증(복직근이개, 탈장, 혹은 자궁탈출증, 34쪽 참조)은 신체에 미치는 내적 압력과 파워하우스의 힘 사이의 "힘겨루기"에서 연유한다. 파워하우스가 내부로부터 압력을 받을 때, 파워하우스는 그 압력을 견딜 만큼 충분히 강해야 한다. 하지만 임신 후에도 내부의 압력은 사라지지 않는다. 재채기할 때나 큰 소리로 웃을 때, 뜀뛰기를 할 때 등 우리는 매일 내부 압력을 느낀다. 파워하우스가 최적으로 기능해 재채기하거나 웃거나 뜀뛰기를 할 때도 소변이 새지 않도록 하는 것이 중요하다.

파워하우스는 다음으로 구성된다.

1. 횡격막
2. 복부 근육
3. 등 근육
4. 골반(저)

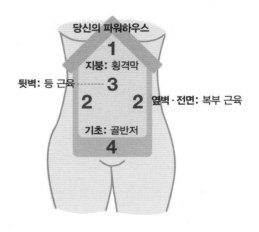

당신의 파워하우스

지붕: 횡격막
뒷벽: 등 근육
옆벽·전면: 복부 근육
기초: 골반저

이 네 영역이 함께 집을 이룬다. 위로는 지붕처럼 횡격막이 놓인다. 골반과 골반저가 아래쪽 기초를 이루고 복직근(배곧은근)은 전면을 이룬다. 등근육이 뒷벽을 이루며, 복사근(배빗근)이 옆벽을 이룬다. 이 모든 부분이 제 기능을 할 때 비로소 파워하우스가 된다. 지붕에 물이 새면 좋은 기초와 튼튼한 벽도 소용이 없다. 벽이 약하면 지붕을 떠받칠 수 없으며, 벽과 지붕이 온전하다 해도 기초가 약하면 파워하우스가 제 기능을 하지 못한다.

횡격막

파워하우스의 위쪽에는 횡격막이 있다. 횡격막은 복강과 폐를 분리하는 둥근 지붕 모양의 근육으로 폐가 자유롭게 늘어났다 줄어들었다 하도록 한다. 숨을 들이쉴 때마다 폐는 공기로 가득 채워져 폐 부피와 흉곽의 크기가 커진다. 이때 복강의 부피는 줄어든다. 숨을 들이마실 때마다 파워하우스에 미치는 압력이 증가하고, 숨을 내쉴 때마다 압력이 다시 감소한다. 이것은 아주 건강하고 자연스러운 과정이다.

횡격막과 골반저 사이의 연결도 느낄 수 있다. 숨을 들이쉴 때마다(무엇보다 복식호흡을 할 때마다) 골반저가 약간 아래로 내려가며, 내쉴 때마다 다시 올라간다. 숨을 들이쉬고 내쉴 때 복부의 압력이 계속해서 교대된다. 그래야 마땅하다.

올바른 호흡을 통해 횡격막에 영향을 줄 수 있다(123쪽 참조). 올바른 호흡은 올바른 자세를 동반한다. 모든 것은 서로 연결된다.

횡격막이 되도록 잘 기능하고, 파워하우스의 나머지 영역들과 협동할 수 있도록 우리는 트레이닝 프로그램에 자세 연습과 호흡 연습 및 횡격막을 풀어주는 방법을 포함시켰다. 212쪽을 참조하라. 이런 연습은 출산 직후에 시작할 수 있으며, 심신을 안정시켜주어 이후 진짜 트레이닝으로 멋지게 기능하는 튼튼한 파워하우스를 만들 수 있는 토대를 만들어줄 것이다.

횡격막과 스트레스

스트레스를 받으면 어깨, 목, 턱관절이 경직된다. 횡격막 역시 스트레스로 경직될 수 있다. 횡격막을 풀어주면 곧장 편안하고 이완되는 기분 좋은 느낌이 찾아올 것이다. 흉곽 아래에 네 손가락을 놓고 약간 안쪽으로 손가락을 움직이라. 그다음 갈비뼈를 따라 이리저리 손가락으로 문질러주라.

복부 근육

복부 근육은 임신 중에 쉽지 않은 과정을 거쳤다. 어쩔 수 없이 새로운 위치로 밀려났던 것이다. 복직근은 보통은 복부 앞쪽에서 서로 평행하게 놓여 있는데, 임신 중 배가 커지면서 서로 멀리 떨어져 있어야 했다.

복직근 아래에는 복사근이 있다. 임신 중에 복부 근육 중 복사근이 가장 고생을 덜 하지만, 그럼에도 평소처럼 몸을 움직일 수 없다 보니 복사근이 약해진다. 우리는 보통 몸을 돌리는 운동을 할 때 복사근을 활용한다. 하지만 임신을 하면 점점 커지는 배가 몸을 돌리는 운동을 방해하므로 복사근을 잘 안 쓰게 되기 때문이다.

가장 깊숙이 놓인 복부 근육은 넓은 띠처럼 배를 두르고 있는 복횡근(배가로근)이다. 이 근육은 위치상 임신 중에 가장 많이 늘어난다. 그리고 그럼에도 계속해서 신체의 안정성과 탄력 있는 배를 책임져야 하는 근육이 바로 복횡근이다.

트레이닝을 시작하면서 여러 가지 복근 운동을 하게 될 것이다. 모든 연습은 특정한 복근을 훈련한다. 또한 일상에서 몸을 비틀거나 돌리는 동작을 할 때마다 복부 근육이 훈련된다. 예전에는 출산 후에 몸을 비트는 운동을 하면 복직근에 압력이 가해지므로 안 된다고 여겼다. 하지만 오늘날 우리는 그렇지 않음을 안다. 게다가 어차피 일상생활 중에도 곧잘 몸을 돌리거나 비트는 동작을 하게 되지 않는가.

등 근육

임신 중에 등과 허리도 힘든 시간을 보냈다. 자궁이 인대를 통해 등과 연결되므로 배 부분이 무거워지면서 등을 자꾸 앞쪽으로 쏠리게 했던 것이다. 그러다 보니 임산부들은 종종 전형적인 자세로 걸어 다닌다. 소위 척추전만이라 하여 허리 부분이 안쪽으로 굽어지고, 배를 앞으로 내민 자세가 그것이다. 그러므로 임신 중에 자꾸 이런 자세를 취하지 않도록 애초부터 조심해야 한다. 하지만 말처럼 쉽지는 않다. 깊숙이 놓인 등 근육의 아랫부분은 골반 아래쪽에서 시작되어 척추를 따라 진행된다. 그런데 배가 커지면서 무게가 골반을 앞쪽으로 당기는데, 거기에 적극적으로 대응하지 않는 한 자꾸 배가 앞으로 처지게 된다. 이것이 바로 임신 후반기에 거의 모든 여성의 등 근육이 더 짧아지는 이유다. 등 근육은 긴장해 있으며, 출산 후 올바른 운동과 좋은 자세를 통해 예전의 길이로 되돌려야 한다.

골반과 골반저

골반은 파워하우스의 아랫면을 이룬다. 골반 안에 자궁이 있다. 이곳에서 9개월간 아기가 자라 자궁은 점점 무거워졌다. 이런 성장은 당연히 골반과 골반저에 압력을 행사하고, 위치 변화를 겪게 만들었다. 생각해보라. 임신하지 않았을 때는 자궁이 작아서 치골 위까지 이르지 않았지만, 임신 말기에 이르면 자궁이 커져서 거의 횡격막까지 이른다. 자궁은 인대를 통해 허리와 치골과 연결된다. 그러므로 골반에 매달려 뼈들과 연결된 무거운 자궁이 흔적을 남겼을 거라는 걸 상상할 수 있을 것이다.

임신 중에도 여러 번 골반이 느껴졌을지 모르며, 골반과 관련한 불편을 겪었을지 모른다. 골반통과 인대통이 임신 중 가장 흔하게 나타나는 두 가지 불편 증상인 것도 공연한 일이 아니다. 좋은 소식은 운동을 통해 이런 불편 증상을 없앨 수 있다는 것이다!

골반저 근육

골반 아래쪽은 골반저 근육으로 마감된다. 골반저의 근육들은 매우 유연하고 강하며 몸통 아래에 일종의 해먹을 이룬다. 이런 근육군(근육 그룹)은 말 그대로 근육들의 무리다. 그리고 다른 모든 근육과 마찬가지로 이 근육도 너무 운동을 적게 하면 느슨해지고 너무 강하게 운동하면 경직된다. 골반저 근육은 몸의 적절한 부위에 적절한 힘을 부여하는 중요한 근육이다.

골반저 근육의 가장 중요한 기능

- 방광, 질, 항문. 이 세 구멍을 열고 닫는다.
- 장기들을 받쳐준다. 장기들이 아래로 "빠지지" 않도록 한다.
- 골반저는 림프계의 "펌프" 역할을 한다. 골반저가 기능을 잘할수록 림프액도 더 잘 순환된다.
- 골반저는 당신(과 파트너)에게 많은 즐거움을 줄 수 있다.

수치심과 쾌감: 약간 말하기 부끄러운 근육군

따라서 골반저 근육들은 그냥 근육일 따름이다. 그런데도 이런 근육군은 다른 근육들과 같을까?

해부학적으로는 같다. 하지만 심리적으로는 약간 다르다. 이 근육은 보이지도 않으며, 드러내놓고 이야기하기 쉽지 않은 은밀한 부위에 위치한다. 이 부분을 이야기하는 것은 약간 부끄럽다. 골반저 근육을 좀 훈련해야겠다고 말하는 것보다 이두박근을 좀 키워야겠다고 말하는 것이 훨씬 쉽다. 트레이너에게 골반저 훈련에 대해 물어본 적이 있는가? 솔직히 어려울 것이다. 질과 항문 주변의 근육들은 같은 근육이지만 약간 다르게 다가온다.

골반저 근육의 세부 모습

이 그림을 통해 보는 건 좋다. 하지만 당신 자신의 골반저 근육은 어떻게 생겼고 어디에 위치하며 어떤 느낌이 날까? 각각의 골반저는 하나뿐이며, 자신의 골반저를 자세히 알면 더 잘 트레이닝할 수 있다. 293쪽에서 셀프테스트를 해보고 자신의 골반저 근육이 어떻게 기능하는지 보라.

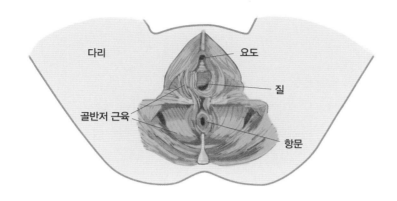

다리　　　요도

질

골반저 근육

항문

골반저와 임신

임신과 출산을 거치며 골반저 근육이 어느 정도 "손상"되는 것은 피할 수 없는 일이다. 제왕절개를 했어도 손상은 피할 수 없다. 임신 중에 근육은 아기가 쉽게 통과할 수 있게 더 유연하고 부드러워진다. 이런 부드러움과 유연함이 출산 후 문제로 이어질 수 있다. 부드럽고 유연할수록 골반저가 더 불안정해진다. 임신 중에 체중이 불어나는 것도 영향을 미친다. 무게가 더 나갈수록 골반저에 더 많은 압력이 가해진다.

출산이 어떻게 진행되었는가도 골반저 부위에 남을 수 있는 불편에 큰 영향을 미친다. 오래 힘을 주어야 했다면, 그만큼 더 오랜 시간 골반저 근육에 높은 압력이 가해졌다는 뜻이다. 근육의 늘어남, 무엇보다 아기 머리가 나오기 위해 근육이 얼마만큼 늘어났는가 하는 것도 열상이나 회음부 절개와 마찬가지로 손상 정도에 영향을 준다.

하지만 출산할 때 힘을 오래 주고 회음부 절개를 하고 아기의 머리가 컸던 여성이라고 해서 별로 힘을 주지 않고 아기의 머리가 작아 수월하게 출산한 여성보다 더 많은 불편 증상과 싸워야 하는 것은 아니다. 얼마나 많은 불편이 나타날 것인가는 임신 전 골반저 상태에도 영향을 받는다. 한 가지는 확실하다. 임신과 출산은 골반저에게 힘든 노동이었고, 이제 골반저의 회복을 위해 노력하는 것이 좋다는 것 말이다.

재발견: 골반과 뇌의 연결

골반저 근육이 어떻게 생겼는지, 어떤 느낌인지, 어디에 있는지 일단 알았다면, 이제 생각으로 골반저 근육을 재발견하는 것도 배워야 한다. 이 근육군에 많은 일이 일어났고, 당신이 지금 이 근육군에 과히 호의적인 관심을 기울이고 싶지 않을 수도 있다. 충분히 고생한 골반저 근육들과 일종의 정신적 거리감을 가질지도 모른다. 마치 당신 안에 있지만, 당신의 일부로 보지 않기라도 하듯 말이다.

당신은 머리를 골반저와 다시 새롭게 연결하고, 골반저를 다시금 신뢰하고, 이것에 다시금 사랑을 느껴야 할 것이다. 이런 말들은 과장된 것처럼 들리지만, 임신과 출산 후에 뇌와 골반의 연결이 달라진 것은 아주 자연스런 일이다. 이런 연결은 정말 아주 중요하다. 이런 근육을 의식할수록 의도적으로 이 근육들을 수축하고 이완하는 것이 더 쉬워진다. 이런 연결을 통해 회복이 더 빨라지고, 더 쉬워지고 더 잘된다. 그리하여 우리는 매번의 트레이닝을 골반저에 집중해 호흡하는 동안 골반저가 오르락내리락하는 것을 시각화하는 특정 호흡 연습(XL - 호흡, 123쪽 참조)으로 시작할 것이다.

중요한 것: 골반저를 긴장하고 이완하라

예전에는 출산 뒤에는 골반저를 조이는 훈련만 해야 한다고 생각했다. 하지만 우리는 이제 그렇지 않다는 걸 알고 있다. 조이는 것에만 힘쓰는 산후 관리는 오히려 몸에 해가 될 수 있다. 시종일관 긴장한 상태의 근육은 별 유익이 없다. 정말 필요할 때(재채기나 뜀뛰기를 할 때 등 급박하게 필요할 때) 더 강하게 긴장할 수 없기 때문이다. 그 밖에도 골반저 근육군을 계속 강하게 긴장하면, 근육군에 무리가 되고 근육들이 지칠 수 있다. 임신 후 대부분의 불편 증상은 골반저 근육군이 너무 긴장되어 있기에 나타나는 것이지 흔히 이야기하는 것처럼 골반저 근육군이 느슨해져 있기 때문이 아니다.

그렇기에 골반저 근육이 전 가동 범위에 있도록 훈련하는 것이 중요하다. 즉 골반저 근육들이 완전한 이완 상태, 완전한 긴장 상태, 그리고 그 사이의 상태에 있을 수 있어야 한다.

잘 훈련된 골반저의 장점

◆ 요실금을 예방하거나 감소시킨다

◆ 탈출증(40쪽 참조)을 예방해준다.

◆ 성관계 시 통증을 예방하거나 감소시킨다(통증이 질 내부나 주변의 흉터 조직에서 연유하는 것이 아닌 경우, 46쪽 참조).

◆ 성적 만족을 촉진한다(훈련 보너스: 더 많은 느낌과 더 강한 오르가슴).

◆ 질이 더 촉촉해진다.

◆ 파워하우스를 튼튼하게 한다.

로런스의 팁

매일 400밀리그램의 마그네슘을 섭취하면 근육 이완에 도움이 된다. 취침 직전에 복용하라. 이완은 머리에서도 느낄 수 있어서 노곤해질 것이다. 마그네슘을 복용하면 잠이 잘 온다. 쥐오줌풀뿌리차도 근육 이완에 약간 도움이 된다.

수치와 팩트들

• 요실금: 많은 여성이 요실금으로 고생한다.

요실금은 정말 흔하다. 많은 연구가 출산 후 30퍼센트의 여성이 다양한 정도의 요실금을 경험한다고 본다. 어떤 연구는 그 비율을 훨씬 높게 잡아 50퍼센트에 이르는 것으로 추정한다. 요실금 증상이 있는데도 즉각 깨닫지 못하는 그룹도 있다. 요실금 증상은 늘 즉각적으로 나타나는 것이 아니기 때문이다. 때로는 출산 후 수년이 흐른 뒤에야 증상을 인지하기도 한다. 요실금 증상의 60~80퍼센트는 임신과 출산으로 말미암는 것으로 보인다.

• 요실금과 산후우울증 사이의 연관

의도하지 않게 소변이 새어나오거나 (가벼운) 요실금이 있는 경우, 산후우울증을 앓을 위험이 증가한다. 둘 사이의 연관이 직접적인지, 아니면 간접적인지는 아직 밝혀지지 않았다.

• 신체적 불편이나 만성 통증은 정신적 스트레스를 유발할 수 있다.

통증을 그냥 방치하지 말고 도움을 구하라! 그냥 견뎌야 하는 것이라 생각하고 넘어가지 말라.

여전히 소변을 자주 본다면

임신 중에는 소변을 보는 횟수가 증가한다. 방광이 늘어지고, 압력을 받는 데다, 배에 공간도 부족해지기 때문이다. 하지만 출산 후에도 계속해서 잦은 요의가 느껴지는가? 우선 그럴만한 이유가 있는지 생각해보라. 모유 수유하면서 수분 섭취량이 는 건 아닐까? 아니면 방광염이 있는 건 아닐까? 이유를 찾지 못하겠거든, 산부인과 의사와 상의해보라.

비뇨기과-산부인과 박사, 소니아 발라니. 미국 뉴욕

잦은 요의가 느껴지는 등 불편 사항이 있어도 출산 후에는 그런 증상을 겪을 수 있다는 말을 듣곤 한다. 하지만 그렇지 않다. 증상이 저절로 사라지기를 6개월이나 기다리는 것은 바람직하지 않다. 엄마로서 가뜩이나 바쁘고 잠이 부족한데, 한창 곤히 자다가 요의가 느껴져 잠에서 깨고 싶지는 않을 것이다.

잦은 요의가 느껴질 만한 분명한 이유가 없다면, 우선 원인을 찾는 것이 중요하다.

1. 골반저 근육이 너무 긴장되어 있지는 않은가?
   소변을 볼 때는 방광이 수축해 소변을 배출하고, 이어 골반저가 이완되어 소변이 요도를 통해 흘러나간다. 하지만 골반저가 제대로 이완되지 못하면 경직된 근육으로 인해 소변 줄기가 너무 빨리 끊기게 되고, 그 결과 방광이 완전히 비워지지 않아 자꾸 화장실을 들락거리게 된다. 이런 상황은 감염을 촉진할 수도 있다. 방광이 제대로 비워지지 않으면 감염이 더 심해진다. 이 경우 이완을 포함하는 골반저 운동을 해주는 것이 좋다.

2. 질 속의 근육 매듭, 소위 트리거 포인트(303쪽 참조)를 풀어주면 증상이 개선될 수 있다. 골반저가 근육으로 이루어져 있으므로 근육 매듭이 생길 수도 있다. 이런 매듭을 풀어주면 골반저 근육이 가령 소변의 압력이나 (성교 시) 삽입으로 인해 경직되지 않는다. 매듭을 한번 풀어준 다음에는 풀린 상태를 유지해야 한다. 마그네슘이나 쥐오줌풀 같은 천연 근육 이완제도 종종 도움이 된다.

3. 때로는 이런 조치들로 충분하지 않거나 의학적 조치가 필요할 수도 있다. 모유수유 중에 근육 이완을 위해 투여할 수 있는 특별한 약물이 있다. 경구 약물도 있지만 근육에 직접 투여하는 주사도 있다.

골반저, 복부 근육, 그리고 임신기의 압력

임신과 출산의 후유증으로 나타날 수 있는 파워하우스의 전형적인 불편 증상은 모두 파워하우스 내의 압력 분산과 관계가 있다. 임신 중에는 복강의 압력과 근육의 힘 사이에 일종의 힘겨루기가 이루어졌다. 근육이 너무 약하거나 파워하우스의 구성 요소가 제대로 협업하지 않으면 복강 내의 압력이 너무 커져서 탈장(보통 윗배), 복직근이개(가운데 배), 또는 탈출증(아랫부분이 내려앉는 것)이 발생한다. 모두 십분 이해가 가는 일이다. 압력이 생기는데 척추가 있는 뒤쪽으로는 빠져나갈 수 없을 때 압력은 다른 길을 찾아 앞쪽이나 뒤쪽으로 향한다.

탈장(헤르니아)

탈장(헤르니아)은 복강에 있어야 할 장기가 복벽의 가장 약한 부분을 밀고 밖으로 튀어나오는 것을 말한다. 탈장은 약한 부분이면 어디든 나타날 수 있는데, 임신 중에는 대부분 배꼽에서 나타난다. 그러면 갑자기 배꼽이 더 이상 구멍에 불과하지 않고, 작은 반구로 부풀어 오른다. 원래 이것은 전혀 나쁘거나 우려스러운 현상은 아니다. 신체의 약한 지점에서 복강의 압력이 분출되었음을 보여준다. 출산이 끝나면 이런 비쭉 나온 덩어리는 보통 저절로 들어간다. 때로는 임신 막달에 아기가 골반으로 내려가고, 그에 따라 배 모양과 압력이 변하면 이미 들어가기도 한다. 배꼽 탈장Hernia umbilicalis은 흔하고 무해하다.

하지만 출산 뒤에도 들어가지 않거나, 자꾸 증상이 반복해서 나타나면 수술을 피하기 위해 문제에 적극 대처해야 한다. 복부 근육이 제대로 기능하도록(튼튼하고 적절히 일하도록) 신경을 써야 하고, 올바른 자세에 유의해야 한다. 무엇보다 자세의 중요성은 과소평가될 때가 많다! 올바른 자세를 취해야 복강에 가해지는 압력을 줄일 수 있다. 한번 시험해보라. 허리를 구부리고 앉으면, 바른 자세로 똑바로 앉을 때보다 배 안의 모든 것이 더 눌린다. 서 있을 때도 마찬가지다. 따라서 복강 내의 압력이 너무 커지면, 똑바로 서거나 앉음으로써 배에 말 그대로 더 많은 공간을 만들어주는 것이 중요하다(113쪽 이하 참조).

복직근이개

복직근과 복사근은 코르셋처럼 배를 감싸서 모든 것이 제자리를 유지하게 하고, 힘을 선사하고 자세가 잡히게 한다. 그런데 임신 2기와 3기를 지나면서 무엇보다 복직근('식스팩 복근'이라고도 부른다)은 자라나는 아기에게 자리를 만들어주어야 했다. 일반적으로 이 근육은 흉골 아래에서 치골 방향으로 곧게 배열된다. 두 개의 기다란 복직근이 두꺼운 결합조직인 백선^{linea alba}으로 서로 연결된다. 백선은 임신하지 않았을 때 손가락 하나 정도의 넓이다. 그런데 임신 중에는 호르몬의 영향과 무엇보다 내부의 압력으로 인해 근육과 결합 조직이 부드러워지고, 근육들이 서로 약간 벌어진다. 물론 계속해서 백선으로 연결되어 서로 분리되거나 찢어지지는 않지만, 두 줄로 된 복근들의 연결이 느슨해지고, 양쪽 복직근이 벌어진다.

복부 근육 사이의 백선이 1~2.5센티미터 늘어나는 것은 정상이다. 이 정도는 대부분 출산 후 6개월 안에 저절로 돌아온다. 그런데 2.5센티미터 이상 늘어난 경우는 도움이 없이는 돌아오지 않는 수가 종종 있다. 이런 경우 과거에는 수술해야 했다. 다행히 오늘날에는 우선 보존적으로 적절한 운동을 통해 복직근이개를 회복하게 된다. 더욱이 우리는 이제 복직근이 벌어진 정도뿐 아니라, 백선의 튼튼함도 중요한 요인임을 알고 있다. 백선은 튼튼하고 고무 같은 느낌이어야 한다.

백선의 회복은 정말로 아주 중요하다. 백선이 튼튼해야 복부에 힘이 있다. 복직근이개를 가진 여성의 66퍼센트가 그 결과 골반에 문제가 생긴다는 통계가 있다. 간단히 말해, 복직근을 훈련하는 것은 정말 중요한 일이다!

상상해보라. 복직근은 파워하우스의 앞면을 이루므로, 복직근이개가 심하다면 이를테면 문이나 창이 넓게 열려 있는 셈이라고 할 수 있다. 백투유 프로그램은 이런 정면부를 다시 아름답게 닫히도록 해준다. 295쪽의 셀프테스트를 해보라.

    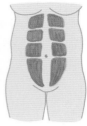

| 정상 | 일반적 벌어짐 | 배꼽 밑으로 벌어짐 | 배꼽 위로 벌어짐 | 완전히 벌어짐 |

다음과 같은 경우 복직근이개가 생길 확률이 높다.

- 임신 중 만 34세 이상이었을 경우
- 과체중아를 낳은 경우
- 양수가 많았던 경우
- 다태아를 출산한 경우
- 초산이 아니고 경산인 경우
- 제왕절개 수술을 받은 이력이 있는 경우
- 복부의 압력이 높았던 경우(가령 횡격막에 더 많은 압력을 유발하는 '높은' 호흡으로 말미암아)
- 변비로 고생했거나 고생하는 경우
- 말랐거나 피부가 얇은 경우(이 경우 배꼽 주변이나 배꼽 바로 위쪽에서 복직근이개가 발생하는 경우가 많다)

복직근이 벌어지는 건 당연한 일

백선은 늘어날 수 있게 만들어졌으며, 임신 중에도 늘어난다. 그러면 복직근이 벌어지게 되며 이것은 전혀 걱정할 필요가 없다. 백선은 늘어나기만 하는 것이 아니라 다시 수축하기도 하기 때문이다. 따라서 복직근이 벌어지는 것은 임신 중에 모두가 겪는 일이다. 너무 심하게 벌어지거나, 백선이 너무 약한 경우에만 불편 증상이나 문제로 이어진다. 복직근이개라 함은 복직근이 너무 많이 벌어진 경우를 말한다.

복직근이개가 심하거나 백선이 약한 경우의 대처법

스스로 할 수 있는 것

• 자세에 유의하라. 그렇다. 또다시 자세라는 말이 나왔다! 자세는 매우 중요하다. 잘못된 자세는 복부 근육에 더 많은 압력을 행사한다. 그러나 무엇보다 지금은 복근에 그렇게 압력을 가해서는 안 된다. 그러므로 복직근을 최대로 스트레칭하지 말라. 몸을 뒤로 젖히지 말라. 무엇보다 팔을 올리고 몸을 젖혀서는 안 된다. 그렇게 하면 복직근이 늘어난다.

• 계속 움직여주라. 움직여주지 않으면, 모든 것이 더 나빠진다. 결합 조직 및 근육 역시 사용할 때, 또는 훈련할 때만 개선된다.

• 골반 전문 치료사가 테이프와 외부적인 뒷받침을 통해 도움을 줄 수 있다. 많은 경우 출산 후 얼마 되지 않아 그런 도움을 받게 되는데, 이때 횡격막에 좋은 자세도 배워야 한다. 전문가는 어떻게 해야 하는지 정확히 알고 있으며, 당신에게 필요한 만큼 도움을 제공할 것이다. 도움은 적절해야 한다. 너무 과하면 근육이 늘어질 우려가 있다.

BTY 프로그램이 복직근이개를 회복할 수 있도록 도와줄 것이다

- 우리는 더 깊숙이 놓인 복사근 등 다른 복부 근육을 추가로 훈련함으로써 복직근에 무리가 되지 않는 상태에서 복부를 안정시킬 것이다.

- 우리는 과도하지 않게 스트레칭할 수 있게끔 할 것이다. 복직근이 서로 다시 평행을 이루게 하려면 복직근을 과도하게 스트레칭해서는 안 된다. 그래서 모든 연습은 과도한 스트레칭이 되지 않도록 맞추어져 있다. 하지만 주변 근육은 스트레칭해야 한다. 이런 근육들이 종종 아직 제대로 기능하지 못하는 복근을 (과잉) 보완해주기 때문이다. 복직근이 현재 제 기능을 하지 못하다 보니 주변의 근육들이 끼어들어 경직된다. 우리는 올바른 균형을 되찾을 수 있게끔 그들을 스트레칭해줄 것이다.

- 크런치나 윗몸일으키기와 같은 운동은 적어도 You 단계에 이를 때까지는, 그리고 복직근이개가 심하거나 백선이 너무 약한 동안에는 피하라. 곧 BTY 프로그램을 시작할 텐데 걱정하지 말라. 우리가 정기적으로 복직근을 살피도록 체크할 것이다. 운동은 개인 상태에 맞추어 조절된다.

- 조심스런 회전 운동과 양손과 무릎을 바닥에 대고 체중을 싣는 운동. 우리는 이러한 운동을 해줌으로써 일상생활을 할 때 충격이 가해지지 않도록 할 것이다. 예전에는 복직근이개가 심한 경우 양손과 무릎을 바닥에 대고 엎드리거나 상체를 비트는 운동을 하지 말아야 한다고 여겼다. 그러나 우리는 이제 보다 잘 알고 있다. 이런 자세와 운동은 복근에겐 정말로 어렵다. 하지만 일상에서는 이런 움직임을 피할 수 없는 경우가 많다. 바닥에 무릎을 꿇은 채로 아기의 기저귀를 갈아야 하고, 몸을 돌려 뭔가를 집기도 해야 한다. 그러기에 잘 훈련하지 않으면 몸이 그런 일상적 움직임을 감당하기 힘들어진다. 따라서 몸에 갑자기 충격을 주는 대신, 이런 자세와 움직임을 잘 수행할 수 있도록 근육을 훈련하는 편이 좋다. 물론 손과 무릎으로 체중을 지탱하는 자세나 혹은 몸을 돌리는 운동은 하나하나 아주 섬세하고, 서로 서서히 맞춰나가도록 되어 있다.

- 중력을 조심할 것. 복직근이개가 심하다면 복부 근육에 중력이 가해지는 운동은 특히 조심해야 한다. 이것은 보통 몸을 앞으로 굽히는 운동을 의미한다. 이런 동작을 전혀 하지 않을 필요는 없다. 하지만 불편이나 통증(보통의 트레이닝을 할 때의 통증이 아닌)이 느껴지는 경우는 조심해야 하고 그런 동작을 중단해야 한다. 물론 BTY 프로그램에서는 이러한 운동을 할 때 경고의 말을 덧붙일 것이다.

물리치료사, DPT, PRPC, CSCS(Certified Strength and Conditioning Specialists®), 골반저 치료사, 주디스 미어 박사. 미국 뉴저지

많은 여성은 훈련된 치료사들이 단순한 운동을 훨씬 능가하는 복직근이개 치료법을 가지고 있다는 걸 잘 알지 못한다. 가령 나는 특수한 기술을 활용해 트리거 포인트(통증 유발점)를 풀고 근막 조직을 이완시켜 등, 옆구리, 복부의 딱딱해지고 운동이 제한된 부위를 다시 움직이게 할 수 있다. 그렇게 하면 임신 중에 늘어났던 조직이 돌아오고, 양측의 복부 근육들이 서로 다시 가까이 모이게 된다. 이런 치료를 종종 테이핑 기법과 함께 적용한다. 이것은 탄력 있는 운동 요법 테이프를 사용하는 기법으로 여러 개의 테이프 조각을 신체의 중심선에 부착함으로써 테이프를 붙인 채 일상적인 활동을 하게 한다. 하지만 조심하라. 인터넷상에 돌아다니는 복부 테이핑에 대한 조언은 개인을 고려하지 않고, 모든 사람에게 일괄 적용하는 것이다. 그러므로 물리치료사가 개인적인 상태를 진단하고, 개인적인 필요에 맞게 테이핑을 하는 것이 훨씬 효과적이다. 가령 당신이 아기를 늘 왼쪽으로만 안으면, 왼쪽 부분의 조직이 더 딱딱해져서 테이프를 통해 왼쪽에서 오른쪽으로 더 "당겨줄" 필요가 있다.

숙련된 물리치료사가 이런 기법을 적절히 적용하면 손가락 8개를 합친 너비였던 복직근이개가 단 몇 번의 치료로 손가락 세 개 정도로 줄어들 수 있다. 거의 기적처럼 들리지만, 그런 일이 일어나는 걸 내 눈으로 똑똑히 확인했다.

탈출증

골반저가 제 기능을 하지 못하면(적절한 시점에 수축하지 않거나 너무 느슨하거나 너무 긴장한 경우) 장기가 골반으로 내려앉을 수 있다. 하지만 탈출증^{Prolapse}의 원인이 늘 골반저가 약한 것은 아니다. 장기가 안에 머물게 하는 데 골반저만 책임이 있는 것은 아니다. 파워하우스의 나머지 부분들도 여기서 중요한 역할을 한다.

탈출증은 이전에 생각했던 것보다 더 흔하게 발생하며, 많은 전문가는 임신 출산을 겪은 여성의 절반 정도가 탈출증과 비슷한 증세를 경험하며, 4분의 1은 심지어 평생 어느 정도 탈출증으로 고생한다고 추정한다. 하지만 아무도 그런 이야기를 하지 않는다. 여성들 스스로가 자신이 탈출증이 있는지를 모르는 경우도 더러 있으며, 종종 이런 느낌이 출산 후에 어련히 나타나는 것이려니 한다. 정상적인 증상이라고 말이다. 그렇다. 흔한 증상이긴 하다. 하지만 정상은 아니며, 평생 그 후유증에 시달리며 살 필요도 없다. 적절한 트레이닝과 운동을 일찌감치 시작한다면 말이다. 1, 2등급의 탈출증은 운동과 도움 수단을 통해 치료할 수 있다. 하지만 너무 시간을 끌어 3등급이나 4등급으로 넘어가면 치료가 어려워진다.

- **1등급**: 경미한 탈출증이 있지만 별다른 불편을 느끼지 못한다. 그래서 규칙적으로 점검을 해야만 그것을 알아차릴 수 있다.
- **2등급**: 아래쪽에 뭔가가 튀어나온 느낌이 있다. 그러나 힘을 주어도 질 밖으로 아무 것도 나오지 않는다.
- **3등급**: 힘을 주면 질 입구를 통해 뭔가가 튀어나온다.
- **4등급**: 힘을 주지 않아도 자궁경부가 튀어나온다.

산부인과 전문의, 실라 데리즈 박사. 비스바덴

탈출증이 있는지 의심되는 경우 검사를 너무 미루지 말라. 1등급과 2등급은 트레이닝으로 치료할 수 있지만, 3등급과 4등급은 수술을 해야 하는 경우가 많다. 물론 수술도 방법이긴 하지만 이상적이지는 않다. 이런 수술의 관건은 음핵과 그 감각이 얼마나 잘 회복되는가 하는 것이다. 예기치 않게 수술을 해야 하는 경우, 치료하는 의사가 그 점에 특별히 주의하도록 하라.

팁
299쪽의 셀프테스트를 통해 탈출증 관련 증상이 있는지 점검해보라.

탈출증이 있는 경우 할 수 있는 조치들

스스로 할 수 있는 것
- 서 있거나 앉아 있을 때 올바른 자세에 유의하라. 자세에서의 유의점은 탈장의 경우와 같다. 구부정한 자세로 서거나 앉으면 복부에 공간이 줄어들어 골반저 근육이 받는 압력이 세진다(113쪽 이하 참조).
- 올바른 배변 습관에도 유의하라(120쪽 참조). 약간 의아하게 들릴지도 모르지만 변기 위에 앉아 있을 때 골반저에 많은 하중이 가해진다. 특히 무리하게 힘을 줄 때 그렇게 된다(무리하게 힘을 주는 행동은 원래 해서는 안 되는 일이다).
- 때로는 페서리가 도움이 될 수 있다. 가정의나 산부인과 의사와 상의하라.
- 절대로 아래로 힘을 주지 말라. 힘을 주면 숨을 참게 되고, 이로 인해 복부에 압력이 생긴다. 이런 압력이 힘으로 변화하며 이것이 하복부에 가해진다. 자궁탈출증

이 있는 경우 절대로 이런 일을 원하지 않을 것이다. 따라서 결코 힘을 주지 말라. 화장실에서도 그렇게 하지 말고, 무거운 것을 들거나 힘든 일을 할 때도 그렇게 하지 말라. 이뿐만이 아니다. 단 한 번 힘을 줌으로 말미암아 잘 회복하고 있다가 한걸음 뒷걸음치게 된다. 따라서 호흡에 주의하라. 고르게 호흡을 하고, 숨을 참지 말라.

BTY 프로그램이 자궁탈출증을 회복하는 데 도움을 준다.
• 우리는 탈출증이 사라지도록 골반저 근육을 트레이닝할 것이다.
• 약한 부분이 보완되도록 파워하우스 전체를 트레이닝할 것이다.
• 압력이 너무 큰 운동을 피하고 효과적인 미니 버전으로 대체할 것이다. 가령 엉덩이 근육을 미니 스쿼트로 훈련할 것이다. 골반과 엉덩이 근육을 연결함으로써 골반이 더 안정된다. 따라서 튼튼한 엉덩이는 이중의 유익을 준다. 그럼에도 호흡에 유의해야 한다. 미니 스쿼트를 하기 위해 무릎을 구부릴 때, 아래로 힘이 들어가 탈출증이 악화될 수 있기 때문이다.

압력 분산: 성공적인 회복의 열쇠
파워하우스의 거의 모든 문제가 압력을 잘못 분산한 탓에 발생한다. 그래서 회복의 열쇠는 압력을 적절히 분산하는 데 있다. 모든 트레이닝, 자세, 호흡 연습에 늘 압력의 분산이 중요하다. 압력이 잘 분산될수록 파워하우스에 좋다.

알아둘 것
몇 년 전까지만 해도 운동을 해도 골반저가 튼튼해지지 않는 여성은 신경세포가 손상된 것으로 여겨졌다. 하지만 오늘날에는 그런 게 아니라는 걸 알고 있다. 치골에 붙은 근육의 일부가 출산 중 부지불식간에 찢어지는 일이 일어날 수 있다. 이 일은 좋지 않게 들리며, 실제로도 좋지 않다. 그런 일이 일어난 순간부터 약한 부분이 생겨 안정성에 영향을 미치고 탈장이나 탈출증의 위험도 증가한다. 주변 근육을 특별히 트레이닝함으로써 이들 근육으로 그 치골근이 담당하던 일을 떠맡도록 할 수 있다. 가령 몸을 구부릴 때는 골반저를 수축해 약한 부분에 위험한 압력이 가해지지 않게할 수 있다. 마찬가지로 온종일, 특히 용변을 볼 때는 자세를 올바로 하는 것이 중요하다.

BTY 프로그램에서는 몇 주 뒤 진행 상황을 측정하라는 요구를 할 것이다. 연습을 정확히 따라 했는데도 전혀 개선이 느껴지지 않는가? 그렇다면 골반 치료 전문가에게 가서 근육이 부분적으로 손상되었는지를 확인해보는 것이 좋다. 확인한다고 하여 그것이 다시 감쪽같이 붙는 것은 아니지만, 이런 일이 근본적으로 골반저의 회복을 방해하고 있지 않은지 검사할 수 있을 것이다. 이런 지식은 꾸준히 연습에 임하고, 시간적 여유를 두고 몸을 만들 수 있도록 도움을 줄 것이다. 당신은 그런 여유를 누릴 자격이 있으며, 꼭 필요한 일이기도 하다!

모든 것은 연결되어 있다: 도미노 효과

파워하우스가 중심부에 위치하다 보니 자세에 문제가 생기면 다른 신체 부위에도 영향이 간다. 소위 도미노 효과가 나타나는 것이다. 임신해서 인대 통증을 완화하려고 비스듬히 보행하다 보니 두통이 발생할 수도 있다. 그리고 반대로 잘못된 발 자세가 좌골에 안 좋은 영향을 주어 몸이 안쪽이나 바깥쪽으로 자꾸 비스듬하게 기울어질 수도 있다. 좌골부가 이렇게 기울어지면, 복강의 공간이 좁아지게 되며, 파워하우스는 더 많은 압력을 처리해야 한다. 걱정하지 말라. BTY 프로그램으로 몸과 마음이 개선될 것이다.

03

당신과 당신의 질

이 멋진 부분은 저 아래에 있다. 특별한 쾌감을 경험할 수 있는 부위, 흥분을 느끼는 부위, 질식 분만에서는 한 인간이 태어나는 부위다. 제왕절개를 했더라도 그곳에 가해진 압력으로 질은 약간 고생해야 했다. 솔직해져보자. 당신의 질이 더 이상 예전 같은 느낌이 아닐 확률이 높다. 이제 이런 상황을 바꾸고, 이런 특별한 신체 부위를 통해 다시금 즐거움을 누릴 때가 되었다. 우리는 바야흐로 21세기를 살아가지 않는가.

출산한 지 벌써 8주가 넘었는가?

다음 증상이 있는가(다음 증상 중 하나 이상을 가진 여성들이 많다는 걸 잊지 말라). 이런 증상이 있다면 적극적으로 조처를 해야 한다.

- 작열감이 있다(종종 배뇨 뒤에 혹은 삽입 성교 후에).
- 통증이나 불쾌감이 있다.
- 악취가 난다.
- 오래 앉아 있을 때 통증이 느껴진다.
- 삽입 시 혹은 특정 체위에서 통증이 있다.

이런 증상이 있다면 산부인과 의사, 조산사 또는 골반저 치료사에게 문의하라.

질: 통증도 없고 문제도 없고

질은 출산 후 몇 주가 지나야 예전의 모양을 되찾을 것이다. 의학적으로 약 6주에서 8주가 지나면 질이 예전으로 돌아왔다고 보며, 탐폰 삽입, 자위, 섹스에 이르기까지 다시 모든 것을 할 수 있다.

그럼에도 언제 정확히 의학적으로 회복되는지 정확히 말할 수 없다. 6주에서 8주 뒤면 다시금 충만한 성생활을 할 수 있을 것 같지만 실제로 그런 경우는 극히 드물다. 물론 규칙에는 예외가 있겠지만 보통은 출산 뒤 첫해에 활발한 성생활을 하게 되지는 않는다. 사실 그건 당연하다. 왜냐하면…

◆ 흉터가 있을 수 있다(신체적 이유).

◆ 질의 pH가 변해 건조해질 수 있다(신체적 이유).

◆ 뭐랄까 질의 모든 것이 달라진 느낌이다(신체적 이유).

◆ 질을 통해 아기가 세상에 나왔으니 질로 뭔가를 하는 것이 약간 꺼림칙할 수 있다(감정적 이유).

◆ 우선순위가 다른 곳에 놓일 수도 있다(감정적 이유).

◆ 자아상이 변했을 수도 있다(감정적 이유).

◆ 파트너를 보는 시각이 달라졌을 수도 있다(이성적 이유).

다행히 쉽게 적응만 하면 다시 섹스에서 만족감을 얻을 수 있거나 이전보다 더 좋게 느낄 수도 있다. 이런 섹시한 일들을 다시 한번 일깨워보자.

그래서 언제 다시 섹스해도 될까?

스스로 준비가 되어 있고 의학적 관점에서 괜찮다면 할 수 있다. 시점은 여성마다 다르다. 오로가 그치기 전에는 자궁경부가 아직 완전히 닫히지 않아 감염의 우려가 있으므로 삽입 성교를 하지 않거나 콘돔을 낀 상태에서 삽입하는 것이 낫다. 산후 검진에서 모두 온전히 돌아왔는지, 다시 성교해도 안전한지 검사하게 될 것이다.

혹시 흉터가 있다면?

출산 중에 회음부가 파열되거나 회음부 절개를 하는 경우가 있다. 두 경우 모두 상처가 생기는 것이다. 마지막 산후 검진에서 이들 상처가 다 아물었는지 확인하게 될 것이다. 상처가 다 아물었으면 이 부분에 다시 압박을 행사해도 회음부가 괜찮을 거라는 걸 머리로는 알게 된다. 하지만 솔직히 말해 이 말을 곧이곧대로 믿는 여성은 별로 없다. 그 밖에도 몸이 보내는 신호는 의사의 말과는 다를 수 있다. 즉 흉터가 느껴져서 다 나았다는 말을 믿기 힘들다.

이런 경우는 직접 흉터를 확인해보는 것만으로도 도움이 된다. 손거울을 들고 흉터를 한번 살펴보라. 생각했던 것보다 훨씬 더 무해하고 괜찮아 보일 것이다. 정말로 눈으로 볼 수 있을까? 물론이다. 흉터이기에 사라지는 데까지는 시간이 걸린다. 흉터 주변 부위를 살펴보면 그곳도 일반 살과는 다를 것이다. 티셔츠와 같다. 티셔츠가 찢어져서 다시 꿰매면 솔기 주변에 주름이 잡힌다. 다행히 피부조직은 옷감보다 더 유연해서 쭈글쭈글해지지는 않는다. 그렇다고 흉터 주변 조직에 아무 일도 일어나지 않았다는 뜻은 아니다.

> **팁**
> 흉터 조직을 마사지하라! 205쪽을 참조하라.

질의 pH 수치와 촉촉함의 변화

일반적인 지식은 아니지만 중요하게 알아두어야 할 사항이 있다. 산후에는 질액의 산성도, 즉 pH 수치도 변한다는 것이다. 질이 평소보다 건조하고 냄새가 달라졌음을 이미 눈치챘는지도 모르겠다.

건조함은 또 다른 불편을 유발할 수 있다. 가령,

◆ (반복적인) 질 감염

◆ 작열감

◆ 성교 시 통증

◆ 배뇨 방법이나 빈도의 변화

비뇨기과―산부인과 의사, 소니아 발라니 박사. 미국 뉴욕

이 모든 불편은 달갑지 않으며, 때에 따라서는 나타나지 않을 수 있다. 하지만 주변에서 너무나 자주, 때로는 의사들조차 이런 불편이 산후에 으레 나타나는 증상이라고 말한다. 그렇다고 무작정 기다려야 할까? 방법이 있는데 뭐 하러 불편함과 통증을 견디고 있어야 할까? 그냥 무시하면 증상이 더 악화될 수도 있는데 말이다.

그러므로 불편 증상이 있다면 의사를 찾아가 상의하라. 그냥 무턱대고 방치하지 말라. 의료적으로 도움을 받을 수 있을 뿐 아니라, 천연성분으로 된 윤활제 등을 권유받을 수도 있다. 일단 시도해보라. 그 밖에도 비타민 D_3의 일일 권장량(1000IU)을 섭취하는 것은 질의 pH 수치에 긍정적인 영향을 미치는 것으로 보인다.

질 건조, 낮은 성욕, 오르가슴을 느끼기 어려운 현상은 항우울제와 같은 특정 약물 복용으로 더 악화될 수 있다. 그러므로 때때로 이런 약물이 계속 필요한지 혹은 다른 제제로 대체할 수 있는지에 대해 생각해보아야 할 것이다. 질이 너무 건조한 경우 처방약품인 에스트리올 크림이 도움이 될 수 있다.

느낌은 어디로 갔을까?

이제 질이 약간 무뎌진 듯한 느낌이 들 수 있다. 모든 것이 별 느낌이 없고 처음에는 질이 약간 더 늘어난 상태다. 질의 넓이는 부분적으로 저절로, 부분적으로 운동을 통해 줄어든다. 그때까지는 질 "방귀"가 나올 수 있다. 질이 약간 넓어져서 공기를 품을 수 있고, 이것이 어느 순간에는 다시 나오기 때문이다. 질이 다시 조여지는 것과 동시에 질음도 사라지고 느낌도 점점 돌아온다.

질에는 사실 두 종류의 느낌이 있다. 오르가슴을 느끼는 데 도움이 되는 느낌과 누군가 가볍게 터치할 때 받게 되는 느낌이 그것이다. 첫 번째 느낌에서는 오르가슴을 느낄 때 근육이 수축한다. 이 일은 다시금 골반저와 관계된다. 두 번째 느낌은 질 피부의 감각이다. 질 피부는 출산할 때 늘어났고 어마어마한 압력을 받았다. 질식 분만을 한 여성들이 특히 그렇지만, 제왕절개를 한 여성도 마찬가지다. 피부의 감각과 신경이 먼저 돌아와야 한다. 여기서 혈액순환도 중요한 역할을 한다. 피부에 혈액순환이 잘될수록, 더 잘 느낄 수 있다. 그리고 이 일을 통해 혈액순환 자체도 더 원활해질 수 있다.

팁

질과 음핵의 혈액순환 돕기
• 천연 유기농 오일이 혈액순환을 자극할 수 있다. 성관계를 하기 15분 내지 30분 전에 음핵과 외음부에 발라주라. 그러면 조만간에 모든 것이 더 민감해졌음을 깨닫게

될 것이다. 콘돔을 활용하는가? 그렇다면 오일을 베이스로 한 윤활제가 함유된 것을 활용하는 것이 좋다.

• 혈액순환을 자극하는 윤활제도 있지만 항상 물을 베이스로한 유기농 천연 제품을 선택하라. 실리콘이 들어가지 않고, 질의 pH 수치를 악화시키는 물질이 없는 제품을 선택해야 한다. 질 주변과 질 안의 피부가 완전히 아물기 전에는 윤활제 선택에 세심한 주의를 기울이라.

또 무엇이 끼어들까?

신체적인 질 변화와 독립적으로 감정적 측면도 중요한 역할을 한다. 난산이었던 경우에는 더욱 그러하다. 난산 후에는 질 안으로 무언가를 들여보낸다는 생각이 꽤 꺼림칙할 수 있다. 이해 가는 일이다. 하지만 몸이 그런 두려움을 극복하도록 도울 수 있다.

거의 모든 여성이 처음에는 불안해하며 종종 파트너도 마찬가지다. 그러므로 시간 여유를 가지라. 서로 껴안고, 애무하고, 꼭 삽입하지 않고도 성을 향유하라. 파트너의 품에 안겨 파트너의 눈을 지그시 쳐다보고, 당신 몸에 올려진 손길을 느끼며 천천히 안도감을 느끼는 것만으로도 아주 좋은 일이다. 긴장을 완전히 풀 수 있고, 자신을 완전히 여자로 느끼며 나머지 세상을 잠시 잊을 수 있다. "사랑의 호르몬" 옥시토신이 분비되며, 심신이 편안해진다. 편안한 나머지 삽입을 허용할 수 있을지도 모른다. 물론 느낌이 이상하거나 이질감이 느껴지고, 때로는 아픔이 느껴질 수도 있다. 윤활제를 사용하면 불쾌한 느낌을 줄일 수 있다.

이렇게 다시 질을 믿을 수 있다

1. 가령 깨끗한 손가락을 질 속에 살짝 넣어보고, 다시금 질 안에 뭔가가 있는 느낌을 느껴봄으로써 자신감을 되찾을 수 있다. 골반저 근육이 손가락을 "감싸 안게" 해보라. 질 전체의 느낌에 집중해보라. 그것이 어떻게 기능하는지, 정확히 무슨 일이 일어나는지, 그 모든 것이 정말 좋다는 걸 느껴보라.

2. 파트너와 섹스를 할 수도 있지만, 자위를 통해 자신감을 회복할 수도 있다. 좋은 느낌을 불러일으켜 보라. 손으로 쓰다듬거나 압력을 가해 자극하거나 딜도(라텍스로 만든 남자 성기)를 활용할 수도 있다. 즐기고 다시금 자신감을 얻는 데 도움이 되는 한 모든 것이 좋고, 좋은 효과를 낸다. 아직도 별로 좋은 느낌이 없는가? 그렇다면 자위를 하기 전에 혈액순환을 촉진하는 오일을 발라보라. 오르가슴이 느껴지지 않는가? 너무 걱정하지 말라. 우선 자신의 질을 신뢰하고, 두려움 없이 뭔가를 들여보낼 수 있다는 것만으로도 된 것이다.

3. 어떤 여성들은 자신의 손가락이나 딜도를 들여보내지조차 못할 수 있다. 새끼손가락조차도 말이다. 이와 관련해 모든 것이 다 안 통하는 느낌인가? 그렇다면 확장기가 도움이 될 수 있다. 이 얇은 막대들은 의학적으로도 사용되지만, 실리콘 소재가 출시되어 섹스토이로도 사용된다. 우선 가장 작은 것에 윤활유를 발라 들이민 뒤, 점점 크기를 늘려 가보라. 이것이 가능하지 않으면 골반 전문가와 상의해보는 편이 좋다.

알고 있나요?

성적 절정에 이를 때 가슴에서 젖이 분비되거나 심지어 분수처럼 젖이 한 줄기 반사적으로 배출되는가? 이런 일이 일어나는 이유는 오르가슴을 느낄 때 분비되는 옥시토신 호르몬이 유즙사출반사로도 작용하기 때문이다. 옥시토신이 분비되면 신체는 그것을 모유가 생산되어야 한다는 신호로 해석할 수 있다.

섹스나 로맨스는 지금 중요하지 않아

새내기 엄마로서 당신은 갖가지 과제를 감당해야 하고, 많은 것이 새롭다. 밤잠은 부족하고, 여러 가지 신경 쓸 건 많고, 엄청나게 분주하다. 그러다 보니 '로맨스 그런 게 다 뭐지?' 하는 생각이 든다. 변화무쌍한 감정들의 한가운데에서 이제 섹스는 우선순위에서 멀찌감치 밀려난다. 당연히 그럴 수 있는 일이다. 하지만 꽤 아쉬운 일이다.

물론 하기 싫으면 섹스를 하지 않아도 된다. 하지만 섹스는 여전히 건강한 파트너 관계의 필수 요소다. 파트너와 함께 당신의 상태에 대해 충분히 대화를 나누어 파트너가 당신에게서 거부당한다고 느끼거나 불안감을 느끼지 않도록 하라. 그래야 둘이 다시금 함께 잠시 잠자리를 할 마음이 들 때까지 파트너 관계가 건강하게 유지될 것이다.

성생활 및 부부 치료사, 안-마를레네 헤닝. 독일 함부르크

밴크로프트와 얀선의 소위 이중 통제 모델(Dual Control Model)은 성욕이 신체의 다른 과정처럼 중추조절시스템에 의해 조절된다고 본다. 이것은 자극과 억제의 상호작용, 더 쉽게 말하자면 액셀러레이터와 브레이크의 상호작용에서 발생한다. 항상 두 가지가 동시에 존재하며, 성적 흥분은 이 둘이 상호작용한 결과다. 어떤 사람들은 액셀러레이터 쪽이 더 많고, 어떤 사람들은 브레이크 쪽이 더 많다. 이를 외향성, 내향성에 비유할 수도 있다. 이것은 학습하는 것이 아니라 타고나는 것이다. 성적 존재로 어떻게 살아갈 것인가는 이런 액셀러레이터와 브레이크의 영향을 많이 받는다. 브레이크가 활성화된 사람들은 아기가 태어나면 모성애로 인해 쉽게 성생활에 "제동"이 걸린다. 액셀러레이터와 브레이크는 변화시킬 수 없다. 하지만 그 영향에 어떻게 대처할 것인지는 조절할 수 있다. 늘 그것을 의식하고, 모성애가 바람직한 성생활의 방해꾼으로 작용하지 않도록 하라.

관계가 달라졌을 수도 있다

둘의 관계가 얼마나 오래되고 얼마나 친밀했는지 얼마나 함께 아이를 가지기를 원했는지와는 상관없이 이제 당신이 파트너를 다른 눈으로 보거나 파트너가 당신을 그렇게 볼 수도 있다. 함께 아이를 갖는 것은 둘 모두에게 인생의 커다란 변화였다. 당신들은 말 그대로 새로 태어났다. 여자에서 엄마가 되었고, 남자에서 아빠가 되었다. 상대를 새롭게 발견하고, 부모로서의 새로운 역할을 하는 상대를 알아갈 기회를 얻게 되었다. 하지만 때로 이 일은 그리 낭만적이지 않다. 당신은 더 이상 파트너에 대해 전 같은 느낌이 들지 않을 수도 있고, 혹은 파트너가 당신에 대해 그럴 거라는 생각이 들 수도 있다. 함께 대화하라. 자제력을 잃지 말라. 함께 위기를 헤쳐나갈 수 없을 듯한가? 부부 치료의 도움을 받아라. 얼마나 많은 커플이 이런 일을 경험하는지 놀랄 것이다. 부모가 된다는 건 결코 식은 죽 먹기가 아니다!

문제는 없지만 하기 싫다

때때로 문제의 원인은 통증이나 불편함, 자신감 부족, 두려움, 우선순위에서 밀려남, 또는 파트너 관계에 있지 않다. 단순히 섹스가 내키지 않을 수도 있다. 자신의 감정에 귀를 기울이라. 예전에 충만한 성생활을 즐겼었다면, 무의식적으로 그 시절이 그리워질지도 모른다. 성욕이 돌아오는 데 너무 오래 걸린다는 생각이 든다면, 골반 치료사나 성생활 치료사 혹은 의사를 찾아가라.

오르가슴은 이렇게 작용한다

우리 모두는 (바라건대) 이미 많이 경험해보았을 것이다. 하지만 오르가슴은 실제로 어떻게 작용할까? 당신은 음핵이 진주 하나 정도에 불과한 크기가 아니라 그보다 훨씬 크다는 것을 아는가? 절정에 이르는 네 가지 유형이 있다는 걸 아는가? BTY 프로그램 연습은 오르가슴을 더 좋고 더 강렬하게 경험하게끔 하는 데도 도움을 줄 것이다.

네 가지 유형의 오르가슴

1. 음핵 오르가슴

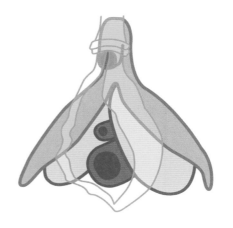

우리 몸에서 가장 민감한 부분은 의심의 여지 없이 음핵이다. 그러나 음핵은 우리가 느끼는 것보다 훨씬 크다. 음핵은 질을 따라 진행되므로 이 모든 부위가 굉장히 민감하다. 음핵귀두에 8000(!)개의 신경이 모여 있으며, 음핵의 나머지 부분은 훨씬 덜 민감한 듯 보인다. 그럼에도 이런 영역의 힘을 과소평가해서는 안 된다. 처음에는 민감한 음핵귀두 부분을 자극하기보다 우선 음핵의 다른 부분을(질벽을 따라, 그리고 귀두 윗부분을) 자극하고, 나중에 음핵의 머리를 자극할 때 오르가슴은 더 강해진다.

2. 질 오르가슴

질을 자극해 절정에 이를 수도 있다. 이를 위해서는 민감한 부분인 G 스폿$^{G-spot}$을 찾아야 한다. 음핵 뒤쪽에서 약 5센티미터 위쪽으로 올라간 부분에서 이를 찾을 수 있다. G 스폿을 별도의 기관으로 볼 것인지 음핵의 일부로 볼 것인지 성기 연구자들 사이에 아직 의견이 통일되지 않았다. 하지만 이것이건, 저것이건 간에 한 가지는 확실하다. G 스폿을 발견하면 아주 강렬한 오르가슴을 경험할 수 있다는 것이다. G 스폿은 스펀지 느낌이 나며 흥분할수록 더 촉촉해진다. 체위를 변경하고, 페니스 혹은 딜도가 언제 이런 민감한 부분을 스칠지를 시험하면서 당신의 G 스폿이 어디에 있는지를 정확히 알 수 있다. 하지만 G 스폿을 찾았다 해도 질 오르가슴에 이르는 건 음핵 오르가슴보다 힘든 경우가 많다.

3. 혼합 오르가슴

질과 음핵으로 동시에 절정에 이르는 것을 혼합 오르가슴이라고 한다. 이런 경험을 해본 여성들은 이것이 실제로 동시에 두 종류 이상의 오르가슴임을 알고 있다. 실제로 1 + 1 = 3 오르가슴이다. 어떤 느낌도 이보다 더 강렬할 수는 없다. 당신이 위, 파트너가 아래에 있는 체위에서 이런 오르가슴을 느낄 수 있다. G 스폿이 자극되고 있음을 느낄 때까지 그런 체위를 취하라. 그다음 파트너(또는 자신)가 손으로 음핵의 민감한 귀두를 자극하면 혼합 오르가슴에 도달할 가능성이 커진다.

4. 멀티플 오르가슴

때로 오래 할 때 여러 번 절정에 이를 수도 있다. 이를 멀티플 오르가슴이라고 한다. 섹스를 자주할수록 멀티플 오르가슴을 경험할 확률이 커진다.

오르가슴이란 정확히 무엇일까?

쾌감이 최고조에 달하면 골반저 근육 및 질의 가장 뒤쪽 부분이 리드미컬하게 수축된다. 이들 부위가 수축과 이완, 다시 수축과 다시 이완을 반복한다. 수축과 이완을 잘할수록 오르가슴은 더 강렬해진다. 따라서 오르가슴은 단지 근육 운동일 따름이다. 잘 훈련되어 있을수록 근육은 더 잘 기능한다. 그러므로 골반저 운동은 의학적 유익뿐 아니라, 아주 다른 유익도 안겨준다고 하겠다.

섹스에 대한 관심은 건강의 중요한 잣대다

여성 호르몬 전문가, 졸린 브라이튼 박사

섹스의 10가지 유익

① 섹스는 면역계를 튼튼하게 한다! 일주일에 한 번 이상 성관계를 하면 각종 병원체와 싸우는 면역글로불린 A가 더 많이 분비된다.

② 섹스는 세로토닌 수치를 끌어올린다. 세로토닌은 행복감을 선사하는 신경 전달 물질이다.

③ 섹스는 혈압을 낮추고 심혈관계(심장과 혈관계)를 튼튼하게 한다.

④ 섹스는 스트레스를 줄여준다. 코르티솔(스트레스 호르몬) 수준이 감소하고, 만족과 보상의 감정이 유발되는 뇌 영역에서 도파민이 분비된다.

⑤ 섹스는 긴장을 이완하고 수면에 도움을 준다. 절정의 순간에 프로락틴(젖분비 호르몬)이 많이 분비되어 긴장이 풀리고 잠이 잘 온다.

⑥ 섹스 자체가 골반저 운동이기도 하다. 따라서 매번 이 특별한 근육군을 추가로 운동시켜준다.

⑦ 섹스는 뇌 기능을 향상시킨다. 적어도 장기적인 관점으로는 그러하다. 여성으로서 평생 규칙적으로 성관계를 하면 뇌의 인지적인 측면에 유익하다.

⑧ 섹스는 칼로리를 연소시킨다. 가장 멋진 지방 연소 운동이다.

⑨ 섹스는 자신감에 도움이 된다. 사랑받고 있다고 느낄 때 자신감이 상승하며, 자신감은 자연스럽게 외부로 발산된다. 자신감은 매력적으로 작용한다. 자신감이 높아질수록 사람들이 당신을 주목하게 될 것이다. 따라서 선순환이 이루어지는 것이다.

⑩ 섹스는 파트너 관계에 좋다.

04

당신과 당신의 호르몬

임신 중에 호르몬이 몸과 기분에 영향을 미치는 걸 느껴보았을 것이다. 월경 중에 호르몬이 기분 변화를 일으킨다는 것도 잘 알려져 있다. 하지만 산후 회복 과정에서의 호르몬의 역할은 그다지 잘 알려지지 않았다. 그러나 사실 거의 모든 산후 회복 과정이 "단지" 신체적인 것에 불과하게 보이는 많은 것까지도 호르몬의 영향을 받는다. 산후우울증에서 질 건조증까지 호르몬의 영향은 다양하다. 출산했으니 호르몬과는 작별이라 생각했을지도 모르지만, 이제 다시금 새로운 호르몬 대사에 적응해야 하는 것이다.

호르몬에 대해 알아야 하는 이유는 무엇일까?

출산 후 불편한 데가 없고, 다시금 원기를 찾고, 새로운 호르몬 대사에 익숙해지면 완전히 회복된 것이다. 그러나 라이프스타일을 통해 새로운 호르몬 대사에 익숙해지는 과정을 뒷받침하고 촉진할 수 있다. 당신은 몸을 도와주고 있는가, 아니면 거스르고 있는가? 이런 선택이 얼마나 중요한지를 이해할 수 있도록 우선 호르몬이 무엇이고, 호르몬이 어떻게 일하며, 산후 회복에 어떤 영향을 줄 수 있는지를 설명하도록 하겠다.

호르몬이란 무엇일까?

호르몬은 특정 세포에 그들이 무엇을 해야 할지를 알려주는 정보 전달자다. 호르몬은 호르몬샘에서 분비되어 혈관을 타고 분배된다. 호르몬은 수면-각성 리듬에서 혈당 대사, 소변 생성, 상처 치유, 감염에 대항한 싸움 등 우리 몸의 거의 모든 과정에서 중요한 역할을 한다. 간단히 말해 호르몬이 일하지 않으면 신체와 정신에 많은 영향을 초래한다. 최근의 연구를 통해 호르몬에 대해 점점 더 많이 알려졌다. 산후 회복의 단계에서 호르몬이 미치는 영향에 대해서도 말이다. 연구에 따르면 산후우울증과 심지어 요실금도 호르몬과 연관이 있는 것으로 밝혀졌다.

산후 중요한 호르몬들

그렇다. 호르몬은 정말로 두루두루 모든 걸 조금씩 관장한다. 하지만 어떤 호르몬이 중요하고, 각각은 정확히 어떤 역할을 할까?

에스트로겐

에스트로겐이라 하면 하나의 호르몬을 일컫는 것 같이 들리지만, 사실은 그렇지 않다. 에스트로겐은 각각 자신만의 기능을 갖는 세 호르몬을 통합해 부르는 말이다. 에스트라디올(기능: 생식력과 골밀도), 에스트리올(무엇보다 임신 중에 분비된다), 에스트론(특히 폐경 후 지방조직에서 분비된다), 이 세 가지 호르몬이 그것이다.

에스트론은 기분을 좋게 하는 물질인 엔돌핀의 분비를 돕는다. 엔돌핀은 기분에 영향을 줄 뿐만 아니라 통증을 감소시키는 기능도 하여 때로 "내인성 모르핀"이라 불리기도 한다.

프로게스테론

프로게스테론은 월경 주기의 후반부, 즉 배란 후에 중요한 역할을 한다. 수정란이 자궁 내막에 잘 착상할 수 있도록 해주기 때문이다. 하지만 수정이 되지 않고 자궁내막이 탈락하면(즉 월경이 시작되면) 프로게스테론 농도는 다시 감소한다. 이것은 당신의 기분에서도 표시가 난다. 생리를 앞두고 기분이 우울해지는가? 에스트로겐과 프로게스테론 수치가 낮아지기 때문이다. 피로하고 기분이 좋지 않은가? 프로게스테론이 부족해서 그렇다. 하지만 프로게스테론 농도가 떨어지면 기분뿐 아니라 성적 행동과 사회적 행동, 자기표현 방식, 혈당치의 안정성, 스트레스를 다루는 방식 등 많은 것에 영향을 초래한다. 프로게스테론은 당신의 기분과 행동에 정말 커다란 영향력을 행사하는 것이다.

임신 말기가 되면 프로게스테론 수치는 전에 없을 정도로 치솟는다. 그러다가 태반이 자궁벽에서 분리된 직후 프로게스테론 수치가 다시 떨어진다. 몇 시간 사이에 높이 치솟은 상태에서 보통 수준으로, 즉 임신 전 수준으로 내려온다. 모유 수유하는 경우에는 프로락틴 호르몬이 분비되어 에스트로겐과 프로게스테론의 생성을 억제한다. 아주 복잡하게 들리지만 요약하면 당신의 몸은 갑작스럽게 변화하는 호르몬의 롤러코스터를 타야 한다는 것이다. 그리고 여기서도 중요한 것은 몸은 갑작스런 변화에 적응할 시간이 필요하다는 점이다.

옥시토신

옥시토신은 "사랑 호르몬"으로 알려져 있으며, 모든 사람은 대인간의 긍정적인 접촉이 있을 때 옥시토신을 분비한다. 애무하거나 함께 잠자리할 때, 혹은 그냥 기분 좋은 눈맞춤으로도 분비된다. 옥시토신이 분비되면 더 안정감이 느껴지고 편안해진다. 이 호르몬이 당신과 아기 사이의 애착 형성에 중요한 역할을 하는 것도 공연한 일이 아니다.

출생 직후 옥시토신은 자궁을 다시 수축시키고, 그로 말미암아 후진통(훗배앓이)이 생긴다. 그 결과 자궁은 예전의 작은 형태로 돌아간다. 수축하는 동안 터졌던 혈관도 오그라들어 닫힌다. 옥시토신으로 인해 무엇보다도 자궁 출혈, 즉 오로가 멈춘다.

옥시토신은 모유 수유에서 두 번째로 큰 역할을 한다. 유즙을 만들어내는 것은 아니지만, 유즙사출반사의 형태로 유즙이 공급되도록 해준다.

아드레날린과 코르티솔

아드레날린과 코르티솔은 두 종류의 스트레스 호르몬이다. 하지만 걱정하지 말라. 스트레스가 늘 나쁜 것만은 아니다. 때때로 당신의 몸은 신호가 필요하다. 이제 '전력을 다하고, 주의하고, 한계에 도전해야 해'라고 말하는 신호다.

가령 갑자기 도망쳐야 하거나 어려운 일을 해결해야 하는 경우, 아드레날린이 없으면 그런 일을 그냥 포기할 수밖에 없을 것이다. 출산 중에도 마찬가지다. 그러므로 아드레날린이나 코르티솔이 필요한 순간들도 있고, 그렇지 않은 때도 있다. 다행히 적절한 시점에 옥시토신이 아드레날린 분비를 억제한다.

삶이 힘들거나 힘들게 느껴질 때, 몸은 아드레날린과 코르티솔을 너무 많이 분비할 수 있다. 그러면 몸은 스트레스를 받게 되고, 이런 스트레스는 호르몬 대사와 정신 건강에 부정적인 영향을 미친다. 정서 상태는 혈액 내 코르티솔 양에 영향을 받는다. 코르티솔은 감각적 인상을 강화하고, 이를 통해 당사자는 세상을 진하고 강하게 경험한다.

스트레스가 너무 장기간 계속되어 염증을 억제하는 코르티솔을 만들어내는 부신에 과부하가 걸려 충분한 코르티솔을 분비하지 못하면 상태는 더 안 좋아진다. 이러한 상황에 처한 사람들은 번아웃으로 치닫는다. 그러면 종종 더 이상 자극을 처리할 수 없어 모든 것이 너무나 부담이 되는 상태에 처한다. 이런 사람들은 더 자주, 더 빨리 몸이 아프다.

휴식이 건강한 호르몬 대사의 필수 요소인 이유도 바로 그래서다. 그 밖에 체내 아드레날린 수치가 높으면 테스토스테론 수치도 감소한다.

간단히 말해, 스트레스는 유익이 있지만 장기간 지속되면 몸에 안 좋고 산후 회복에도 장애가 된다.

자연요법 의사, 화학자, 여성 호르몬 전문가, 졸린 브라이튼 박사. 미국 시애틀

이상적으로는 아침이 되면 코르티솔 분비가 하루 중 피크에 달한다. 그 뒤 하루가 지나면서 분비량이 다시 감소해 저녁이 되면 낮은 수준이 되고, 반면 멜라토닌 수치가 상승한다. 그러면 마음이 안정되고 잠이 잘 온다. 그런데 아기 엄마들의 경우 코르티솔 수치가 아주 높은 상태에서 저녁에도 떨어지지 않는 것을 종종 볼 수 있다. 이것은 뇌에 좋지 않은 영향을 미친다. 밤에 혈액에 멜라토닌이 많고 코르티솔이 별로 없으면 잠자는 동안 뇌가 회복된다. 하지만 코르티솔 수치가 너무 높으면 이런 일이 제대로 이루어지지 않아 아침에 잘 자고 몸이 회복되었다는 느낌이 들지 않는다. 그러면 두통과 다른 부정적인 후유증들이 생길 수 있다.

조언

- 먹고 마시는 일에 신경 쓰라. 양질의 음식과 음료를 규칙적으로 먹고 마시라. 쓸데없는 조언처럼 들릴지 모르지만, 이것은 정말 중요하다. 탈수는 스트레스를 유발하고, 혈당 수치를 불안정하게 만든다.
- 아침마다 산책하러 나가거나, 최소한 햇빛을 충분히 받도록 하라. 그러면 천연 코르티솔이 피크에 이르고, 밤사이 혈액에 남은 멜라토닌이 분해되는 것을 도울 수 있다.
- 스트레스에 대처하고 강장 효과를 얻기 위해 홍경천(Rhodiola rosea)을 복용하는 것도 괜찮다. 아침에 감초 뿌리를 먹어주는 것도 좋다. 하지만 감초 뿌리는 고혈

압이 있는 사람에게는 권장하지 않는다. 감초뿌리는 약간의 코르티솔이 하루 내 내 혈액에 머물도록 해준다. 실제적인 코르티솔 수치 피크가 없다면, 대신에 좀 더 낮은 수준을 더 오래 유지하는 것이 덜 피곤하고, 더 오래 힘을 낼 수 있다.

테스토스테론

테스토스테론은 전형적인 남성 호르몬이지만 여성도 테스토스테론을 분비한 다. 이것은 좋은 일이다. 에스트로겐, 프로게스테론과 함께 테스토스테론은 무엇 보다 건강한 근육량을 만들어내고, 성욕을 자극하며 에너지와 자신감을 만들어내 기 때문이다.

임신 중이든 아니든, 당신은 늘 테스토스테론을 분비한다. HIIT(고강도 인터벌 트레이닝)와 근력 운동을 적절히 조합하면 효과적으로 테스토스테론을 만들어낼 수 있다.

HGH(성장 호르몬)

이름에서 알 수 있듯이 이 호르몬은 무엇보다 새로운 근육 세포와 뼈 조직의 형 성을 자극한다. 그 밖에 신체에 적정량의 지방, 수분, 근육이 있도록 한다. 산후 회 복이 이루어지는 동안 근육이 성장하고 회복해 간접적으로 체중이 감소하도록 하 기 위해 이 호르몬이 필요하다.

프로락틴

출산 뒤 프로락틴은 젖 분비를 촉진한다. 모유 수유할 때마다 최고치의 프로락 틴이 분비되어 다음 수유를 위해 충분한 모유를 만들어낸다. 밤과 아침에 혈중 프 로락틴 수치가 최고가 되도록 밤에도 모유 수유하는 것이 좋다. 모유 수유가 무난 하게 이루어지면 이 호르몬의 중요성이 감소하며, 모유 생산은 유방에서 국소적으로 조절된다.

릴랙신(Relaxin)

이름에서 이미 짐작할 수 있듯이 이 호르몬은 이완과 관계된다. 물론 무엇보다 신체적 형태의 이완이지만 말이다. 임신 중에 릴랙신과 프로게스테론은 관절, 골반 인대, 자궁 경부가 느슨해지도록(즉 더 많이 이완되도록) 했다. 이를 통해 아기가 더 쉽게 세상으로 나올 수 있었다. 이것은 어머니 자연의 영리한 전략이었다. 하지만 이것에는 단점도 있다. 릴랙신 호르몬이 골반뿐 아니라 전신에 작용해 모든 관절이 느슨해졌기에 균형과 안정성 문제가 발생할 수 있다. 출산이 끝나면 혈액에 있던 릴랙신은 빠르게 감소하지만, 위에 언급한 문제들은 사라지지 않고 남을 수도 있다. 더욱이 출산을 마친 지금은 약해진 신체 부위가 예전의 힘을 되찾아야 예전처럼 안정된 상태로 돌아갈 수 있다.

임신 중에 극도로 치솟았다가 출산 뒤 급격한 하락

당신의 몸은 적절한 시점에 적절한 호르몬을 분비하게끔 되어 있다. 자극을 받으면 곧 많은 양의 호르몬이 즉시 분비되기도 한다. 이것은 거의 단추를 누른 것처럼 일어난다. 기겁하고 놀라는 일이 발생하면 즉시 다량의 아드레날린이 혈액에 도달한다. 정자가 난자 속으로 들어가 임신이 되는 순간 신체는 수정된 난자가 착상해 발달하도록 전체 호르몬 대사를 즉시 조절한다. 변화가 아주 급속도로 일어나므로 우리의 몸은 여유 있게 적응할 새 없이 곧장 변화된 조건에 직면한다. 임신 초기에 전형적인 입덧 증상이 나타나는 것도 에스트로겐 수치가 갑자기 증가하기 때문이다. 그리고 임신 후반기에는 프로게스테론 농도가 엄청나게 증가해 이완에 따른 문제들을 야기한다.

출산 직전에도 아주 비슷하다. 진통이 시작되기 직전에 에스트로겐 수치가 다시 부쩍 상승한다.

태반이 분리되면 호르몬 대사가 더 급격하게 변한다. 몇 시간이 못 되어 임신 중에 극도로 치솟았던 프로게스테론 농도가 이전 수준으로 돌아간다. 당신의 몸이 자연적인 월경 주기로 가능한 한 빠르게 돌아가고자 하는 것이다. 그렇다고 곧 다시 월경을 하게 될 거라는 의미는 아니다. 모유 수유할 때 분비되는 프로락틴 호르몬으로 인해 생리가 다시금 억제되기 때문이다.

에스트로겐도 별반 다르지 않다. 며칠에서 몇 주 안에 에스트로겐 수치가 저 높은 곳에서 임신 전 수준으로 떨어진다. 따라서 며칠 되지 않아 호르몬 대사가 임신 중과 완전히 달라지는 것이다. 그래서 임신 중에 새로운 호르몬 대사에 적응해야 했다면, 이제 또다시 그렇게 해야 한다. 신체는 다시금 훨씬 더 높은 농도의 호르몬에 적응해야 한다. 신체가 적응하기까지 얼마나 걸릴지는 예측할 수 없다. 사람마다, 상황마다 다르기 때문이다. 예전 임신에서 얼마나 빨리 회복했었는가 하는 것도 이번에 어떻게 될지를 말해주지 않는다. 좋은 소식은 회복에 상당한 정도로 영향을 미칠 수 있다는 것이다. 우리는 호르몬이 균형을 잃지 않도록 도울 수 있다.

로런스의 팁
호르몬 균형을 회복하기 위해 할 수 있는 일

1. 스트레스를 줄이라. 물론 밤잠이 모자라고, 인생 전체가 완전히 바뀌고, 새로운 감정에 압도되는 마당에 스트레스를 받지 않는 것이 말처럼 쉽지는 않다. 지금 당장은 이런 생활을 어쩔 수 없이 받아들여야 하니 말이다.
   하지만 가만히 보면 스트레스와 관련해 변화시킬 수 있는 점들도 있다. 가령 기준을 얼마나 높게 설정할 것인지, 우선순위를 어디에 놓을 것인지 등을 조절할 수 있다.

스트레스는 생각보다 호르몬 대사에 훨씬 더 직접적인 영향을 미친다. 신체에는 호르몬이 결합할 수 있는 수용체들이 있고, 수용체와 결합한 호르몬만이 제 기능을 할 수 있다. 프로게스테론(분만 뒤 에스트로겐과의 균형을 회복하는 걸 돕는다)과 코르티솔(스트레스)은 같은 수용체에 부착한다. 하지만 자리를 놓고 동등한 경쟁이 벌어지는 것은 아니다. 코르티솔이 프로게스테론보다 훨씬 빠르다. 그리하여 스트레스를 많이 받으면 코르티솔이 수용체를 다 차지하고, 프로게스테론의 자리가 남지 않는다. 이런 사실을 안다고 해서 무슨 소용이 있을까 하는 생각이 드는가. 자 한번 보자. 모든 결정에서 자신과 자신이 편안한 쪽을 좀 더 생각한다면 스트레스 수준이 이미 낮아질 것이고, 몸은 코르티솔을 점점 덜 분비하게 될 것이다. 그리고 프로게스테론이 다시금 수용체에 결합해 제 기능을 할 수 있는 기회를 얻게 될 것이다.

코르티솔 수치에 영향을 미치기 위해 스트레스를 몽땅 다 피할 필요는 없다. 물론 그렇게 하면 좋겠지만 불가능한 일이다. 하지만 조금 줄이는 것도 도움이 된다. 한 가지씩 내려놓을 때마다 스트레스 호르몬은 감소하고 프로게스테론이 수용체에 결합할 수 있을 것이다.

2. 과체중이라면 체중을 줄이라! 지방 세포는 에스트로겐의 짝꿍인 테스토스테론을 에스트로겐으로 바꿀 수 있다. 그리하여 몸에 지방이 더 많을수록 에스트로겐이 더 많이 생성될 수 있다. 물론 체중을 감량할 때는 신중해야 한다. 출산 직후부터 다이어트를 하지 말고, You 단계에 들어서면서부터 해보라. 모유 수유를 한다면, 그 시기에도 여전히 조심스럽게 해야 한다(187쪽 참조).

산후 갑상선염
갑상선도 호르몬을 분비한다. 갑상선이 출산 후 첫해에 기능 항진이 되어 여러 가지 불편 증상이 생겨나는 경우가 종종 있다.

- 갑상선이 붓는다.
- 긴장, 불안, 쫓기는 기분, 조급함, 짜증
- 빈맥
- 피부가 땀이 많이 날 정도로 달아오른다.
- 소화불량
- 피로

막 출산을 마친 여성들에게서 이 모든 증상이 있을 수 있다. 결국 누가 피곤하지 않겠는가? 이랬다저랬다 하는 기분에 시달리지 않는 사람이 누구겠는가? 그렇게 많은 삶의 변화 앞에서 건망증이 왜 생기지 않겠는가? 불편 증상은 대부분 갑상선이 원인이 아니라도 있을 수 있는 것들이다. 이런 불편들이 느껴지는가? 그러면 병원에 가서 갑상선 검사를 해보라. 갑상선염으로 이런 증상이 나타나는 것뿐인데, 마치 우울증으로 오해할 수도 있는 것이다.

경우에 따라서는 갑상선 기능이 일시적으로 항진된 뒤 저하가 나타날 수 있다. 갑상선 기능 저하의 경우에는 다음과 같은 증상이 나타난다.

- 갑상선이 붓는다.
- 추위를 많이 탄다.
- 식욕 저하, 체중 증가
- 피로, 집중력 저하, 건망증
- 변비
- 근위부 근육 쇠약(주로 허벅지와 팔의 근육이 약해지고 경직된다)
- 우울감
- 건조하고 창백한 피부
- 조금만 힘들게 움직여도 숨이 찬다.
- 모유량이 줄어든다.

이 경우에도 불편 증상만으로 '아 이것이 갑상선 기능 저하증이구나' 하고 짐작하기

란 쉽지 않다. 따라서 이 경우에도 위에 언급한 증상이 있다면 병원에서 갑상선을
검사해보라!

05

당신과 당신의 정신

이 모든 신체적 변화 외에도 두루두루 영향을 미치는 또 한 가지 변화가 있으니 그것은 바로 정신적인 변화다. 해부학적으로는 보이지 않지만 가장 많이 변화하는 요인이다.

예전의 당신으로 혹은 새로운 당신으로?

모성이 당신을 변화시킨다는 것은 확실하다. 그러나 한편으로 당신이 같은 사람이며, 앞으로도 계속 그런 사람으로 남을 것임도 분명하다. 약간 이상하게 들리지만 아주 정상적인 일이다.

한편으로, 당신은 정말로 당신 자신이며 앞으로도 그렇게 남을 것이다. 좋아하는 것들도 여전히 똑같이 남고 개성, 성격, 재능, 개인적인 문제점들도 마찬가지다. 하지만 한편으로는 이제 엄마가 되었으니 변화가 나타나는 것도 아주 당연한 일이다. 아기가 태어나기 전에 중요하지 않게 생각되었던 일들이 갑자기 아주 중요하게 부각되고, 전에 아주 멋지게 생각되었던 일들은 이제 시큰둥하게 다가온다. 예전에 별 감흥이 없었던 영화들이 이제 당신을 눈물짓게 만든다.

우선 이런 변화를 받아들이는 것이 무척 중요하다. 당신의 세계가 달라졌고, 이것이 불안을 동반하며, 이제 자신과 자신의 'You'를 찾아 나가야 한다는 것을 받아들이라. 올바른 선택과 결정을 위해서는 이렇듯 찾아 나서는 것이 중요하다. 우리는 아기를 위해, 오늘의 나, 미래의 나를 위해, 그리고 파트너 관계를 위해 올바른 선택과 결정을 해야 한다.

당신 안의 변화

모든 여성은 유일무이한 존재로서 자신만의 방식으로 나름 변화하거나, 변화를 겪는다. 하지만 그럼에도 거의 모두가 겪는 동일한 변화들도 많다. 그리고 각각 이런 변화들을 의식적으로 대하는 정도에서 서로 간에 커다란 차이를 보인다.

변화 1: 더 민감해진다

거의 모든 여성은 이제 무슨 일이든 더 강하게 느끼고, 주변 환경으로부터의 자극에 더 민감하게 반응한다. 되찾은 호르몬 대사를 감안할 때 이런 반응은 완전히 이해가 가는 일이다. 한편 뇌 구조도 달라져서 공감 능력이 더 높아진다. 그러다 보니 그 배후의 생물학적 이유가 무엇이든 감정이 강하게 밀려올 수 있다. 너무나 강렬하게 압도해 평소 굉장히 강한 여성도 모든 것에 회의를 느끼고 툭하면 눈물을 흘린다. 거의 모든 신참내기 엄마들이 더 감정적이 되고, 감정적으로 더 민감해지고, 예민해진다. 아름다운 감정은 더 아름다워지고, 회의 역시 더 힘들게 다가온다.

변화된 감정 상태를 의식하는 것이 도움이 될 것이다. 지금 어떤 것들이 다르게 느껴지는가? 왜 그런지 아는가? 새로운 감정은 어떤 느낌인가? 새로운 감정에서 긍정적인 것을 이끌어내거나 긍정적으로 재해석할 수 있을까? 진부하게 들릴지도 모르지만 그에 대해 이야기하라. 자신의 감정에 관해 이야기하고, 자신에게 일어나고 있는 변화에 관해 이야기하라. 주변 사람들에게 그런 이야기를 해야지만 주변 사람들이 당신을 더 잘 이해할 수 있으며, 이해받는 것만으로도 훨씬 기분이 좋아진다. 이해받으면 당신이 새롭게 소유하게 된 예민함을 좋게 생각할 수 있을 것이다.

변화 2: 규범과 가치를 생각한다

잘 알려지지는 않았지만, 새내기 부모에게 곧잘 일어나는 변화가 있다. 바로 다른 규범과 가치를 가지게 된다는 것이다. 갑자기 생각이 바뀌게 되는 것이다. 당신은 이제 새롭게 조금이라도 바람직한 인생을 살고자 한다. 처음으로 바람직한 인생이 무엇일지에 대해 생각해볼지도 모른다. 가령 환경이나, 아동노동 혹은 사회적 목표들과 관련해 공동체에서의 자신의 역할을 돌아볼지도 모른다. 갑자기 더 책임감 있게 자동차를 운전하고, 교통 신호도 잘 준수하게 될지도 모른다.

이제 새로운 세대에 대한 책임감을 느끼고, 세상일이 다른 눈으로 보일 것이다. 이런 상황을 스스로 성찰하고 자기 생각을 들여다보는 기회로 삼아라. 자신의 훨씬 좋은 면을 발견하게 될지도 모른다!

변화 3: 자신을 잊는다

머리 빗기? 샤워하기? 화장실에 앉아 여유 부리기? 바지가 더러워졌다고? 그게 뭐 어때서? 모성은 개인적인 위생을 등한시할 수 있다. 아이를 목욕시키고, 먹이고, 아이를 위해 모든 것을 하면서 자신은 깡그리 잊어버린다. 이해할 수 있는 일이다. 하지만 그럼에도 자신에게도 조금 더 신경을 써야 할 것이다. 몇 년 뒤에 거울을 들여다보며 이렇게 생각할지도 모른다. "아무것도 남지 않았어. 나는 모두를 위해 이리도 애썼건만, 정작 나 자신은 어디에 있는 것일까?"

변화 4: 직업적 전환?

당신은 당신의 일을 사랑했다. 가장 중요시했고, 늘 최선을 다하고자 했다. 그런데 엄마가 되고 보니 직업적인 일은 최우선 순위에서 밀려난다. 직장으로 복귀하고 싶은 마음이 별로 들지 않는 여성들이 많다. 그보다는 아기와 함께 있는 시간을 의식적으로 누리고 싶어 한다. 당연한 일이다. 시간은 빨리 지나가고, 어린 아기는 당신을 필요로 한다. 정말 그렇다. 아기는 생각보다 빨리 자란다. 그러므로 이제 커리어와 장기적인 목표에 대해 정확히 생각해보는 것도 중요하다. 당신의 감정, 마음, 약간의 이성의 소리를 듣는 한, 잘못된 결정은 없다. 미래도 생각해보고, 지금의 결정이 미래에 어떤 영향을 미칠지도 고려해보라.

다음을 생각해보라.

- 경력이 한번 단절되면 앞으로의 직업 활동에 걸림돌이 될 수도 있다. 부당한 일이지만 유감스럽게도 이것이 현실이다.
- 파트너에게 금전적으로 종속되어도 괜찮은가?
- 당신과 파트너는 일을 얼마만큼 하고자 하는가?
- 직업 활동과 다른 과제를 어떻게 배분하는 것이 좋을까?
- 지금 일을 그만두면 나중에 후회할까?
- 아기에게 무엇을 주고 싶은가?

이런 질문 말고도 많은 여성은 또 하나의 질문을 던진다. 지금의 일을 앞으로도 계속할 것인가? 하는 것이다. 자신의 직업이 더 이상 그리 비중 있게 느껴지지 않아 바뀐 세계관에 맞는 다른 도전을 찾게 될지도 모른다. 규범과 가치를 바꾸면 일에 대한 생각이 달라질 수도 있다. 당신의 역할, 일, 노동 시간, 커리어와 관련한 결정들은 앞으로의 진로에 커다란 영향을 미친다. 그에 대해 생각하고, 이 모든 것을 집에서 상의하라. 친구들과도 상의하고, 할 수 있다면 인사부에 가서 상담하라. 여러모로 조언을 구한 뒤 결정을 내리라. 당신에게, 그리고 새로운 당신에게 잘 맞는 결정을 말이다.

산부인과 의사 실라 데리즈 박사. 독일 비스바덴

엄마가 된다는 것은 믿을 수 없이 강렬한 경험이며, 몸과 마음 모든 면에서 많은 에너지가 드는 일이다. 이를 당신의 내적인 초능력을 재발견하는 기회로 보라. 하지만 자신을 잊지 말라. 스스로와 다른 사람에게 부담이 되는 결정을 내리지 말라. 엄마로서 자신이 누구인지, 어떤 책임을 질 것인지, 재정적으로 독립하고 싶은지, 자녀들에게 어떤 모범이 되어주고 싶은지를 잘 생각하라. 폐경기에 관한 책을 쓰면서 나는 폐경기를 맞은 많은 여성이 신참내기 엄마가 되었을 때 내렸던 결정들을 후회한다는 걸 발견했다. 독자적인 결정을 통해 아기 엄마로서의 시간을 누렸지만, 그럼에도 나중에 자신의 입지가 제한되고, 가족에게 너무 "봉사"했다는 생각이 들며, 커리어를 중단하는 바람에 나중에 일하고 싶어도 할 수 없는 상황에 대해 스스로와 배우자를 탓하는 여성들이 많다. 이 문제는 나중에 세월이 많이 지나면 해결하기 힘들다. 그런 경우 많은 여성이 파트너 관계의 위기에 처하거나 자아상에 문제가 생기기도 한다. 나는 늘 나의 모든 환자에게 중요한 사안은 정말 세심하게 생각해본 뒤 결정을 내리라고 조언하곤 한다. 운동을 하고 양질의 식사를 하고, 외모를 잘 가꾸면 훨씬 기분이 좋아진다는 걸 잊지 말라. 당신이 기분이 좋으면 기분 좋은 오라를 발산하게 되고, 그렇게 다른 사람에게 기분 좋은 사람으로 보이게 된다. 그렇게 당신은 당신 자신에게, 아기와 파트너에게, 친구들과 동료들에게 유쾌한 사람이 된다.

변화 5: 사회적 만남의 필요성이 감소한다

하루가 40시간쯤이었으면 좋겠지만, 하루는 24시간밖에 되지 않는다. 당신은

분주하며, 해야 할 일도 제대로 다 하지 못한다. 그러다 보니 소셜네트워크나 친구들을 빠르게 등한시하게 된다. 내일은 친구 혹은 지인에게 연락해야지 하고는 다시금 하지 못한다. 다음 주쯤 만나자고 하고는 어떻게 되겠는가. 한 달 뒤에도 아직 만나지 못한다. 거의 모두가 이런 상황을 알 것이다. 아주 흔한 상황이다. 그럼에도 간혹 친구와 수다를 떨고 웃을 수 있는 기회를 마련한다면 좋을 것이다. 당신은 지금 굉장히 많은 경험을 하고 있는데, 이 모든 것을 파트너하고만 이야기하고 상의하는 것은 좋지 않다. 잠시 한 번씩 릴렉스하며 대화를 통해 자신을 돌아보는 것은 우리 인간에게 정말 중요한 일이다. 지금은 예전만큼 그런 시간을 많이 낼 수는 없다. 하지만 그럼에도 그런 약속을 아예 하지 않고 살지는 말라. 한 번씩 아기를 파트너나 도움의 손길에 맡기고, 가방을 챙겨 좋아하는 옷을 입고 외출하는 시간을 내도록 하라. 다시 친구와 약속을 즐기고, 한 번씩 스트레스를 푸는 시간을 마련하라.

변화 6: 파트너 관계를 등한시하게 된다

부모가 되면 자신을 등한시하는 것처럼 빠르게 파트너 관계에도 소홀하게 된다. 둘 다 엄마 아빠라는 새로운 역할을 감당하느라 정신이 없다. 모든 관심은 아기에게 쏠리고, 아기와 함께 하는 새로운 일상을 조율하느라 바쁘다.

물론 아기가 태어나자마자 바로 엄마 아빠가 낭만적인 시간을 보낼 수는 없을 것이다. 아무도 그런 일을 기대하지 않으며, 만약 그렇다면 정말 이례적인 일일 것이다. 처음에는 살아남느라 바쁘다. 그러나 이런 서바이벌 기간에 새로운 습관이 굳어지지 않도록 하라. 가령 서로를 더 이상 파트너가 아니라, 그냥 양육권자로만 보는 습관 말이다. 그러므로 Back 단계에서, 즉 서바이벌 단계에서 서로 지금 막 경험하고 있는 모든 것에 관해 서로 이야기하고 대화를 나누라. 사실들만 나누지 말고, 감정도 나누라. 변화에 관해, 서로에 대한 기대치가 차이가 나는 부분, 현 상황에 관해(현실과 기대 간의 간극에 대해!) 나누라. 이런 방식으로 변화와 격동의 기간에 둘 사이의 접촉을 유지할 수 있다. To 단계가 시작되면 다시금 함께하는 시간을 계획할 수 있는 시기가 도래한다. 그리고 You 단계에서는 "유You"라는 말이 "커플 둘 모두"를 일컫는다는 걸 잊지 말아야 한다.

변화 7: 자신에게 무리한 요구를 하게 된다

여성 네 명 중 세 명은 자신에게서 또 다른 변화를 느낀다. 그들은 자신들이 하룻밤 사이에 보통 여자에서 원더우먼이나 슈퍼우먼으로 변하기를 기대한다. 모든 것을 할 수 있어야 하고 모든 것보다 훨씬 더 많이 해야 한다. 따라서 기준을 너무나 높게 설정하는 것이다. 당신도 그러한가? 물론 아기를 위해 최선을 다하려는 것은 좋은 일이다. 하지만 아울러 현실적이어야 한다. 완벽한 엄마는 없다. 완벽해지고자 하지 말라. 불가능한 일을 도모하는 자신을 발견할 때마다 자조적으로 웃어라. 어쩌다 이런 상황이 되었는지를 생각해보라. 정말 해야 하는 것은 무엇일까? 이런 것들이 정말로 중요할까? 이런 것들을 분석하다 보면 자신에게 불가능한 것을 요구하는 건 지혜롭지 않음을 알 수 있을 것이다. 그러므로 다음번에는 기준을 좀 더 낮게 설정하라. 좀 더 현실적으로 생각하라. 우선순위를 정하고, 정말 중요한 것이 무엇인지 보고, 나머지는 그냥 내버려 두라. 필요 이상으로 많은 기대를 하면 얼마 안 가 지칠 따름이다.

변화 8: 자기 의심이 훨씬 커진다

의심은 별 도움이 안 된다는 걸 모두가 익히 안다. 하지만 지금은 의심이 좋은 것이고, 당신을 더 좋은 엄마로 만들어줄 것이다. 의심한다는 것은 아기를 위해 제대로 하고 있는지 늘 자문한다는 의미다. 그리고 당신이 이 일을 가능하면 잘하고자 한다는 의미다. 따라서 의심은 어느 정도는 좋은 것이다. 하지만 의심이 너무 커져서 내면 자세에까지 영향을 미치면 더 이상 유익이 되지 않는다. 의심이 당신의 "자아"까지 송두리째 뒤흔들기 전에 이런 의심과 불안을 가까운 사람들과 나누는 것이 좋다. 역시나 아기를 키우고 있는 지인과 허심탄회하게 이야기를 나누어도 좋을 것이다. 그러면 당신은 모두가 비슷비슷한 생각을 한다는 것을 알게 될 것이다. 첫 아이를 키워본 상태라면 이런 감정을 더 잘 캐치할 수 있을 것이다. 하지만 한 번 아기를 키워봤다고 이번에 힘들지 않으리라는 보장은 없다. 때로는 둘째 아기 때 의심이 더 강하게 밀려올 수도 있다. 그렇다고 해도 그 역시 정상이다.

이 모든 변화에서 동일하게 중요한 한 가지는 이것이다. 이 모든 변화는 (새로운) 당신으로 돌아가기 위한 과정이라는 것 말이다. 명심하라. 때로 자신에게 더 가까이 가기 위해서는 스스로 변화해야 한다.

(평범한) 스트레스에서 우울증으로

변화가 좀 심하다는 걸 스스로 느낄 때도 있다. 또는 주변 사람들이 좀 과하다고 이야기해줄 때도 있다. 자기를 의심하고 불안해하는 것은 평범한 일이지만 그런 마음이 너무 과하면 좋지 않다. 뭔가를 잘못할까 봐 불안한 것은 정상이지만, 이런 두려움이 삶을 지배한다면 조처를 해야 할 시간이다. 대체 왜 아이를 낳기로 했을까 때때로 자문하는 것은 정상적인 일이다. 하지만 아기와의 관계를 맺는 것이 꺼려지고 거리를 두게 된다면 도움을 구해야 한다. 자아를 안정적으로 다져나가는 것은 자신뿐 아니라 아기를 위한 일이기도 하다.

우선, 현재 정신적으로 힘들게 느껴진다 해도 부끄러워하지 말라. 여성의 거의 절반이 출산 후 심리적 불편감(가령 불안하고, 짜증이 나고, 공황 발작을 하는 등)을 겪으며, 다섯 명 중 한 명은 꽤 심각한 심리 장애에 시달린다. 다섯 명 중 한 명이라면 꽤 많은 수다. 하지만 다행히 이런 경우라도 도움을 받을 수 있다. 우리에겐 양질의 의료 시스템이 있는 것이다. 그러므로 중요한 것은 스스로에게 정직하게 하여 뭔가 이상하다 싶으면 되도록 빠르게 개입하는 것이다. 조처를 빠르게 할수록 불편도 빠르게 사라진다.

신경정신과 박사, 호니히 교수. 네덜란드 암스테르담

전문가의 도움을 구해야 할지를 결정할 때 다음 두 방법이 유용하다.

1. 우선 배우자나 좋은 친구, 부모님과 상의해보라. 그들에게 당신이 어떤 기분이며, 어떤 의심이 드는지를 설명하라. 그리고 당신이 변한 것이 느껴지는지 물어보라. 그들은 당신을 잘 알므로 당신을 도울 수 있다. 전문가는 아니지만 당신의 변화를 다른 누구보다 더 민감하게 평가할 수 있고, 첫 도움이 되어줄 수 있다. 자신이 엄마 노릇을 잘하고 있는지, 좋은 엄마인지 의심이 든다면, 그들에게 물어보라. 당신이 기준을 너무 높게 세운 나머지 생각이 많은지도 모른다. 사랑하는 사람들이 당신을 안심시켜줄 것이다. 그들은 당신이 엄마 역할을 잘하고 있다고 생각할 것이기 때문이다.

2. 위의 단계를 거친 뒤 자신이 아무래도 정신적으로 문제가 있다는 생각이 든다면, 우울증 셀프테스트를 해보라. 많은 병원 웹사이트에 셀프테스트가 올라와 있다. 의사가 불안 장애와 우울증을 식별하는 데 도구로 활용하는 질문지다. 도움이 필요한지, 필요 없는지를 우선 평가하기 위해 스스로 질문지에 답을 해볼 수 있다. 이렇게 온라인 테스트를 해보면 전문가의 도움을 받는 것이 좋을지 확인할 수 있을 것이다. 예전에 심리치료사에게 상담을 받은 적이 있다면 다시 상담을 받는 것이 좋을 수도 있다. 전에 알던 치료사라면 어쨌든 이미 당신을 잘 파악하고 있으니 말이다.

심리적 불편 증상

심리적 불편 증상은 크게 다섯 가지로 나눌 수 있다.

- 산후 스트레스(정말 모든 여성이 경험한다!)
- 산후 불안 장애
- 외상 후 스트레스 장애
- 산후정신병
- 산후우울증

산후 스트레스

스트레스는 무용지물이 아니라 유용한 기능도 한다. 스트레스가 아예 없는 삶은 가히 불가능하다. 새내기 부모로서 당신 부부의 스트레스 수준은 상당히 높을 것이다. 이런 스트레스를 산후 스트레스라 칭한다. 삶에서 많은 것이 변하면 자연스레 걱정과 두려움, 즉 스트레스가 생긴다. 정상적인 수준에 머무는 한, 그다지 나쁠 것이 없다.

하지만 스트레스가 부정적인 영향을 덜 미치게끔 당신 스스로 지금 스트레스가 많은 시기를 통과하고 있음을 의식하는 것이 좋을 것이다.

홈스와 레이, 이 두 과학자는 살면서 인간에게 스트레스가 될 수 있는 일들의 목록을 작성했다. 그리고 아니나 다를까 자녀를 낳는 것과 그에 따른 모든 제반 변화(아이방 꾸미기, 직업 변화, 새로운 재정 상황 등)는 스트레스 유발 목록의 꽤 위쪽에 위치한다. 292쪽에 수록된 셀프테스트를 해보라. 거기서 당신은 어떤 사건이 어느 만큼 스트레스 수위를 높이는지를 볼 수 있다.

이런 자가 진단은 당신을 겁주려는 것이 아니다. 그 반대다. 우리는 당신이 다음을 깨닫기를 바란다.

- 당신이 현재 감당하고, 수고하는 일들은 대단한 것이라는 것
- 이런 수고로운 일상에서 때때로 스트레스를 받는 것은 너무나 당연한 일이라는 것
- 아기를 키우다 보면 때때로 힘들다는 것, 장밋빛 안경에는 흠집이 나기 마련이라는 것
- 때때로 자신에게 좋은 일을 해주고 자신을 잘 돌봐줘야 한다는 것, 당신을 그런 대접을 받을만하며 자신만을 위한 시간을 마련하는 것은 중요하다는 것

두뇌에 대한 지식: 돌봄 영역과 스트레스 영역은 겹친다
엄마가 아기를 돌보는 일을 담당하는 뇌의 영역이 스트레스를 담당하는 영역과 겹친다는 걸 알고 있었는가? 모성적 돌봄과 관계된 영역이 활성화되는 순간 "스트레스" 영역도 활성화된다.

산후 불안 장애

정상적인 불안과 스트레스라도 우려스러운 수준에 이르러 일상을 부정적으로 물들일 수 있다. 당신의 스트레스 내성은 이미 시험대에 오른 상태이므로, 여성 다섯 중 하나가 불안증에 시달린다는 통계도 전혀 놀랍게 다가오지 않을 것이다. 하지만 유감스럽게도 산후 불안 장애 같은 것은 도마 위에 잘 오르지 않는다. 젊은 부모라면 누구나 겪는 정상적인 걱정 및 스트레스와 산후 불안 장애를 구분하기 힘든 경우가 많다. 모두가 아이를 돌보다 바닥에 떨어뜨릴까 봐 두려워한다. 따라서 "일반적인" 불안과 산후 불안 장애에 해당하는 극심한 불안은 어떤 차이가 있을까? "정상적인 스트레스"와 극심한 스트레스 사이에는 아직 분명한 경계가 없다. 산후 불안 장애의 일반적인 특징은 다음과 같다.

- 계속 걱정스런 생각이 치솟아 올라온다. 걱정이 생각을 지배한다.
- 때에 따라 공황 발작 증세가 나타난다. 갑자기 커다란 불안과 공포가 몰려와 생각과

몸을 지배한다.

- 계속해서 안심되지 않고, 화가 나고, 쫓기는 기분이다.
- 가슴이 조이거나 근육이 강하게 긴장하는 등 때로는 신체적 증상도 나타난다.

경고

위의 증상들을 읽으며 '아 나도 그런데'라는 생각이 든다면 도움을 청해야 한다. 그것이 자신과 아기와 파트너를 위하는 길이다. 조처를 빠르게 할수록 그런 생각을 머릿속에서 몰아내기 쉽다. 오래 방치할수록 악순환에 빠지기 쉽다. 친구나 가족에게 자신의 상태를 이야기하고, 가정의를 찾아가 조언을 구하라. 때로는 인터넷상에서 익명으로 허심탄회하게 이야기하는 것도 유용한 도움이 된다. 호르몬 균형을 다시 회복하는 데 도움이 되는 요소들에 특히 주의를 기울이라(64쪽 참조). 즉 식사와 휴식, 운동에 신경을 쓰라. 정신 건강과 관련한 BTY 프로그램의 조언들은 스트레스를 더 잘 관리하고 자신을 위해 더 많은 시간을 할애하는 데 도움이 될 것이다(자신을 먼저 돌보면 가족에게도 좋다. 정말이다).

외상 후 스트레스 장애

최근까지 외상 후 스트레스 장애PTSD는 교통사고, 자연재해 혹은 전쟁으로 인한 트라우마에서 기인한다고 생각했다. 하지만 출산 역시 PTSD를 유발할 수 있음이 알려졌다. 출산이 예상과 다르게 진행되거나 산모나 아기의 생명이 위험할 정도의 난산이었던 경우는 특히나 그렇다. 출산할 때 배우자가 충분한 뒷받침을 제공하지 않아 혼자 남겨졌다는 느낌이 들거나 출산 시에 통제 상실감을 뼈저리게 경험했거나 매우 고통스러운 출산이었던 경우, 시간적으로 출산에 매우 단시간 혹은 매우 장시간이 소요되었던 경우에도 외상 후 스트레스 장애가 나타날 수 있다. 출산 후 의사가 산모와 더불어 해당 출산이 트라우마로 작용할 수 있을지를 생각하는 것이 이상적일 것이다. PTSD는 대화 치료를 통해 치료가 잘 될 수 있기 때문이다. 역사적으로 모든 여성이 대대로 아이를 낳아 키워왔는데 나는 왜 이리 약해 빠져서 이 일이 이렇게도 버거운 것인가라는 생각이 드는가? 스톱! 당치도 않은 생각이다. 드러내놓고 이야기하는 여성은 적지만 출산을 통해 트라우마가 생기는 일은 생각보다 흔히 발생한다. 여성 열 명 중 한 명 정도가 출산 후 트라우마를 경험하는 것으로 추정된다. 그러므로 부끄러워하지 말고 PTSD가 우울증과 같은 후유증으로 이어지기 전에 조처하라.

산후정신병

산후정신병의 증상은 비현실적인 생각을 하고, 있지도 않은 일을 보고 듣는 환각과 망상으로 나타난다. 더 안 좋게는 누군가가 자신이나 아기의 생명을 앗으려 한다는 느낌으로도 나타난다. 당신이 조금이라도 여기에 해당한다는 생각이 들거나 주변 사람들이 당신이 하는 말에 의구심을 표현한다면, 즉시 가정의나 조산사와 상의해보라. 다행히 산후정신병은 치료 예후가 좋다.

산후우울증

산후우울증^{PND}은 인생의 어느 시기든 닥칠 수 있는 우울증과 비슷하다. 두려움, 걱정, 부정적인 생각들이 간혹 찾아오는 것이 아니라 계속 지속되어 사라질 생각을 하지 않는다. 주된 증상은 다음과 같다.

- 우울감이 밀려온다.
- 갑자기 울음이 북받친다.
- 공허감 혹은 마비된 느낌이 난다.
- 아기에게 관심이 없거나 심지어 혐오를 느낀다.
- 과민하고 짜증이 나며 공격적인 태도를 보인다.
- 골똘히 고민한다.

• 자신감이 떨어지고, 무력감을 느낀다.

출산으로 인한 PTSD와 PND를 구별하기 힘든 경우도 있다. 두 가지 모두 엄마와 아기의 애착에 어려움이 생긴다. PTSD의 경우는 생각이 트라우마적인 출산의 지배를 받는다. 시종일관 그 생각에 사로잡혀 있으므로 아기에게 제대로 집중하지 못하고, 아기와 애착을 잘 형성할 수 없다.

PND의 경우에는 늘 마음이 좋지 못하므로 역시나 그것 때문에 아기에게 제대로 집중하지 못한다. 때로는 직접적인 원인이 있어 산후우울증이 생기고, 때로는 직접적인 원인이 없는데도 우울증이 생긴다.

다음과 같은 몇 가지 요인이 산후우울증으로 이어질 수 있다.
• 생물학적 요인: 호르몬 수치 변화, 갑상선 불균형, 저혈당 혹은 B_6, B_{12}, 철, 아연과 같은 특정 비타민 혹은 미네랄 부족
• 심리사회적 요인: 당신과 사회적 네트워크 사이의 변화, 새내기 부모가 된 상황이 파트너 관계에 미치는 압박감, 직업적인 변화, 그동안 삶을 지탱해오던 것의 변화. 이 모든 것이 아기 때문에 잠을 충분히 자지 못하는 상황, 울어대는 아기, 많이 변해버린 자신의 모습과 맞물려 우울증을 유발할 수 있다.
• 심리적 요인: 심리적 요인은 가령 이 장에서 언급했던 모든 변화를 의미한다. 기준을 너무 높게 설정했거나 우선순위를 잘못 설정했거나 자신에게 거의 주의를 기울이지 않았는지도 모른다.
• 유전

최근 연구들은 (다시 한 번) 영양, 휴식, 운동과 산후우울증 사이에 매우 밀접한 관계가 있음을 보여준다. 산후우울증을 100퍼센트 예방할 수 있는 건 아니지만, 최신 지식을 통해 우리는 산후우울증을 최대한 억제하거나 예방할 수 있다. BTY

프로그램은 이와 관련해 유용한 도움을 제공할 것이다. 이 프로그램에서 당신은 영양이 호르몬에 미치는 영향들을 알게 될 것이며, 휴식의 중요성에 대해서도 알게 될 것이다. 신체에서 더 긍정적인 물질을 방출하도록 하는 개인 트레이닝 계획도 세울 수 있을 것이다. 그 외 스트레스에 대처하는 데 도움이 될 실용적인 팁들도 소개받게 될 것이다.

첫 며칠은 그냥 울기만?

베이비블루스(Babyblues) 혹은 산후우울감은 전 세계적으로 알려진 현상이다. 많은 여성이 이것이 어떤 느낌인지 안다. 하지만 이것은 아직 공식적으로 증명된 심리 질환은 아니다. 기분이 우울하거나 별다른 이유도 없이 눈물이 나오는 상태는 몇 시간에서 며칠 정도 짧게 지속되어 진짜 산후우울증과는 비교가 되지 않는다(80쪽 참조).

효과가 배가되는(Extra Large) 핵심,
XL-기본 요소

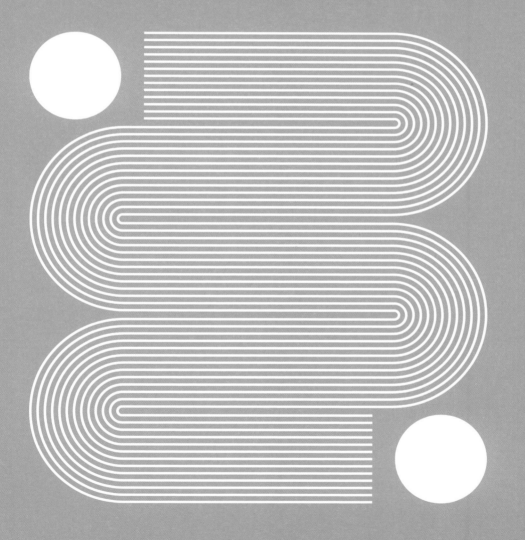

XL-기본 요소

이론은 이제 충분히 살펴보았다. 우리는 지금까지 임신과 출산을 거쳐 부모가 된 일이 뇌, 파워하우스, 호르몬, 질에 미치는 영향과 중요성에 대해 모두 알고 있다. 이제 더 실제적인 부분으로 나아가자. 이 모든 것을 어떻게 최상의 상태로 만들 수 있을까? 신체적으로 회복하고 신체적, 정신적으로 온전히 자기 자신이 되려면 어떻게 해야 할까?

이 장에서 다루는 XL-기본 요소는 더 나은 자신이 되기 위한 핵심 요소들이다. 지금과 나중, 당신과 당신의 아기를 위한 '게임체인저'들이다.

XL-기본 요소: 체감되는 영향을 미치는 요인들

다음 XL-기본 요소들은 양질의 회복과 건강한 생활 방식의 기초다.

- 영양
- 휴식과 이완
- 자세와 호흡
- 운동과 트레이닝

이제 특별한 것이 온다. 기본 요소 각각을 실행에 옮기고 결과를 체감할 수 있다. 더 건강한 식생활을 하면 더 건강해진다. 모든 기본 요소가 마찬가지다. 모든 기본 원칙을 삶의 중요한 부분으로 투입시키면 더 많은 것이 나온다. 그러면 1+1+1+1은 더 이상 4가 아니라 8이 된다. 이런 요소들을 결합하면 효과가 배가되어 엄청난 효과를 미친다. XL, 즉 Extra Large의 영향력을 말이다. 그러므로 이들을 XL 기본 요소라 부르기로 하자.

약간만 조절하면 된다

걱정하지 말라. 생각보다 쉬울 것이고, 시간도 얼마 들지 않을 것이다! 더 많은 에너지를 얻고 더 많은 일을 할 수 있다. 다음 장에서 각 기본 요소들이 미치는 XL 영향과 각각의 기본 요소들이 다른 요소들에 얼마나 영향을 미치는지를 알게 될 것이다. 작은 변화로 큰 효과를 거두는 간단한 꿀팁도 소개하고자 한다.

> 주간 BTY 프로그램은 모든 XL-기본 요소를 고려해 당신이 꾸준한 효과를 느끼도록 해주고, 심신이 건강하고 좋은 컨디션으로 지내는 일이 사실은 아주 쉽다는 걸 알 수 있게 해줄 것이다.

07

XL - 기본 요소: 영양

식생활과 식생활이 신체와 호르몬에 미치는 영향에 관한 책은 너무나도 많다. 그럼에도 당신은 지금은 이 영역에는 신경을 쓰고 싶지 않을지도 모른다. 그도 그럴 것이 9개월의 임신 기간 동안 먹거리를 조심했고, 이것저것 먹지 못하는 것들도 있었다. 이제 드디어 출산이 끝났는데 또다시 아무거나 먹지 못하고 조심해야 한단 말인가? 걱정하지 말라. 우리는 여기서 당신의 회복을 돕고, 나머지 삶에도 유익이 될 간단한 조언 몇 가지만 하고자 한다.

식생활과 관련한 황금 팁 열 가지

여기 식생활에 관한 열 가지 팁이 있다. 이것은 십계명이 아니므로 간혹 어겨도 무방하다. 많은 것을 해야 한다거나 포기해야 한다는 압박감 없이 그저 될 수 있는 대로 자주 이 조언을 실행하고자 노력하라. 별로 어렵지 않으며, 점점 더 쉬워진다는 걸 느끼게 될 것이다.

1 진짜 음식을 먹어라.

② 유기농 식품, 포장되어 있지 않은 식품을 선택하라.

③ 설탕과 정제된 탄수화물(흰 밀가루 제품과 백미)을 피하라.

④ 몸이 부정적으로 반응하는 식품을 피하라.

⑤ 야채를 먹어라. 정말 많이 먹어라.

⑥ 견과류와 씨앗을 즐겨 먹어라.

⑦ 섬유질이 풍부한 식사를 하라.

⑧ 알코올, 커피, 담배, 나아가 약품 복용을 제한하라.

⑨ 건강보조식품을 활용하라.

⑩ 무의식적으로 섭취하는 성분을 조심하라.

① 진짜 음식을 먹어라

파인애플은 파인애플, 토마토는 토마토다. 이것이 정직한 음식이다. 캔에 들어 있거나 공장에서 주스로 가공된 파인애플은 더 이상 파인애플이 아니다. 토마토 퓨레나 껍질이 벗겨져 캔에 담긴 토마토도 마찬가지다. 가공할 때 건강하고 몸에 좋은 영양 성분이 손실된다. 진짜 식품을 통째로 구매해 스스로 조리해 먹어야 에너지를 얻을 수 있다.

그리고 이런 에너지로 아기를 위한 최고의 모유를 만들어낼 수 있다. 아기를 위한 가장 건강하고 정직한 첫 번째 식사인 것이다. 또 하나의 유익은 그렇게 하면 아기의 장내 미생물총이 건강해져 면역계가 튼튼해지고 아기가 병치레를 덜 하게 된다는 것이다. 정직한 영양은 몸에 정직하게 작용한다.

② 유기농 식품, (가능한 한) 포장되어 있지 않은 식품을 선택하라

유기농이 아닌 식품은 성장을 촉진하거나 병충해나 질병에 취약하지 않도록 농약이나 약품을 처리한다. 그렇게 하여 이익 마진을 최대한 확보하고자 하는 것이다. 이런 식품은 유기농 식품에 비해 가격은 저렴하지만, 몸이 높은 대가를 치른다. 호르몬 균형을 무너뜨리는 경우가 많고, 대부분 양질의 영양소를 적게 함유하고 있다. 이것이 전부가 아니다. 비닐 포장재 역시 완곡히 말해 별로 좋지 않다. 유해 물질을 방출하는데, 사실 우리는 그 영향을 아직 제대로 파악하지 못하고 있다. 최근 연구에 따르면 우리는 지금까지 포장재가 미치는 결과를 현저히 과소평가해온 것으로 나타났다. 그러므로 당신의 몸과 아기를 위해 가능하면 유기농에, 포장되지 않은 제품을 선택하라(96쪽 제노 에스트로겐도 참조).

③ 설탕(설탕 대체물)과 정제된 탄수화물을 피하라

설탕은 가장 대중적인 마약이라고 할 수 있다. 설탕은 즉각적으로 기운이 나게 한다. 많이 가공하고, 당을 많이 함유한 식품은 중독성이 있다. 정제설탕은 가령 청량음료(한 잔당 각설탕 여섯 개 정도를 함유한다!)나 과자나 구움과자 같은 디저트에 들어 있다. 하지만 사실 마요네즈(!)에도 설탕이 들어 있고 커틀릿 같은 가공육, 과일 요구르트, 아침 식사 음료에도 포함되어 있지만 의식하지 못하고 먹을 때가 많다.

설탕을 많이 섭취할 때마다 즉각적으로 기운이 난다. 하지만 이럴 때 신체는 혈당 수치를 다시 안정시키기 위해 많은 양의 인슐린을 분비한다. 그리하여 설탕으로 말미암은 빠른 효과가 지나가면 몸은 혈당을 끌어내리는 많은 양의 인슐린을 처리해야 한다. 그러다 보니 몸이 축 늘어져 기력이 없게 되고, 다시금 단 음식이 당기게 된다. 그러면 단 음식이 다시금 기운이 나게 해준 뒤, 거의 슈거코마$^{Sugar coma}$가 따르며, 이어 몸은 다시 단 음식을 원하는 상태가 된다. 이렇게 악순환이 반복된다.

천연 당분은 과일(과당)에서 곡물에 이르기까지 거의 모든 식물성 식품에 들어 있다. 하지만 자연은 여기서 좋은 것을 고안했다. 그리하여 사과든 쌀이든 각각의 모든 식품에는 적절한 양의 섬유질이 들어 있다. 이런 균형으로 말미암아 당이 체내에 그리 과도하게 흡수되지 않는다. 섬유질이 당이 혈액으로 흡수되는 것을 방해하기 때문이다.

그러나 식품의 특정 부분을 제거해 대자연이 만들어내는 완벽한 균형을 깨뜨리면 상황은 바뀐다. 사과주스, 백미, 흰 밀가루로 만든 빵이나 파스타 등이 그러하다. 이 모든 정제 식품은 상대적으로 당을 많이 섭취하게 하고, 그로써 혈당 수치를 끌어올려 신체가 인슐린을 더 많이 방출하게 한다.

그렇다면 설탕 말고, 포도당-과당 시럽과 같은 천연 감미료는 어떨까? 천연 감미료라고 하는 것은 마케팅 전략에 불과할 때가 많다. 천연 감미료가 물론 천연 과당으로 만들어지긴 했지만 가공된 고농축 형태이다. 포도당-과당 시럽은 사람들을 과체중으로 만들고 체중 감량을 저해한다. 따라서 천연 성분만으로 되어 있다는 제품을 구입할 때는 늘 라벨을 꼼꼼히 따져 읽어야 한다.

체내에 인슐린 수치가 높으면 자연적인 월경 주기를 되찾는 데 방해가 된다. 신체는 출산이 끝난 뒤 곧바로 월경 주기를 되찾는 작업에 돌입한다. 하지만 몸이 옛 주기를 되찾으려 하는 데 첨가된 설탕과 정제된 탄수화물이 자꾸 그 일을 방해한다.

④ 몸이 부정적으로 반응하는 식품을 피하라

몸이 어떤 식품에 좋은 반응을 보이는지, 그렇지 않은지를 몸 스스로 알려줄 때가 종종 있다. 음식 과민증이나 알레르기의 형태가 아니라, 먹긴 잘 먹었는데 뭔가 소화가 안 되고 기분이 좋지 않은 것이 그 표시다. 어떤 음식을 먹고 나서 가스가 차거나 속이 더부룩하다고 느낀다면, 이것은 그 식품에 알레르기나 불내증이 있다는 의미가 아니라 자신에게 별로 맞지 않는 음식이라는 뜻이다. 이런 식품을 자주 먹으면 면역계가 자주 과로해야 하기에 몸이 스트레스를 받는다. 스트레스는 높은 수준의 스트레스 호르몬을 분비하게 하고, 이런 호르몬은 다시금 자연적인 순환을 방해한다. 당신이 어떤 것에 부정적인 반응을 하는지는 몸이 말해줄 수밖에 없다. 하지만 글루텐, 락토오스(유당), 카제인(우유 단백질)은 신체에 부정적인 영향을 미치는 것으로 알려져 있다. 이런 식품을 먹지 않을 때 컨디션이 더 좋아지는 사람이 많다. 먹었을 때 몸이 부정적인 반응을 보이는 식품은 되도록 피하라.

자연요법 의사, 화학자, 여성 호르몬 전문가, 졸린 브라이튼 박사. 미국 시애틀

아이를 낳은 뒤 더 이상 특정 음식을 잘 소화하지 못하는 일도 종종 있다. 임신은 특정 음식에 대한 과민증 내지 불내증을 유발하기도 한다. 갑자기 특정 식품을 먹으면 컨디션이 좋지 않은가? 그러면 6개월 정도 그 음식을 먹지 말고 있다가 6개월 뒤에 다시 한번 먹어보라. 괜찮아졌을 수도 있다. 예전에 계속 안 맞던 음식이 이젠 먹어도 느낌이 좋을 수도 있다. 한번 시험해보라. 불편이 사라지지 않으면 의사와 상의하라.

⑤ 야채를 먹어라. 정말, 많이 먹어라

표준적으로 볼 때 하루에 300그램의 야채를 섭취하면, 비타민과 미네랄의 일일 권장량을 섭취하는 데는 충분하다. 하지만 산후 회복을 돕는 식생활에서는 그 정도로는 충분하지 않다. 하루에 500그램 정도의 야채를 먹어야만 몸이 기적을 일으킬 수 있다. 하지만 이 정도 먹는 것은 거의 불가능해 보인다. 저녁 식사 시간에 0.5킬로그램을 한꺼번에 먹으려고 하면 정말 그러하다. 그러므로 끼니때마다 야채를 먹어라. 아침 식사로도, 간식으로도 말이다. 아침 식사부터 콩 요리를 해서 먹을 필요는 없다. 생야채나 건강에 좋은 스무디를 먹어도 좋다. 아니면 야채를 구워 오믈렛에 넣어 먹어도 좋다. 바삭하게 구운 빵에 누텔라를 바르는 대신 아보카도 한 조각을 올려라. 또는 구운 가지에 양념을 얹어 먹어도 좋다. 병아리콩 후무

스도 만들기 쉽고 맛도 정말 좋다. 점심 식사로도 샐러드나 야채수프를 자주 먹어라. 그 밖에 간식으로 약간의 수프를 먹을 수도 있을 것이다. 그렇게 하다 보면 하루 500그램이라는 목표에 도달할 수 있다. 저녁 식사 전에 야채를 약간 먼저 먹어주면 플러스 점수를 얻고 시작할 수 있음을 생각하라.

팁: 배추와 양배추를 식단에 올려라

한 가지 야채에는 보다 관심을 둘 필요가 있다. 양배추에는 DIM(디인돌리메탄)이라는 성분이 있다. 이 성분은 양배추 안에, 더 정확히는 양배추 위에 있는데, 우리 몸에서 에스트로겐이 과다할 때 이를 억제해준다. DIM은 항상 양배추 위에 있지만, 양배추의 딱딱한 부분에서도 증식한다. 양배추를 채 썰거나 으깬 다음 잠시 놓아두면 표면에 DIM이 더 많이 생긴다.

거의 모든 종류의 김치에는 DIM이 많이 포함되어 있으며, 발효 과정에서 많은 프로바이오틱 박테리아(이것은 면역 체계에 아주 좋다)가 생겨나는 동시에 배추에서 몸에 좋지 않은 성분들이 빠져나간다. 김치나 사우어크라우트, 다른 발효시킨 야채의 또 다른 장점은 바로 장기간 보관해두고 먹을 수 있다는 것이다. 이런 야채를 식탁에 올리면 당신은 하나의 음식으로 세 개의 건강 폭탄을 먹는 것이다. 즉 야채와 프로바이오틱스, DIM을 한입에 먹는 것이다. 어떤 아기들은 모유 수유 중에 엄마가 배추나 양배추를 먹으면 경련을 일으키기도 한다. 그러므로 아기를 잘 관찰해보라. 하지만 조심한다는 이유로 배추나 양배추를 아예 금할 필요는 없다.

자연요법 의사, 화학자, 여성 호르몬 전문가, 졸린 브라이튼 박사. 미국 시애틀

어떤 여성들은 양배추가 별로 맞지 않아 모유를 통해 양배추 성분이 전달되면 아기에게도 안 좋을 것으로 생각한다. 그럴 때는 새싹야채가 좋은 대안이다. 하루 4분의 1컵의 브로콜리 새싹은 놀라운 효과를 낸다. 식사 시간에 곁들여 먹어라. 세균이 있을 수도 있으므로 끓는 물을 한번 끼얹어 먹어라.

⑥ 견과류와 씨앗을 즐겨 먹어라

견과류에는 좋은 성분만 들어 있다. 모든 견과류가 특별한 영양소를 공급해준다. 헤이즐넛에는 비타민 E가 많이 들어있고, 마카다미아에는 아연이 많이 함유되어 있으며, 호두와 아마씨는 오메가3 지방산의 유일한 식물성 공급원으로 뇌 건강에 좋다. 해바라기씨에는 특히 철, 아연, 마그네슘이 풍부한 것으로 알려져 있다. 밤에는 엽산이 많이 들어 있다는 걸 알고 있었는가?

하지만 주의하라. 어디까지나 생견과류에 한해서다. 볶거나 소금에 절이는 등 가공하면 영양소가 손실될 수 있다.

땅콩은 상대적으로 영양소가 적지만 지방이 풍부하다. 사실 아몬드는 공식적으로는 과일에 속하고, 땅콩은 콩과 식물이다. 하지만 아몬드는 영양소 면에서 견과류와 비슷해 견과류와 함께 언급되는 경우가 많다. 씨에는 미네랄, 비타민, 항산화 성분 등 각종 건강한 성분들이 들어 있다. 그 밖에 씨앗의 또 다른 장점은 어떤 음식에든 쉽게 첨가해 먹을 수 있다는 것이다. 샐러드든, 수프든, 버터빵이든 간에 어디든 그냥 뿌려 먹으면 된다.

⑦ 섬유질이 풍부한 식사를 하라

섬유질은 야채(그렇다, 또 야채다), 통곡물, 견과류에 함유되어 있다. 섬유질은 발

효될 수 있는지에 따라 두 가지 종류, 즉 발효 섬유질과 비발효 섬유질으로 나뉜다. 발효 섬유질은 장에서 그곳에 사는 박테리아에 의해 분해된다. 발효 섬유질은 부분적으로 이런 박테리아의 먹이로 예비된 것이다. 이들을 프리바이오틱스라 부르며, 장내 미생물총이 좋아하는 양분이다(98쪽 참조).

비발효 섬유질은 체내에서 소화되지 않는다. 그럼에도 그들은 중요한 임무를 띠는데, 바로 많은 물과 결합해 대변을 무르게 유지함으로써 변비가 생기지 않도록 해주는 것이다. 변비는 골반저에 좋지 않다. 변비가 있으면 배변 시 힘을 세게 주어야 해서 골반저에 무리가 가기 때문이다. 그렇게 하면 근육이 경직되고, 이완해야 할 부분에 높은 압력이 가해진다.

땅 위에서 자라는 야채에는 섬유질이 더 많고 땅속에서 자라는 야채에는 전분이 더 많이 들어 있다.

⑧ 알코올, 커피, 담배, 약품 복용을 제한하라

이 모든 물질은 자연적인 호르몬 균형을 방해하므로 많은 불편(출산 후뿐 아니라, 그 이후의 삶에서도)을 막으려면 되도록 삼가야 한다. 물론 약품에 따라서는 끊을 수 없는 것도 있을 것이다. 약물 복용을 최소화할 수 있는지 비판적으로 점검해보라. 혹시 조금만 아파도 즉시 아세트아미노펜이나 이부프로펜을 복용하지는 않는가? 통증은 유용한 기능도 한다. 통증은 당신이 지금 무리를 하고 있다는, 신체에 너무 많은 것을 요구하고 있다는 경고다. 당신은 몸을 신뢰해야 할 것이다!

⑨ 건강보조식품을 활용하라

음식에 충분히 들어 있지 않은 영양소들이 있다. 가령 비타민 B를 충분히 섭취하는 것은 점점 어려워지고 있다. B_{12}는 주로 동물성 제품에 들어 있다. 동물이 그것을 스스로 만들어내는 것은 아니고, 동물들의 장내 세균들이 그렇게 한다. 많은 연구자는 오늘날 동물들이 비타민 B_{12}가 결핍되어 있을 것으로 본다. 그들의 장내 미생물총의 구성이 최근에 바뀌었기 때문이다. 우리는 동물을 옛날과는 다른 방식으로 사육하고, 사료도 달리 준다. 이것이 그들의 장 박테리아에 영향을 미친다. 그렇기에 육류, 우유, 계란에 이전보다 비타민 B_{12}가 더 이상 충분히 들어 있지 않다.

햇빛이 부족한 계절에는 비타민 D_3를 섭취해주는 것이 중요하다. 이 비타민은 음식에는 거의 들어 되어 있지 않고, 햇빛의 도움으로 합성되기 때문이다.

방광을 위해 D-만노오스를 복용할 수도 있다(모유 수유 중에는 안 된다!). 골반저와 다른 근육을 위해서는 마그네슘을 복용해주는 것도 좋다(31쪽 참조). 또한 매일 비타민 C-1000을 복용하면 면역력 면에서 기적이 일어날 수도 있다.

몸과 마음: 장내 세균의 영향

예전에는 장을 그저 대변이 나오는 관이라고만 생각했다. 참나, 그보다 더 장을 과소평가할 수가 있을까. 장의 벽은 우리의 두 번째 뇌라 할 수 있다. 이 두 번째 뇌는 중추신경계와 의사소통할 수 있으며, 독립적으로 일할 수도 있다. 장에는 약 150가지 종류의 박테리아가 수십억 개 살고 있다. 장 박테리아의 구성은 건강에 큰 영향을 미친다. 장내 미생물총이 건강하면 면역계를 통해 질병을 물리칠 수 있다. 그러면 당신은 더 활력 있고 튼튼하고 건강해진다. 장내 미생물총이 교란되면 더 빠르게 질병에 걸리고, 회복이 느리다(출산 후에도 마찬가지다!). 그리하여 기운이 떨어지고, 컨디션이 좋지를 못하다. 최신 연구에 따르면 장내 미생물총과 면역계만 직접적으로 연결되는 것이 아니라, 장내 미생물총과 우울증 간에도 직접적인 연관이 있는 것으로 드러났다. 나아가 다른 심리 질환과 요실금까지도 장내 미생물총의 균형이 흐트러지는 것과 연관이 있는 것으로 밝혀지고 있다. 그렇다면 장내 미생물총은 어떻게 만들어질까? 우리가 섭취하는 음식과 다른 것들을 통해 만들어진다.

장과 장내 박테리아는 에스트로겐을 분해하는 데 중요한 역할을 한다. 장내 미생물총의 교란이 특정 에스트로겐이 배출되지 않고 분해되어 신체에 재흡수되는 것에 영향을 미칠 수도 있는 것으로 나타났다.

그러므로 건강한 식생활은 정말 중요하며, 출산 후 발생할 수 있는 많은 질환을 예방하고, 치료하는 데 중요한 역할을 한다고 하겠다.

자연요법 의사, 화학자, 여성 호르몬 전문가, 졸린 브라이튼 박사. 미국 시애틀

연구에 따르면 가령 두개골이나 뇌의 외상은 장내 미생물총에 직접적인 영향을 미친다고 한다. 머리를 다친 뒤 72시간 이내에 장내 미생물총이 새로이 편성된다는 것이다. 트라우마적인 난산이 장에 어떤 영향을 미치는지는 아직 연구가 이루어지지 않았지만, 그 결과는 자못 심각할 수 있다. 출산으로 인한 외상도 소화 기관에 영향을 미치는 걸 감안하면, 출산 뒤에는 더욱이 장 건강에 신경을 써야 할 것이다.

⑩ 무의식적으로 섭취하는 성분을 조심하라

우리가 섭취하는 것들에는 음식이 아닌 것들도 있다. 치약이나 립스틱 잔류물, 식품 포장재에서 나오는 미세플라스틱, 손상된 팬에서 나오는 테플론 입자 등. 이것들은 먹을 수 없는 것들이지만 우리는 의식하지 못한 채 이런 것들을 섭취하고 있다.

이런 것들은 입으로만 들어오지는 않는다. 피부 또한 특정한 방식으로 "먹는다". 피부는 우리 신체의 최대 기관으로 신체와 외부 세계를 차단해주지만, 물질을 100퍼센트 차단해주는 것은 아니다. 물론 피부로 들어오는 대부분의 산물은 각질층 이상으로 더 깊숙이는 들어오지 못하며, 각질층까지 들어오는 것은 해가 되지 않는다. 결국 각질층에는 죽은 피부 세포들이 쌓여 일종의 장벽처럼 되어 있기 때문이다. 하지만 그럼에도 물질에 따라 각질층을 통과할 수 있는 것들도 있다.

최신 연구에 따르면 특정 선크림과 진통 연고와 젤 같은 특정 약물(약용 연고 또는 크림)이 혈관에 들어갈 수 있는 것으로 나타났다. 탐폰에 포함된 화학 물질도 잊어서는 안 된다. 간단히 계산해보면, 매달 생리를 하고 매번 5일간 생리혈이 나온다고 할 때 12×5=60이므로 1년에 두 달은 탐폰을 사용한다는 이야기다. 한 해의 1/6에 해당하는 시간을 말이다. 그러므로 입으로 먹는 음식뿐만 아니라 무의식적으로 섭취하는 것들도 혈액을 구성하게 된다.

의도치 않게 섭취한 물질도 호르몬 대사에 영향을 미친다. 가령 에스트로겐도 그러하다. 체내에서 분비되는 에스트로겐 외에도 우리가 외부 물질에서 섭취하는 두 가지 다른 유형의 에스트로겐이 있다.

- 식물성 에스트로겐phyto-estrogen은 거의 모든 식물성 제품에서 발견되지만, 콩(제품)과 홉에 굉장히 많이 들어 있다.
- 제노 에스트로겐xeno-estrogen(플라스틱, 화장품, 방부제, 농약에 함유)은 체내에서 분비되거나 식물성 제품에 들어 있는 에스트로겐보다 몇 배 더 강한 영향을 미친다. 이것은 우리 몸에 강력한 영향을 미치므로 될 수 있으면 피해야 한다. 제노 에스트로겐은 호르몬에 큰 영향을 미치며, 지금 산후 회복기든, 훗날 갱년기든 몸이 호르몬으로 인해 문제를 겪을 때는 이런 강력한 에스트로겐을 피하는 것이 더욱 중요하다.

제노 에스트로겐은 음식에는 들어 있지 않지만 연화제, 농약, 방부제 등에 들어 있어 입을 거쳐 우리 몸속으로 들어온다. 플라스틱 포장재, 테트라 팩, 캔 등을 통해 연화제가 음식으로 들어올 수 있다.

간단히 말해, 유기농으로 생산되고 포장되지 않고 가공되지 않은 음식을 선택함으로써 제노 에스트로겐이 몸에 들어오는 것을 막을 수 있다.

로런스의 팁

1. 식생활의 역할을 과소평가하지 말라. 영양은 휴식, 운동과 함께 심신의 컨디션을 좌우한다.

2. 유제품이 잘 맞지 않는 경우, 유제품을 식물성 식품으로 대체해보라. 귀리 우유 또는 코코넛밀크가 좋은 대안이 될 것이다.

3. 콩(대두)은 채식주의자들의 육류 대체품에 많이 들어 있지만, 반드시 들어 있는 것은 아니다. 라벨을 읽어보라. 콩은 유전자 조작된 것들이 많다. 유전자 조작 콩을 섭취하기를 원하지 않는다면, 유전자 변형이 없는 유기농 제품을 선택하라.

4. 몸에 귀를 기울이라. 몸은 당신에게 무엇이 잘 맞는지 가장 잘 안다.

5. E621을 피하라. 이것이 뭐냐고? 이것은 종종 MSG, 글루탐산나트륨, 글루타메이트, 글루타민산, 건조 식물성 단백질, 젤라틴, Ve-Tsin, 카제인칼륨이나 카제인나트륨, 효모 추출물 등이라는 이름으로 나타난다.

글루타메이트는 풍미 증진제로 사용되어 음식 맛을 돋워 과식하게 한다. 정말로 자제하지 못하고 계속 먹게 만든다. 이미 배가 불러서 바지 단추를 풀었지만, 거기서 멈추지 못하고 더 먹고 싶다. 글루타메이트는 몸의 소리를 제대로 듣지 못하게 만든다. 하지만 그것으로 충분하지 않다. 그로 인한 부작용은 복부 팽만부터 근육통, 피로감, 호흡 곤란, 설사에 이르기까지 다양하다. 불편이 아주 많고 광범위하다 보니, 산후에 나타나는 전형적인 증상들과 글루타메이트로 말미암은 반응을 혼동하기 쉽다.

프리바이오틱스와 프로바이오틱스: 장내 미생물총을 위한 기적의 약

프리바이오틱스와 프로바이오틱스는 장내 미생물총을 돕는다. 하지만 이 둘의 차이는 정확히 어디에 있을까? 어떤 점이 차이가 날까?

프로바이오틱스

프로바이오틱스는 임신 중 변화된 장내 미생물총을 돕는 박테리아들이다. 임신 중에는 자연적으로 미생물총이 더 단순해진다. 그래서 더 적은 박테리아로 구성된다. 왜 그런지 우리는 아직 알지 못한다. 다시금 예전처럼 다양한 박테리아와 함께하는 더 복잡한 미생물총으로 돌아가야 한다는 것만 알 뿐이다. 따라서 좋은 박테리아를 받아들여야 할 시간이다. 이런 박테리아를 건강보조식품으로도 섭취할 수 있지만 천연 식품을 통해서도 섭취할 수 있다. 이런 식품은 종종 발효처럼 자연적인 방식으로 처리된 것이다. 다음 식품을 규칙적으로 섭취하도록 하라.

1. 요구르트: 발효 과정에서 젖당(유당)은 유산균에 의해 젖산으로 바뀐다. 이로 말미암아 요구르트는 소화가 잘되고, 프로바이오틱 세균이 장에서 기적을 일으킨다.

2. 된장: 된장을 부지런히 먹지 않고 있었다면 먹도록 하라. 된장은 발효된 콩으로 되어 있어서 좋은 된장국은 150가지가 넘는 양질의 박테리아를 함유하고 있다. 된장은 또한 칼로리가 적고, 비타민 B와 항산화 성분이 풍부히 함유되어 있다.

3. 사워크라우트: 양배추를 발효시키면 장에 이로운 성분이 생겨난다. 그러므로 날마다 사워크라우트를 조금씩 먹도록 하라. 식사 중간중간에 간식으로 먹어도 좋고, 빵에 올려서 먹거나 다른 음식과 곁들여 먹어도 좋다. 사워크라우트에는 비타민 C가 아주 풍부하다.

4. 오이지 혹은 오이피클: 절인 오이도 장내 미생물총에 유익할 수 있다. 하지만 식

초를 넣지 않고 절인 오이를 선택하라. 익숙해지는 데 시간이 조금 걸릴 수도 있지만 빵에 올려 먹어도 맛있고, 중간중간 간식으로 먹어도 좋다.

5. 케피르: 서양에서 먹기 시작한 지 그리 오래되지 않았지만, 사실 케피르는 수백 년 된 음식이다. 우유에 케피르 종균을 넣으면 케피르가 만들어진다. 우유가 발효해 프로바이오틱스가 풍부한 발포성 발효유가 되는 것이다. 마트에서 이미 만들어진 케피르를 구매할 수도 있지만, 이 경우 라벨을 꼼꼼히 읽어보라. 유통기간이 긴 케피르에는 프로바이오틱스가 별로 없고, 건강에 좋지 않은 첨가제가 함유되어 있는 경우가 많다.

프리바이오틱스
프리바이오틱스는 장내 유익한 세균의 먹이로서, 장내 유익균을 증가시킨다. 프리바이오틱스는 다양한 종류의 야채, 과일, 통밀빵, 곡류 제품, 콩에 들어 있으며, 건강 보조식품으로 섭취할 수도 있다.
다음은 가장 잘 알려진 네 가지 유형의 프리바이오틱스와 그것이 들어 있는 식품들이다.

1. 이눌린: 온대 지역에서 자라는 식물의 뿌리에 함유되어 있다. 우엉, 돼지감자, 치커리, 파, 아티초크 등
2. 프락토올리고당(FOS): 바나나, 아스파라거스, 양파, 마늘
3. 갈락토올리고당(GOS): 콩, 캐슈너트, 피스타치오, 비트 뿌리, 브로콜리, 보리, (귀리)기울
4. 펙틴: 과일. 특히 건포도, 사과, 블랙베리, 레몬, 자두, 오렌지

알아두기
모유에는 최대 130가지의 올리고당이 들어 있는 반면, 우유에는 별로 들어 있지 않다.

08

XL - 기본 요소: 휴식과 이완

골반저와 마찬가지로 정신도 다시금 그의 완전한 반경을 활용하는 걸 배워야 한다. 한 번씩 완전히 휴식을 취할 수 있어야만 힘 있게 삶을 살아갈 수 있다. 원래 휴식에는 두 가지 종류가 있다. 바로 수면과 정신적 이완이 그것이다. 이 둘은 회복과 재충전, 양질의 삶을 가능케 한다.

자고 싶고, 쉬고 싶다. 하지만 언제, 어떻게?
잠 좀 푹 자고 싶고, 푹 쉬고 싶을 것이다. 새내기 엄마로서 당신만 그런 것이 아니다. 하지만 대체 언제 그럴 수 있단 말인가. 그럼에도 아기에게 관심과 사랑을 그대로 쏟으면서도 더 잘 자고 더 잘 쉴 수 있는 방법이 있다. BTY 프로그램의 연습과 조언이 도움을 줄 것이다. 이런 휴식과 이완 앞에 XL이 붙어 있는 이유를 이해한다면, 휴식과 쉼을 우선순위 목록에서 조금 더 위에 두는 것이 좋을 것이다. 하지만 실전으로 가기 전에 이론적인 배경을 간단히 살펴보기로 하자.

스트레스는 호르몬 대사에 부정적인 영향을 미친다. 다른 호르몬들이 제 기능을 하는 걸 방해하기 때문이다. 반면 수면과 휴식은 테스토스테론과 HGH(성장 호르몬) 등에 긍정적인 영향을 미치며 스트레스를 감소시켜준다. 물론 아기를 키우는 일은 쉽지만은 않을 것이다. 방해 없이 여덟 시간을 내리 자던 시절이 언제였던가… 잠을 제대로 자지 못하는 상황에 짜증을 내며 아기에게 존재하지 않는 마법의 "수면 버튼"을 찾으려 하는 대신, 되도록 이제 모든 것을 새로운 상황에 맞추어 이런 상황에서도 몸이 적절한 휴식을 취하도록 해보라.

자연스런 낮밤 리듬(일주기 리듬)이 중요한 이유

우리 몸은 자연적으로 어두우면 밤 리듬으로, 밝으면 낮 리듬으로 들어가도록 프로그래밍되어 있다. 이런 일주기 리듬은 수면 각성 리듬에 영향을 미칠 뿐만 아니라 그와 관계된 모든 생체 리듬에 영향을 미친다.

가령 우리가 만들어내는 소변의 양(밤에는 적게, 낮에는 많이) 같은 것에도 말이다. 이 모든 리듬은 서로 연결되어 있으며, 호르몬의 영향을 받는다. 호르몬은 뇌로부터 빛을 감지하는지, 감지하지 못하는지 신호를 받는다. 놀라운 과정이다. 하지만 유감스럽게 우리는 더 이상 자연이 의도한 바대로 살지 않는다. 어두워지면 우리는 전등을 환하게 밝혀 자연의 리듬을 속인다. 물론 인공 조명 없이 살아갈 수는 없을 것이다. 겨울에 초저녁부터 잠자리에 들고자 하는 사람은 없다. 그럼에도 우리는 다른 방법으로 자신을 위해 무언가 할 수 있을 것이다. 저녁에는 조명을 좀 어둡게 하고, 겨울에는 일찌감치 잠자리에 들라. 저녁에 히말라야 소금 램프를 켜는 것도 좋다. 이 램프 빛은 불그스레해 신체가 멜라토닌을 더 쉽게 방출할 수 있게 해준다. 이런 점을 염두에 두고, 일상에서 적절한 방법을 찾아나가기 바란다.

모니터가 수면에 미치는 영향

모니터는 청색광이 강해서 멜라토닌 분비를 감소시킨다. 그러므로 핸드폰을 다크 모드^{dark mode}나 나이트 시프트^{night shift}로 설정하거나, 잠자리에 들기 전에는 모니터를 보지 않도록 하라. 잠자리에 들기 두 시간 전부터는 모니터를 아예 보지 않는 편이 좋다.

> ### 빛과 생리 주기
> 빛은 신체에 정말 큰 영향을 미친다. 빛이 여성의 배란과 월경 주기에 영향을 미칠 수 있다는 증거들도 있다.

자연요법 의사, 화학자, 여성 호르몬 전문가, 졸린 브라이튼 박사. 미국 시애틀

아기가 밤에 깨더라도 불을 켜지 말라. 아무리 잠깐이라도 빛은 일주기 리듬에 영향을 준다. 당신의 리듬만이 아니라 아기의 리듬에도 말이다. 밤에 어두운 환경을 조성하는 것은 아기가 일주기 리듬에 익숙해져서 빨리 밤낮을 가릴 수 있도록 도와준다. 그러면 밤에 더 빨리 잠들고 길게 잔다. 이것은 수면 훈련이 아니다. 아기 몸속의 생리적 과정이 편안한 수면 리듬으로 옮아가도록 해주는 자연스런 방법이다. 붉은 빛이 나는 헤드랜턴을 사용해보라. 그러면 어느 정도 사물을 분간할 수 있고, 아이를 돌볼 수 있는 동시에 일주기 리듬이 방해받지 않아도 될 것이다.

파워냅의 효과

밤잠을 충분히 자지 못했다면, 낮 동안 만회해줘야 한다. 알려져 있듯이 파워냅은 수면 부족을 보충하기에 좋은 방법이다. 수면 부족을 다음 날 밤에 더 많이 자는 것으로 상쇄시켜줘야 한다고 생각하는 것은 오해다. 게다가 아기가 다음 날 밤 더 잘 자줄 리도 만무하지 않은가. NASA는 밤잠이 한 시간 모자라면 다음 날 90분 동안 낮잠을 자주어야 수면 부족이 가장 잘 상쇄된다는 것을 보여주었다. 한 시간 반이라니! 때로는 이것이 가능하지만 불가능할 때도 많다. 그런 경우는 20분간의 짧은 파워냅을 취하라. 20분이라는 수는 임의로 선택된 것이 아니다. 더 오래 자면, 깊은 수면에 이르러 갑자기 깨어나기가 어렵기 때문이다. 20분 정도만 눈을 붙이고 일어나면, 심신이 잘 회복되면서도 깊은 잠에 이르지 않는다.

짧은 휴식

새내기 엄마로서 자신의 휴식을 우선하는 것은 정말 쉬운 일이 아니다. 지금은 중요해 보이는 또는 더 중요해 보이는 일들이 한두 가지가 아닌 것이다(100가지는 된다). 하지만 자신을 돌보고 때때로 자신을 위한 시간을 내는 것 역시 아기 돌보기의 일환이다. 스스로 편안하고 기분이 좋으면 더 좋은 엄마가 될 수 있다. 영리하게 접근한다면 쉼의 순간들을 마련하기 위해 굳이 따로 많은 시간을 낼 필요가 없다. 몇 분간의 시간이라도 의식적으로 자신의 것으로 취하면 된다. 많은 경우 그냥 의식하기만 하면 된다. 잠시 멈추고, 자신이 얼마나 놀라운 삶을 살고 있는지 알아차리기만 하면 된다. 짧은 성찰의 시간, 행복의 작은 순간들이다.

로런스의 팁

1. 일부 연습(예: 이완 운동)은 오로지 당신의 영혼을 위한 것이다. 이런 연습들을 하고 나면 기분이 더 좋아질 것이다. 그 연습들은 회복을 촉진한다. 그것들이 호르몬

균형과 트레이닝 효과에 긍정적인 영향을 미치기 때문이다.

2. 아기가 낮잠을 자면 무엇을 할지, 가장 시급한 것이 무엇인지 스스로 질문하라. 집안일을 할 것인가, 나중에 일을 더 잘할 수 있게끔 일단 쉬고 회복할 것인가. 상투적인 질문처럼 보이지만, 정말로 자신을 전혀 생각하지 않는 엄마들을 많이 보게 된다. 백투유는 여기에도 적용된다. 간혹 정말로 자기 자신으로 돌아가 완벽한 주부나 엄마 역할을 다 팽개쳐버리고 쉬어줘야 한다. 마땅히 그래도 된다!

3. 낮 동안에 바깥바람을 쐬며 신선한 공기를 마시면 정말 좋을 것이다. 그러면 혈중 멜라토닌 수치가 감소하고, 더 쌩쌩하고, 기분 좋고, 의욕이 넘친다. 야외에 오래 있으면 밤에 잠도 잘 온다. 빛이 낮 동안에 세로토닌을 더 많이 분비하게 해주는데, 세로토닌이 멜라토닌의 생성을 돕기에 그렇게 되면 밤에 멜라토닌이 많이 만들어져 쉽게 잠들 수 있다. 햇빛이 허락하는 세 번째 이점은 피부가 햇빛에 노출될 때 만들어지는 비타민 D_3가 더 많이 생성된다는 것이다. 해가 잘 안 나는 계절에는 비타민 D_3가 부족해지기 쉽다.

4. 잠들기 한 시간 전에 책을 읽거나 명상을 하라. 이 시간에 당신의 몸은 서서히 쉼으로 옮아가서 낮 리듬에서 밤 리듬으로 더 쉽게 전환할 수 있다.

이완

마음 챙김, 놀기, 일단 아무것도 하지 않고 쉬기, 취미 활동을 하거나 순간순간을 즐기기. 또 원하는 것을 말해보라. 한 가지는 확실하다. 한 번씩 다 내려놓고 쉬는 것이 중요하다는 것, 정신을 이완시켜야 한다는 것. 그다음에 다시 바짝 조이기 위해서 말이다.

순수한 두뇌와 호르몬 논리

뇌 연구에 따르면 충분히 쉬어주지 않으면 기억력에 중요한 기능을 하는 뇌 영역인 해마가 손상된다. 그리하여 기억력이 나빠지며, 이것은 매우 실망스러울 수 있다. 평소 별로 그런 적이 없는데 갑자기 자잘한 일들을 잊어버리는 것은 너무 쉬지 않고 긴장하며 살고 있다는 전형적인 신호다. 그 밖에 뇌의 앞부분에도 영향을 미친다. 이 부분은 계획하고 결정하는 능력을 담당한다. 여기서도 마찬가지로 뭔가 조망을 잃어버리고, 더 이상 계획하지 못하고, 결정을 내리지 못하겠다면, 더 쉬어야 할 시간이다.

호르몬 영역에서 이완은 즉시 모든 스트레스 호르몬과 싸운다. 이완의 순간에 행복 호르몬이 스트레스 호르몬을 압도한다. 이완의 순간순간마다 당신의 몸은 호르몬과의 싸움에서 승리한다. 급하게 들이켜는 대신 앉아서 여유 있게 마시는 차 한 잔이 이미 기적을 일으킨다. 호르몬이 상당히 빠르게 반응하므로 장시간 산책하거나 명상할 필요는 없다. 당신이 중간중간 허여하는 작은 순간들이 커다란 영향을 미친다. 물론 그것들은 아주 충분하지는 않지만, 이미 상당히 도움이 된다.

당신을 행복하게 하는 것들을 의식하라

이상하게도 우리는 우리를 행복하게 만드는 것 대신 불행하게 만드는 것에 대해 더 많이 생각하는 경향이 있다. 다른 사람들은 우리가 행복했던 순간들을 이야기할 때보다 힘든 문제들을 나눌 때, 더 공감해주고 사랑을 보여준다. 아주 이상한 일이다. 문제들이 주로 환영받는 형국이기 때문이다. 연구는 우리가 긍정적인 것들을 의식하게 되면 큰 변화가 일어날 수 있음을 보여준다. 따라서 새로운 버릇을 들이라. 당신이 현재 하는 일들, 당신이 아기에게 얼마나 중요한 사람인지, 이런 생명의 기적을 배출하기 위해 당신의 심신이 얼마나 힘을 발휘했는지를 의식하라. 소소한 것들을 누리라. 지저귀며 아침을 알리는 새들, 파트너의 반짝이는 눈빛, 좋아하는 견과류를 넣은 맛있는 샐러드. 매일매일이 아주 많은 작은 행복의 순간들로 이루어진다. 그것들에 의식적으로 집중하고, 향유하라. 기쁨을 함께 나누고, 그것을 기록하고 꿈꾸라. 무엇을 하든 무의식적으로 커다란 영향을 미치고, 정신을 이완하도록 도와주는 작은 일들에 주목하라.

'쉴 시간이 어디 있어'라는 전형적인 함정

1 '하루 종일 바빠. 시간이 없어'라는 생각이 드는가. 다음을 생각하라. 이완에
는 많은 시간이 필요하지 않다. 의식적으로 현재를 살며, 작은 순간순간들을
누리고, 때때로 몇 분간 의식적으로 호흡에 집중하는 것으로도 이미 이완이
이루어진다. 이를 마음챙김 혹은 명상이라 불러도 좋다. 한 번씩 자신을 생
각하는 시간이라 불러도 좋다. 몇 분 정도의 시간은 아마 어느 틈엔가 낼 수
있으리라고 생각한다.

2 "좋은 엄마가 되기"와 "자신을 생각하기" 중에서 하나를 고를 필요는 없다.
두 가지 다 할 수 있기 때문이다. 엄밀히 생각해보면, 집안일을 완벽하게 하
는 것과 같은 그다지 중요하지 않은 일에 최우선 순위를 둘 필요는 없다. 시
간이 필요한 모든 일에 이렇게 자문해보라. 이 일이 더 아름다운 삶에 보탬
이 될까? 이것이 정말로 중요한 일일까?

3 완벽주의. 아기를 낳자마자 단지 하나만을 원하게 된다. 모든 것을 완벽하
게 하는 것. 아니, 완벽한 것보다 더 완벽하게 하는 것. 당신은 최고의 엄마가
되고자 하고, 아이에게 긍정적인 면만을 보여주고자 한다. 하지만 환상을 버
리라. 완벽하게 되지 않을 것이다. 완벽해지고자 하는 노력이 나아가 당신을
망가뜨리고 정확히 반대의 결과를 초래할 것이다. 잣대를 너무 높게 잡으면
신체가 더 많은 스트레스 호르몬만 방출할 따름이다. 완벽주의를 내려놓고,
최선을 다하는 모습을 아이에게 보여주라. 그것은 인생의 중요한 교훈이 될

것이다. 새로운 것을 배우는 데 마음이 열려 있는 사람들이야말로 가장 유쾌한 사람들이다.

④ '즉흥적으로 멋진 일을 하는 건 더 힘들어!' 그렇다. 쉴 수 있는 시간이 예전보다 부족하다. 당연하다. 그냥 즉흥적으로 파트너와 외출하는 일은 더 이상 불가능하다. 이런 삶의 시기에는 외출을 아무래도 더 적게 할 수밖에 없고, 아기와 함께하는 일은 모든 것을 더 잘 미리미리 계획해야 하며, 녹록지 않다는 점을 받아들이라. 당신은 잠 시간에 맞추어 정확히 집에 있어야 하거나 베이비시터를 써야 한다. 하지만 더 이상 전혀 홀가분한 시간을 누리지 못하는 것과 전보다는 훨씬 적지만 가끔은 그런 시간을 누리는 것 사이에는 차이가 있다. 드물게나마 그런 시간을 마련하는 것은 좋은 일이다. 전혀 그런 시간을 마련하지 못하는 것은 좋지 않다. 즉흥적으로는 그럴 수 없으니 계획해서 하라. 때로 아기 없이 한 번씩 외출하도록 하라.

⑤ '사람 만날 시간이 어딨어' 이 함정은 일반적으로 "시간이 없다"와 "우선순위 놓기"와 겹치지만, 그래도 따로 떼어 생각하는 것이 중요하다. 전체 인생이 뒤집혀 정신이 없고 도무지 시간이 부족할 때는 사회생활을 잊어버리기가 상당히 쉽다. 친구도 아주 드물게 만나고, 연락도 드물게 하고, 어느 순간에는 친구들 생각도 별로 하지 않는다. 친구들이 덜 중요해서가 아니라, 처음 하는 부모 노릇에 적응해야 하기 때문이다. 그럼에도 사회적 접촉을 완전히 잊어버리지 않는 것이 중요하다. 다른 사람들을 만나면서 더 즐거운 사람이 되고, 잠시 다시금 자기 자신이 될 수 있다. 이완하고, 다시 재충전을 할 수 있다. 물론 억지로 전처럼 그렇게 활동적이 되라는 말은 아니다. 그러나 사회생활을 아예 포기해서는 안 될 것이다.

로런스의 팁: 균형 잡아주는 날

식생활에서도 그렇다. 어느 날 너무 기름지게 먹거나 과식했다면, 다음 날은 건강한 음식을 소식해야 한다. 하루의 넘침을 다음 날의 제한으로 균형을 잡아주는 것이다. 심리적 차원에서도 이와 같이 할 수 있다. 스트레스가 많은 하루를 보냈는가? 그다음 날은 좀 헐렁하게 보내고 쉬어라.

09

XL - 기본 요소: 자세와 호흡

자세와 호흡이라는 두 가지 XL – 기본 요소가 복강의 압력 분산에 직접적인 영향을 미친다. 걸을 때 발이 안쪽으로 꺾이는가? 잘못된 발 자세는 파워하우스에 잘못된 압력을 초래해 골반저의 불편이나 등 통증을 유발할 수 있다. 발을 들어 올리는 방법도 골반저의 압력에 영향을 미친다. 자세와 파워하우스는 호흡에도 영향을 미치며, 호흡은 다시금 파워하우스에 미치는 압력에 영향을 미친다. 배후의 원리를 이해하면 아주 간단하다. 좋은 자세와 호흡의 중요성은 종종 과소평가된다. 잘못된 자세와 호흡으로 말미암아 시종일관 파워하우스에 잘못된 압력을 가한다면, 일주일에 세 번 운동을 하더라도 이를 상쇄하지는 못할 것이다.

아주 간단하게 상상할 수 있다. 파워하우스는 횡격막, 골반저, 복부 근육 사이에 놓인 풍선이다. 한 부분에서 압력이 발생하자마자, 즉 풍선의 한쪽 면이 눌리자마자 다른 면에도 더 많은 압력이 가해진다는 의미다. 그러면 어디가 잘못될까? 가장 약한 부분이 잘못된다. 믿을 수 없을 것이다! 약한 부분은 종종 골반저이며, 탈장이나 복직근이개가 발생한다. 적절한 자세와 호흡은 풍선의 가장 약한 부분에 무리한 압력이 가해지지 않도록 해준다.

자세

모든 것이, 체내의 모든 것이 좋은 자세로부터 시작된다. 어떤 행동을 할 때 우리는 좋은 자세를 저절로 취하게 되지 않는다. 좋은 자세는 훈련해야 한다. 좋은 자세로 당신은 한 점 먹고 들어갈 수 있다. 나쁜 자세는 해를 유발하며, 이것은 다시금 신체의 다른 부분에 영향을 미친다. 그러면 자연스레 몸을 사리는 자세를 취하게 되기 때문이다. 몸을 사리는 자세는 언제나 안 좋은 것이며 악순환을 가져온다.

좋은 자세의 이점

1 산소 공급이 잘되게 한다

자세가 똑바르지 않으면, 즉 앞이나 뒤로 기울어져 있으면 최적의 호흡이 불가능하다. 의식적으로 느껴지지는 않는다. 하지만 똑바른 자세에 익숙해지면 그 차이를 느낄 수 있을 것이다! 산소가 몇 퍼센트만 더 많이 공급되어도 근육, 혈액, 건강, 정신이 유익을 얻는다. 몸을 앞으로 구부정하게 한 채 앉거나 서면 몸은 공기로부터 가능한 한 많은 산소를 얻기 위해 계속 애써야 한다. 구부정한 자세는 또한 근육을 굽게 만들며 막히게 해 호흡을 더 힘들게 한다.

2 파워하우스를 적절하게 활용하게 한다

파워하우스는 눌리거나, 비스듬하거나, 구부정하지 않을 때 가장 안정되고, 가동성이 좋다.

나쁜 자세는 골반저 근육에도 부정적인 영향을 줄 수 있다. 자세가 나쁘면, 늘어지거나 경직된 골반저 근육이 잘 회복되지 않거나 회복이 늦어진다. 탈출증이 생기거나 악화될 위험도 커지며, 복직근이개도 돌아오기가 더 힘들어진다.

③ 근육에 무리한 부하가 가해지지 않는다

자세가 안 좋으면 근육에 잘못된 부하가 주어져 근육이 편안히 이완될 수 없다. 그러면 왕왕 근육의 경직과 늘어짐이 발생하고, 지속적인 긴장으로 말미암아 근육이 결코 편안해지지 못한다.

④ 뼈에 잘못된 압력이 가해지지 않는다

잘못된 자세는 뼈가 부자연스러운 자세를 취하게 한다. 잘못된 자세에서는 늘 압력이 발생한다. 즉 뼈에 압박이 가해진다. 압박이 가해지는 것이 늘 나쁜 것은 아니다. 운동할 때는 심지어 아주 좋다. 하지만 압박이 너무 자주, 너무 장시간, 목적 없이 가해지면 비로소 좋지 않다. 척추를 아코디언이라고 해보자. 아코디언을 비뚤어지게 들면, 특정 지점들이 더 가까워지거나 심지어 맞닿게 된다. 이런 일이 너무 자주, 너무 강하게 혹은 너무 빠르게 연달아 일어나면 그 부분, 즉 서로 만나는 뼈들이 마모된다.

⑤ 올바른 운동을 하게 한다

좋은 자세 없이는 좋은 운동도 가능하지 않다. 자세가 안 좋으면 하중이 주어지지 말아야 할 근육에 하중이 주어진다. 또는 자세가 근육의 연결을 방해해 근육이 적절하게 그룹으로 묶이지 못한다. 그리하여 운동할 때마다 의식적으로 자세를 올바르게 하는 데 신경을 써야 한다. BTY 프로그램의 모든 운동에서 무슨 운동을 어떻게 해야 하고, 정확히 무엇을 하지 말아야 하는지 언급할 것이다.

⑥ 힘과 오라를 준다

똑바로 걷고 똑바른 자세로 앉으면 자신감과 에너지가 느껴진다. 이를 다른 사람들이 당신을 쳐다보는 방식에서 느낄 수 있다. 이런 느낌은 기분이 좋다. 그렇게 당신은 선순환에 이를 수 있다.

꼿꼿하고 자신감 넘치는 자세를 취하면 느슨하고 축 늘어진 자세를 취할 때보다 더 다부지고 강인한 기분이 된다. 한번 시험해보라. 약간 구부정하게 걸어보라. 그리고는 꼿꼿하게 허리를 펴고 자신감 넘치는 자세로 걸어보라. 차이가 느껴지는가?

⑦ 화장실에 가는 것이 즐겁다

또는 단도직입적으로 대소변을 더 수월하게 배설할 수 있다. 좋은 자세는 원치 않은 항문 손상(작은 상처, 열상 혹은 치질)을 방지해준다. 올바른 자세는 이미 몇몇 고생을 뒤로한 골반저 근육에 잘못된 방식으로 하중을 가해 근육이 더 손상되는 일이 없도록 해준다. 소변을 눌 때도 바른 자세는 방광에 모인 소변이 모조리 배설되도록 도와준다. 방광이 제대로 비워지지 않으면 방광염 같은 불편 증상이 발생할 수 있다(33쪽 참조).

아주 당연하게 보일지 모르지만

그렇다. 누구나 매일매일 걷고, 서고, 어딘가에 앉는다. 몇십 년간 그렇게 살아왔다. 그러므로 그 일을 지금 다시 한 번 배울 필요가 있을까 싶다. 하지만 그렇지 않다. 완벽한 자세를 가진 사람은 거의 없다. 거의 모두가 빠르게 일을 처리하려 한다. 그러다 보니 뭔가를 들어 올리기 위해 무릎을 구부리는 것보다 그냥 잠시 등을 구부리고 만다. 자세 면에서 만점을 받는 사람은 정말 극히 드물다.

다음에서 최적의 자세는 어떤 모습인지 정확히 설명하려 한다. 불필요하다고 생각해서 읽지 않고 그냥 넘어가서는 안 된다. 다음의 내용은 정말 중요하고 많은 유익이 될 것이다. 그렇다. 당신은 이제 막 엄마가 되었다. 그럼에도 앉고, 걷고, 일어서고, 들어 올리는 법을 다시 한 번 배우게 될 것이다. BTY 프로그램과 함께하다 보면 이 모든 일이 점점 저절로 된다는 것을 깨닫게 될 것이다.

목은 계속 이완 상태에 두라

앉아 있든, 뭘 들어 올리든, 몸을 돌리든, 일어서든, 무엇을 하든 목은 이완된 상태여야 하고 긴장된 상태가 되면 안 된다. 힘을 다른 신체 부위, 즉 의도된 움직임을 위해 수축되어야 하는 부위에서 가져와야 하며, 목에서 힘을 가져오려 해서는 안 된다. 목은 언제나 이완되고 긴장이 풀린 상태여야 한다.

앉아 있기

분만한 지 아직 오래되지 않았다면(Back 단계, 따라서 분만 후 6주간) 앉아 있는 것이 아직 고통스럽게 느껴질 수도 있다. 그럼에도 너무 푹신하지 않은 곳에 똑바로 앉는 것이 중요하다. 방석을 깔지 말고, 푹신하지 않은 의자에 앉아라. 좀 불편하게 들리지만 이것은 도움이 되며, 골반저 근육의 회복에 좋다. 그럼에도 몸의 소리를 듣고, 몸을 힘들게 하지는 말라. 앉아 있을 때 아프면 다시 누우라는 신호로 들어라. 쿠션이나 바르지 못한 자세로 아픔을 상쇄시키지 말라. 똑바로 앉든가, 힘들면 눕든가 하라. 아주 단순하다.

상처가 다 아물자마자, 똑바른 자세로 앉는 연습을 시작할 수 있다.

이렇게 앉아 있어야 좋은 자세다.

1. 항상(그렇다, 항상. 그리고 발은 늘 바닥에 닿아야 한다) 중립적이고 똑바른 자세로 앉아라(170쪽 참조). 누군가에게 옆 모습을 사진 찍어달라고 하여 자세가 올바른지 테스트해보라. 등이 똑바른가? 귀, 어깨 관절, 고관절이 일직선이 되게끔 유의하라.
2. 두 발을 바닥에 대라. 다리를 꼬거나 발을 교차시키지 말라.
3. 몸을 뒤로 기대지 말라. 그러면 똑바로 앉을 수 없다.

로런스의 팁

1. 앉은 자세는 겉보기와 달리 이완된 자세는 아니다. 똑바른 자세에서는 근육이 긴장된다. 갑자기 긴장이 풀려 몸이 움츠러지면 바른 자세를 유지하기가 힘들어진다.

2. 앉은 자세는 의자병이라 불리며, 새로운 흡연에 비유된다. 너무 오래 앉아 있는 것은 건강에 정말 좋지 않다. 한 시간에 한 번 알람을 설정하고 일어나 움직여 주도록 하라. 잠시라도 일어나 고개를 좌우로 돌리며 부드럽게 움직여주고, 무릎 운동도 해주라. 최소한 250보를 걷도록 하라. 물 한 컵을 마시고, 아기를 안고 집안을 한 바퀴 돌면서 우편물이 왔나 확인해도 좋다. 잠시 동료에게 가보거나 앉은 자세에서 벗어나기 위한 다른 활동을 고안해보라. 약간 움직여주는 것은 좋을 뿐 아니라, 너무 오래 가만히 있을 때 느려질 우려가 있는 신진대사를 원활하게 해준다. 그러므로 체중 감량에도 도움이 된다.

3. 의자 대신 짐나스틱볼에 앉아 있으면 정말 유익하다. 무릎을 구부릴 필요가 없는 상당히 큰 공을 선택하라. 짐나스틱볼은 바닥에 지지되어 있지 않으므로 시종일관 똑바로 앉아 올바른 근육을 긴장시키지 않으면 구르게 된다. 따라서 짐나스틱볼에서는 늘 똑바로 몸을 가누어 앉아야 하며, 어영부영 속임수를 쓸 수 없다. 짐나스틱볼에 앉아 골반을 앞뒤, 좌우로 약간씩 움직여주어 골반 유연성을 유지할 수도 있다. 가만히 앉아 있는 시간이 적을수록 더 좋다.

4. 너무 오래 앉아 있으면 부종, 즉 발과 다리의 수분 정체가 발생할 수 있거나 악화될 수 있음을 알고 있었는가? 그러므로 일어나서 움직여라.

주머니칼 운동: 복직근이개가 심하지 않을 때

몸을 주머니칼처럼 상상하라. 위쪽(몸통과 머리)과 아래쪽(다리)으로 가위처럼 몸을 접었다 폈다 하는 것이다. 의식적으로 실행하면 좋은 연습이다. 하지만 이런 움직임은 서 있는 상태에서 갑자기 실행하기에는 적합하지 않다. 무엇보다 복직근이개가 큰 경우는 갑작스레 주머니칼 운동을 하면 안 된다. 누워 있다가 일어날 때는 늘 우선 옆으로 돌아누운 뒤 몸을 일으켜야 한다. 그렇게 하면 배 근육에 갑자기 추가적인 압력이 가해지지 않는다.

서 있기

너무 오래 앉아 있는 게 좋지 않듯이 너무 오래 서 있는 것도 좋지 않다. 가만히 서 있으면 중력이 모든 것을 아래로 치우치게 하며, 혈액순환에 도움이 되지 않는다. 너무 오래 움직이지 않고 가만히 있으면 좋지 않다. 움직여주면 혈관 주변의 근육을 다시금 사용하게 되고, 근육이 수축하면서 혈관이 혈액을 더 잘 수송할 수 있게 된다. 한 시간 이상 가만히 서 있으면 다리 근육이 혈액을 더 이상 심장으로 잘 펌프질하지 못해 부종과 정맥류가 나타나 수 있다. 간혹 까치발로 걸어라. 까치발 걷기는 장딴지의 근육 펌프를, 그로써 체액 운반을 자극한다.

똑바로 선 자세에서 횡격막은 아치형이다. 이런 자세에서 최대의 공기를 호흡할 수 있다. 횡격막은 골반저와 밀접하게 협동한다. 앞으로 구부린 자세로 서 있어서 횡격막이 눌리면 골반저가 제대로 기능할 수 없다.

서 있을 때의 올바른 자세는 다음과 같다.
1. 등이 둥글게 굽어지지 않도록, 즉 척추전만이 되지 않도록 한다. 피곤하면 등이 움푹 들어가서 둥글게 되고, 배가 앞으로 튀어나오는 경향이 있다. 그리하여 서 있기보다 매달려 있는 것처럼 된다.
2. 복근을 활용해 배에 약간 힘을 주라. 숨을 참으면서 배를 들어가게 만드는 것이 아니다.
3. 무릎을 편안하게 하라.
4. 허리 부분이 약간 앞으로 기울어지도록 엉덩이를 좀 조이라.

5. 자신감 있는 자세가 도움이 된다. 어깨를 약간 뒤로 젖히고 아래로 내리라.
6. 서 있을 때 다리를 약간 벌리고(어깨너비로) 무릎을 너무 쭉 뻗지 말라.
7. 몸을 축 늘어뜨리지 말라. 정신을 차리고 절도 있는 자세를 유지하라.

발 자세는 골반저에 영향을 미친다

한번 발을 안쪽으로 향하게 돌린 채 서보라. 그러면 엉덩이가 기울어지고 골반에 자리가 적어진다는 것이 느껴지는가? 발을 바깥쪽으로 돌리는 경우도 마찬가지다. 모든 것이 서로 연결되어 있으므로 늘 발 자세에 유의하라.

바른 자세로 서 있으면 발 전체에 체중이 실린다. 그러므로 발뒤꿈치나 발가락에만 하중을 가한 채 서지 말고, 체중을 고르게 분산하라.

로런스의 팁

치골에서 배꼽까지 지퍼가 달린 바지를 입고 있다고 상상해보라. 지퍼를 아래에서 위로 꽉 잠글 수 있는 그런 바지다. 이런 상상을 하면서 복부, 엉덩이, 허리 근육을 적절히 조이라. 이런 행동의 작은 긍정적인 부수적 효과는 엉덩이(신체의 매우 매력적인 부분)가 더 아름답게 보이고, 배가 건강한 방식으로 평평해진다는 것이다.

다음은 산후 회복 중인 여성에게서 자주 볼 수 있는 잘못된 자세다.
1. 어깨가 앞쪽으로 나온다. 물론 모유 수유하면 가슴이 커지고 무거워진다. 그리하여 몸 앞쪽에 무게가 집중되기에 이렇게 어깨를 앞쪽으로 내미는 것은 자연스럽다. 하지만 이것은 잘못된 자세다.
2. 상부의 등이 너무 둥글게 굽어 있다. 이 역시 가슴이 무겁다 보니 나타나는 결과다. 체중은 둥글게 굽은 등으로 상쇄되지만, 이를 통해 척추가 압력을 받게 되므로 별로 좋지 않다. BTY 훈련 중에 하는 허리 운동은 등이 가슴의 무게를 제대로 수

직으로 지탱할 수 있을 만큼 등을 강하게 만들 것이다. 몸에 잘 맞고, 지지를 잘해 줄 수 있는 양질의 브래지어를 마련하도록 하라.

3. 척추전만(아치형으로 안쪽을 향해 굽은 허리). 앞쪽에 짊어져야 할 무게가 너무 많으면, 허리를 아치형으로 구부리고 무게를 늘어뜨리고만 싶다. 그런 일이 너무 자주 일어나면 허리 근육이 짧아지고, 척추전만 자세가 거의 표준 자세가 된다.

4. 척추주위근이 너무 오래, 지속적으로 긴장된다. 등이 가슴과 아기의 무게를 지탱할 만큼 충분히 강하지 않으면 등을 곧게 펴기 위해 척추주위근이 계속 투입된다. 하지만 근육은 종일 긴장하고 있어서는 안 된다. 그러므로 척추주위근이 큰 힘을 들이지 않고도 무게를 지탱하는 것을 배우는 것이 중요하다. 짐나스틱볼은 여기서도 도움을 줄 수 있다. 의식적으로 호흡하며 가령 고개를 좌우로 움직여주는 것만으로도 척추주위근이 쉽게 움직이며, 더 부드러워지고, 시종일관 긴장하고 있지 않게 된다.

들어 올리기

무언가를 들어 올릴 때 천천히 무릎을 구부려 들어 올리는 것이 아니라 얼른 들어 올리려고 다리를 편 상태로 허리를 앞으로 굽혀 갑작스레 들어 올리지 않는가? 우리 모두는 때때로 그런 몸짓을 할 것이다. 하지만 좋은 자세는 아니다. 산후 회복 중일 때는 특히나 그렇다. 물건을 잘못 들어 올리면 허리 근육에 잘못된 부담을 가하게 되어 척추가 손상되며, 골반에도 좋지 않다.

바닥이나 낮은 곳에 있는 물건은 이렇게 들어 올리라.

1. 들어 올릴 물체 바로 앞에 선다.
2. 다리를 넓게 벌리고 쪼그려 앉을 때처럼 무릎을 굽힌다.
3. 가급적 가슴 높이에서 천천히 들어 올린다.
4. 들어 올릴 때 파워하우스에 주의하라. 배, 등, 골반저를 긴장시키며 계속 호

흡하라. 그렇게 하면 몸의 중심이 안정되고, 호흡으로 말미암아 파워하우스 안의 (특히 골반저에 가해지는) 압력이 너무 커지지 않는다. 유쾌한 부수적 효과는 일상에서 물건을 들어 올리며 스쿼트를 하는 효과를 낼 수 있어 탄탄한 엉덩이와 튼튼한 다리를 얻을 수 있다는 것이다.

로런스의 팁

1. 가능하면 아이가 돕게 하라. 물론 아기를 하루종일 안아줄 수 있지만, 아기가 이미 스스로 설 수 있고, 당신을 꽉 껴안아 당신이 아기를 좀 더 쉽게 들어 올리도록 약간이라도 도움을 줄 수 있다면, 아기가 적극적으로 그렇게 하도록 하라. 이것은 당신의 몸에 좋을 뿐 아니라, 아기의 독립성을 기르는 것과 아기의 몸에도 좋다.
2. 여러 포지션으로 활용할 수 있는 아기띠를 고르라. 아기를 앞으로 안을 수도, 등으로 업을 수도 있고, 나중에는 옆구리로도 지탱할 수 있는 것으로 말이다. 포지션을 자꾸 바꾸어주라.
3. 자궁탈출증이 있다면, 아기를 너무 오래 혹은 너무 자주 앞으로 안고 다니지 말라. 배 앞으로 아기를 안으면 호흡을 깊이 할 수 없어서 모자란 호흡을 다른 호흡으로 상쇄시켜주어야 하는데, 이는 파워하우스에 과도한 압력을 행사할 수 있다. 그러면 이런 압력은 가장 약한 부분, 이 경우는 탈출증이 있는 서혜부로 빠져나간다.

아기 안기

생후 1년 사이에 아기는 약 3킬로그램에서 최대 10킬로그램 정도까지 몸무게가 늘어난다. 이런 무게의 아기를 온종일 안고 다니고, 눕히고 해야 한다. 간단히 말해 아기를 돌보는 것은 몸을 엄청나게 쓰는 일이다. 그러다 보니 산후의 많은 불편 증상이 이렇듯 지속적으로 아기의 체중을 감당하는 데서 비롯되는 것도 놀라운 일이 아니다. 그러므로 올바른 자세로 의식적으로 아기를 돌보는 것이 아주 중요하다. 들어 올리는 일에 대한 전반적인 황금 원칙은 목, 등, 파워하우스와 엄지손가락의 건강에 좋다.

로런스의 팁

1. 아기를 눕히거나 안아줄 때 능동적이고 중립적인 자세(168쪽 참조)를 취하라. 침대 가장자리 등 어딘가에 절대로 기대지 말라. 처음에는 더 편안하게 느껴질 수 있지만, 그러면 척추전만 자세가 되어 파워하우스에 엄청난 부담을 초래하게 된다. 그러므로 어딘가에 기대지 말고 안아 올리라. 언제나 마찬가지다.

2. 아기를 가능한 한 가슴에 밀착해서 안으라. 몸에 밀착시킬수록 무게가 더 가볍게 느껴진다. 아기 역시 엄마의 가슴과 배에 밀착해 있는 것이 단연 가장 좋을 것이다.

   아기를 눕히고자 할 때는 아기를 양팔로 가슴에 꼭 안은 자세로 눕히라. 이때 당신의 머리와 등과 골반이 일직선을 이루게 하라. 머리가 앞서고, 등과 골반이 따르게끔 몸을 앞으로 구부리라. 아기를 성급하게 내려놓지 말고 아기를 가능한 한 오랫동안 꼭 안고는 아기를 눕힐 수밖에 없는 시점에서 아기를 눕히라.

3. 숨을 들이마실 때가 아닌 숨을 내쉬는 타이밍에 아기를 안아 올리거나 눕히라. 힘이 많이 들어가는 움직임은 숨을 내쉴 때만 실행하도록 하라.

4. 방향을 바꾸어주라. 늘 다른 각도에서 아기를 눕히라. 한번은 왼쪽으로 몸을 돌리면서 그렇게 하고, 그다음에는 오른쪽으로 몸을 돌리면서 그렇게 하라. 아기를 눕힐 때뿐 아니라, 아기를 들어 올릴 때, 아기를 받아 안을 때나 아기를 다른 사람에게 넘겨줄 때 등 아기와 함께 하는 모든 움직임에서 이런 원칙을 적용하라. 늘 같은 쪽의 같은 근육에 하중을 주지 말라.

5. 엄지손가락을 조심하라. 황당하게 들릴지 몰라도 여성 열 명 중 한 명은 아기를 낳자마자 엄지손가락에 고질적인 문제를 겪는다. 아기를 절대로 떨어뜨리지 않으려다 보니 아기를 안을 때 손에 힘이 들어가는 것은 아주 자연스런 일이다. 아기를 안아 올릴 때 엄지손가락을 과도하게 뻗쳐서는 안 된다.

화장실에서의 자세

골반저 근육의 중앙에는 세 개의 구멍이 있고, 그중 두 개는 화장실에 갈 때 사용되는 구멍이다. 바로 요도와 항문이 그것이다. 무언가가 골반저를 통과하여 밖으로 배설되어야 할 때면 그 즉시 근육이 긴장되거나 이완된다. 지금은 골반저에 조금 더 따뜻한 관심을 기울여주고, 보살펴 주어야 하므로, 골반저가 손상되거나 산후 회복이 지연되는 일이 없고 방광염이나 열상, 치질의 위험이 감소하도록 배변 자세에도 유의하는 것이 좋다.

이상적인 화장실 자세

1. 두 발을 약간 벌린 채 똑바로 바닥에 편안히 댄다. 변기에 앉았을 때 무릎이 골반 높이 보다 약간 더 위에 있게끔 너무 높지 않은 변기가 좋다. 이렇게 "쪼그려 앉은" 자세에서 골반저가 더 이완되어, 배설물을 완전히 비우기가 수월해진다.
2. 배설이 끝났는가? 그러면 골반저를 잠시 힘 있게 수축했다가 다시 이완시키라.
3. 마지막으로 앞에서 뒤로 닦아주라. 반대 방향으로 해서는 안 된다. 이제 변기에서 내려오라.

자세 및 협응 전문가, 알렉산더 테크닉 스페셜리스트, 패트릭 존슨. 네덜란드 암스테르담

사람이 자세를 취하는 것이 아니라 근육이 어떻게 수축되느냐에 따라 그의 자세가

형성된다고 말할 수 있다. 특정 움직임이나 특정 상황에서 근육이 체계적으로 너무 강하게 긴장하거나 이완되면, 불편 증상을 유발할 수 있다.

팁

1. 우선 특정 순간에 어떤 근육이 수축되고, 어떤 근육이 이완되는지를 알아야 한다. 열심히 컴퓨터 작업을 할 때 고개를 무의식적으로 모니터 가까이로 내미는 것은 나머지 신체에는 좋지 않다.

2. 서둘러 아기에게 갈 때의 신체 자세는 어떠한가? 가능한 한 빨리 아이에게 가려는 마음이 신체 자세에 영향을 미치지 않는가? 아이에게까지 아직 몇 미터 남았는데도 이미 팔을 쫙 벌린 채 달려가지는 않는가? 한번 자문해 보라. 그렇게 하면 더 빨라질까? 시간이 아주 아주 여유가 있었다면, 어떤 자세로 걸었을까? 감정과 행동 간의 연결에 대해 생각해 보면, 종종 아주 조금 조절하는 것이 이미 자세에 얼마나 기적을 일으킬 수 있을지를 깨달을 수 있을 것이다.

3. 몸 전체의 반응에 주의하기가 어렵다면, 머리와 목부터 시작하라. 목 근육의 과도한 긴장이 잘못된 자세를 유발할 때가 많다.

호흡

우리는 태어날 때부터 호흡하고 있는데, 무엇을 잘못할 수 있을까? 많이 잘못할 수 있다. 유감스런 일이다. 올바른 호흡은 심신에 많은 유익이 된다. 다행히 더 개선된 새로운 호흡법을 배우는 것은 상당히 쉽다. 몇 주 되지 않아 한결 호흡이 좋아진 것을 느낄 것이다!

좋은 호흡이 심신에 가져다주는 유익은 다음과 같다.

1. 스트레스가 감소하며, 간접적으로 스트레스 호르몬이 감소한다

스트레스를 받는 사람들은 호흡할 때 배를 사용하지 않고 호흡을 "높게" 한다. 잘 느껴지지 않아도 이것은 신체가 아주 많은 에너지를 소비하게 만든다. 몸이 이완될 기회를 얻지 못해 다시금 긴장하게 되며, 긴장이 신체와 머릿속에 스트레스가 된다.

2. 몸에 부담을 주는 대신 편안하게 한다

잘못된 호흡으로 말미암아 특정 신체 부위에 잘못된 압력이 가해진다. 가령 계속 자신도 모르게 얕은 호흡을 하면, 호흡할 때마다 골반저에 부담이 간다. 깊은 복식호흡을 하면 골반저에 추가적인 압력이 가해지지 않고, 골반저가 편안해진다.

3. 더 많은 에너지를 선사한다

몸이 에너지를 생성하려면 산소가 필요하다. 좋은 호흡은 미토콘드리아에 산소 공급이 더 잘되게 한다. 미토콘드리아는 거의 모든 세포에서 에너지 발전소 역할을 하는 매우 작은 세포 소기관이다. 신체에 산소가 더 많이 공급될수록 신체는 더 효율적이 되며, 미토콘드리아가 더 많은 에너지를 만들어낼 수 있다.

4. 소화가 더 잘 된다

스트레스를 받으면 신체는 일종의 생존 모드에 돌입한다. 활용할 수 있는 모든 에너지가 "생존"이라는 목표에 할당된다. 그리하여 소화와 같은 다른 과정들이 쓸 수 있는 에너지는 적다. 그러므로 올바른 호흡법으로 심신이 안정되면 소화도 잘되고, 이것은 다시금 다이어트에도 도움이 된다. 올바른 호흡으로 살을 뺄 수 있다니 정말 매력적으로 들리지 않는가.

5. 해독

몸은 림프계를 통해 각종 원치 않는 물질들을 외부로 배출한다. 림프계에는 공급과 배출을 조절할 수 있는 펌프가 없어 운동과 호흡을 통해 활성화된다. 움직이고 호흡하면 근육이 움직이고, 근육이 다시금 수축하면서 림프액의 순환과 배출을 돕는다.

6. 신체가 산성화되지 않도록 한다

간단히 말하면, 우리는 산소를 들이마시고 이산화탄소를 내쉰다. 그런데 이산화탄소가 많이 남아 있을수록 몸의 산성도에 부정적인 영향을 미친다. 그리고 이것이 호르몬 수치에 영향을 주어 염증을 촉진할 수 있다.

7. 목 통증과 두통을 예방한다

얕은 호흡은 더 쉬워 보이지만 몸에는 힘들게 작용한다. 근육이 너무 긴장되다 보니 주변 근육이 경직되기가 쉬우며, 그로 인해 목 통증이나 두통이 생긴다.

임신 중에는 심장도 옆으로 밀려난다

임신 기간 동안 호흡기 전체가 약간 조정되어야 했다. 호흡이 어려워지고, 횡격막이 올라가 심장이 옆으로 밀려나는 등 몇몇 일들이 일어났다. 그러므로 다시금 "빈 배"로 호흡을 하는 데 익숙해져야 한다는 말은 과언이 아니다. 모든 것이 비로소 제자리를 찾고 적응해야 한다. 여기서 BTY 프로그램의 호흡 운동은 매우 도움이 될 것이다.

테스트해보라. 정말로 최적의 호흡을 하고 있는가? 300쪽에서 확인해보라.

"올바른 호흡"이란 정확히 무엇일까?

호흡에는 크게 세 종류가 있다.

1. **흉식호흡**. 숨을 쉴 때 갈비뼈 사이의 근육이 수축해 흉곽이 올라가고 갈비뼈 사이에 더 많은 공간이 생긴다. 공기는 폐로 흡입된다. 복잡하게 들리지만, 눈으로 쉽게 확인할 수 있다. 흉식호흡에서는 흉곽이 커진다. 정말 많은 사람이 흉식호흡을 한다. 이런 호흡은 쉬워 보이지만, 신체에는 아주 힘이 드는 호흡

이다. 복식호흡보다 에너지가 더 많이 든다.

2. **복식호흡**. 복식호흡을 할 때는 배를 사용한다. 복식호흡은 갈비뼈 근육으로 흉곽을 커지게 만드는 대신 횡격막을 아래로 내려 가슴 공간을 확장한다. 배가 약간 불룩해지는 것이 눈에 보인다. 이것은 여자들이 보고 싶어하는 장면은 아닐지 몰라도 몸에는 훨씬 좋다. 숨을 들이쉴 때 근육의 힘만 요하고, 숨을 내쉴 때는 그마저도 필요하지 않기 때문이다.

3. **XL-호흡**은 흉식호흡과 복식호흡을 이상적으로 섞어놓은 것이다. 복부에서 출발해 폐 확장을 위한 든든한 기초가 놓인다. 폐는 그렇게 함으로써 더 많은 공기를 흡입할 수 있다. 움직임은 주로 배에서 연유하지만, 갈비뼈도 함께하며, 이것은 옆쪽에서 느낄 수 있다. 이런 방식으로(흉·복식 호흡으로) 신체가 제공하는 모든 공간을 사용한다. 공기가 들어갈 수 있는 공간이 넓을수록 공기가 더 잘 분배되고, 파워하우스에 미치는 압력이 낮아진다. 거의 언제나 중요한 것은 압력을 분산하는 것이다. 그래야 파워하우스에 가능한 한 무리가 가지 않는다. 그 밖에 XL-호흡에서 횡격막은 위, 아래로부터 심한 압박을 받지 않고 자유로이 움직일 수 있다.

공기는 다음을 통해 폐로 들어간다.

1. **코호흡**. 코가 공기를 걸러주고, 공기의 습도를 높이고(이것은 폐에 좋다) 따뜻하게 한다(온도도 높인다).

2. **입호흡**. 공기를 걸러주지도 않고, 온도와 습도를 높이지도 않는다. 그러나 많은 양의 산소를 신속하게 받아들이는 방법이다. 자주 입호흡을 하는 것은 만성비염이나 코골이 때문일 수도 있다. 입호흡을 하면 입이 건조해지고, 그로인해 목이 아프거나 입냄새가 나는 등 여러 가지 다른 불편 증상을 유발할 수 있다.

결론: 호흡은 생명에 중요하고, 올바른 호흡은 신체 회복을 돕는다. 모든 BTY 트레이닝이 몇 가지 호흡 훈련으로 시작되는 것도 그런 이유다. 그런 호흡에서 당신은 골반저를 눈에 그리며, 골반저가 숨을 내쉴 때 상승하고 숨을 들이쉴 때 하강하는 것을 느끼게 될 것이다.

XL-기본 요소: 운동과 트레이닝

앉아 있는 것이 새로운 흡연에 버금가고, 몸을 움직여주는 것이 좋다는 걸 모르는 사람은 없다. 운동은 건강한 라이프스타일의 필수요소다. 운동과 트레이닝은 심신에 커다란 영향을 미친다. 함께 협력하여 서로를 강화한다. 그러므로 운동과 트레이닝이 XL-기본 요소인 것도 당연한 일이다.

운동

우리 모두는 물론 하루종일 움직이지만, 활발히 움직이는 것, 즉 중간 강도의 운동은 그리 충분하게 하지 않는다. 중간 강도의 운동이란 심박수와 호흡수는 증가하지만 대화는 할 수 있는 상태로 움직이는 것을 말한다. 가령 약간의 계단 오르기, 빠른 속도로 걷기, 비교적 빠른 속도로 자전거 타기, 정리, 청소, 정원 가꾸기 등의 일상적인 일들이 그에 속한다.

몸 관리 차원에서 늘 몸을 활발히 움직여주라. 이런 움직임은 컨디션을 좋게 유지시켜주며, 몸이 휴지 모드로 들어가지 않게 해주고, 근육의 혈액순환을 자극해 볼이 발그레하게 건강한 빛을 띠게 만든다.

백투유: 운동 규칙

운동은 곧 회복이다!

- 매일 최소 30분간 중간 강도로 움직여주라.
- 매일 30분의 운동(주 2~3회)과 항상 바른 자세에 유의하는 것 외에 20분에 한 번씩 움직여주어야 한다. 특히 앉아 있거나 서 있는 시간이 많은 경우, 늦어도 1시간 뒤에는 자세를 바꾸어 몸을 움직여주도록 하라. 그렇게 하여 정지 상태와 움직임이 교대되도록 하라. 공식적으로는 가만히 있은 지 20분이 지나면 몸을 움직여줘야 하는 게 원칙이지만, 솔직히 사무실 근무를 할 때는 그렇게 할 수 없다. 그러므로 여기서는 기준을 한 시간으로 정했다. 이것은 정말 그 이상을 넘겨서는 안 되는 절대적인 최대치이다.
- 이 모든 것을 할 수 있다면 출산 이전으로 잘 돌아올 수 있을 뿐 아니라, 더 나은 상태로 바뀔 것이다. 자세 개선, 매일의 움직임과 운동은 상호 강화 효과를 낸다. 그리하여 1 + 1 = 3이 되는 시너지 효과가 난다.

이 프로그램에서는 최소한의 운동에 대한 자체적 기준을 세웠다. 때때로 우리는 일주일에 150분의 운동으로 족하다는 소리를 듣는다. 하지만 그렇지 않다.

팁

- 엘리베이터 대신 계단을 이용하라.
- 점심 시간을 활용해 산책하라(여기서 산책은 그냥 느린 걸음으로 어슬렁거리는 것이 아니다).
- 다시 움직여주어야 할 때를 알려주고, 하루에 몇 보를 걸었는지 측정해주는 만보기를 사용하라.
- 전화 통화를 할 때는 걸으면서 받거나 일어서서 받아라.
- 자동차는 되도록 세워두라. 자전거나 도보로 이동할 수 없을 때만 자동차를 이용

산책

아기와 함께도 할 수 있는 운동 중 가장 보편적인 것은 산책이다. 하지만 그냥 보통 걸음 수준으로 하지 말고, 약간 걸음을 빨리해 최소 30분 이상 산책하라.

매일 30분 산책의 유익

1. 근육과 뼈에 좋다. 활동적으로 걸어줌으로써 근육에 활기를 불어넣고 뼈에 하중을 가하면 뼈가 단단해지고, 더 강해진다. 몸은 나아가 새로운 골량을 만들어낸다.

2. 심장과 폐에 좋다.

3. 불안과 우울에 좋다. 점점 더 많은 연구가 산책과 걷기가 불안과 우울증에 직접적이고 커다란 영향을 미친다는 것을 보여준다. 하루 30분 동안 적극적으로 걸어주면, 불안 장애도 최대 절반으로 줄어들 수 있다. 따라서 걷기는 모두에게 좋지만, 산후에 스트레스, 불안, 우울증으로 고생하는 여성들에게는 특히나 좋다.

4. 눈을 통해 추가로 햇빛을 흡수하면 체내에서 세로토닌이 더 많이 분비되고, 피부는 비타민 D를 더 많이 생성한다.

5. 바깥세상을 보여주는 것은 아기에게도 물론 멋지고 교육적인 일이다!

트레이닝

트레이닝은 강도 높은 훈련이다. 트레이닝은 저절로 되지 않으며 한계까지 봉착하는 것이다. 트레이닝에 한번 맛 들이면, 힘들여 했던 것을 즐겁게 할 수 있게 된다. 트레이닝은 근육을 강하게 하고, 피부를 팽팽하게 하며, 신체에 유익한 호르몬을 분비하게 해주고, 자신감과 카리스마를 키워준다. 정말로 심신에 유익이 될 따름이다!

트레이닝의 유익들

① 근육이 더 강해지고 근육량이 더 많아진다.

② 뼈가 더 튼튼해진다.

③ 신진대사가 더 빨리 이루어지고 더 많은 에너지가 연소되어 체중이 감소한다.

④ 근육 이완에 도움이 된다.

⑤ 컨디션이 향상된다.

⑥ 혈압이 낮아진다.

⑦ 자세가 더 좋아진다.

⑧ 기분이 좋아진다. 우울할 때마저도.

⑨ 회복에 도움이 되는 수많은 호르몬이 분비된다.

⑩ 그리고 보기에 좋은 것: 몸매와 피부가 좋아지고 오라가 향상된다!

더 강한 근육과 더 많은 근육량

생리학적으로 볼 때 트레이닝 중에는 근육이 찢어진다. 안 좋은 일처럼 들리지만 사실 좋은 일이다. 신체는 즉시 재생 과정을 시작해 새로운 근육 세포로 파열을 봉한다. 그러므로 트레이닝을 통해 근육 조직 내의 단백질 생성을 바꾸고 근육 조직을 키울 수 있다. 근육은 성장하고 더 강해진다. 임신과 출산, 산후조리로 말미암아 한동안 트레이닝을 하지 않다가 트레이닝을 시작하면 꽤 빠르게 새로운 근육량이 만들어진다. 환영할 만한 일이다.

더 강한 뼈

수많은 연구에 따르면 뼈에 역학적으로 하중이 가해짐으로써 뼈는 더 튼튼해진다. 운동은 골량과 뼈 구조에 영향을 미쳐서 뼈의 저항력을 향상한다. 소위 '뼈 리모델링 원칙' 덕분에 뼈 모양이 새롭게 되고, 뼈가 바뀐다. 오래된 것에서 새로운 것이 만들어지는 것이다. 강도 높은 훈련을 통해 뼈는 이 훈련에서 주어지는 역학적 하중에 익숙해진다. 리모델링을 통해 뼈는 더 튼튼해지고, 골다공증(뼈 손실)이 예방된다. 당신이 나중에 할머니가 되어서도 계속 활기차게 살아가고자 한다면 트레이닝이 도움이 될 것이다!

빠른 신진대사 + 높은 에너지 소비 = 체중 감소

신체의 물질대사인 신진대사는 양분과 저장된 지방을 에너지로 바꾼다. 트레이닝을 많이 하면 신진대사가 촉진되어 가만히 있어도 더 많은 지방이 연소된다. 트레이닝 자체가 칼로리를 연소시키지만, 근육이 커지므로 가만히 있는 상태에서도 근육이 지방을 더 많이 연소한다. 그러므로 한번에 두 가지 버전의 지방 연소가 이루어지는 것이다!

하지만 이것으로도 그치지 않는다. 눈에 보이는 지방이 연소될 뿐만 아니라 훨씬 더 위험한 백색(노란) 내장 지방도 연소된다. 이런 지방은 장기에 직접 붙어 있어 장기의 일을 방해한다.

인간의 몸에는 좋은 지방도 있는데, 갈색 지방 조직이 그것이다. 갈색 지방 조직은 나쁜 백색 지방조직을 연소시키는 데 도움이 된다. 트레이닝을 하면 갈색 지방 조직이 더 많아진다. 늘 너무 따뜻하게 지내지 않을 때도 갈색 지방 조직이 많아진다. 그러므로 난방온도를 너무 높게 설정하지 말고 한 번씩 두꺼운 스웨터를 한 시간 정도 벗고, 샤워도 찬물로 해보라.

근육 이완을 돕는다(!)

약간 황당하게 들리지만, 근육을 이완시킬 수 있으려면 근육을 짧게 수축시켜야 한다. 트레이닝을 하는 동안에 수축했다가 다시 이완해야 한다. 때로는 근육을 이렇게 수축해야 나중에 완전히 이완할 수 있는 듯하다. 트레이닝을 통해 단시간 근육을 수축하면, 그 뒤에는 종종 저절로 다시 근육이 더 길어지고 이완된다.

체력 향상

트레이닝을 하면 폐활량이 증가한다. 폐활량은 호흡할 때마다 들이마시고 내쉬는 공기의 양을 말한다. 폐활량이 증가하면 더 많은 산소를 들이마시고, 사용한 공기를 더 많이 내쉴 수 있다. 산소는 혈액순환, 심장, 피부뿐 아니라 신체의 모든 부분에 좋다. 체력 면에서도 달라진 걸 느낄 수 있을 것이다. 더 이상 숨을 가쁘게 쉬지 않고도 많은 일을 할 수 있게 될 것이며, 이로써 긍정적인 선순환이 이루어질 것이다. 더 많은 것을 할 수 있기에 더 많은 것을 하고, 이를 통해 다시금 더 많이 할 수 있게 되고….

심박수가 낮아진다

규칙적인 트레이닝을 하면 심장이 더 세게 뛰며, 그러면 혈액순환을 위해 그리 많은 심박수가 필요하지 않아 맥박이 감소한다. 이것은 아주 당연한 일이다. 트레이닝을 통해 모든 근육이 강화되기 때문이다. 심장 역시 근육일 따름이다.

자세가 개선된다

좋은 자세의 유익은 이미 광범위하게 다룬 바 있지만, 좋은 자세를 취하려면 근육의 힘이 있어야 한다. 이런 근력은 운동을 통해 키워진다. 근력이 있으면 몸에 무리를 가하지 않고 문제없이 물건들을 들어 올릴 수 있고, 아기를 안고 다닐 수 있다. 또한 중력으로 말미암아 등이 자꾸 구부러지는 것과 그 외 많은 것을 예방할 수 있다.

정서, 심지어 우울증에도 긍정적인 효과를 미친다

정서 문제와 관련해 예전에는 대화와 약물 치료에만 의존했다면, 이제는 점점 많은 연구가 규칙적인 운동과 균형 잡힌 식사가 큰 효과를 낼 수 있음을 지적하고 있다. 무엇보다 산후 스트레스, 불안 혹은 우울증에서 운동은 아주 필수적인 처방이다. 우울한 감정이 생기면 처음에는 운동할 의욕이 나지 않는다. 이해한다. 하지만 한 달간 식사와 휴식, 운동에 신경을 쓰는 것은 자기 자신에게 엄청나게 잘해주는 것이다. 아주 긍정적인 방식으로 자신의 정서 상태에 영향을 미치는 것이다. 누군가에게 BTY 프로그램을 당신과 함께해달라고 부탁하라. 정말 도움이 될 것

엄마, 나는 저러고 있어요: 출산 후, 나로 돌아가는 시간

이다. 물론 문제는 어떻게 훈련할까 하는 것이지만 말이다. 근력 훈련은 주로 호르몬에 긍정적인 영향을 미치는데, 여러 호르몬은 스트레스, 불안, 우울증의 원인으로 지목되고 있다. 그 밖에 스포츠는 잡념을 없애주어 머리를 맑게 한다.

회복 과정을 뒷받침하는 수많은 호르몬을 분비시킨다

트레이닝은 신체가 한계를 약간 넘어서도록 요구하는 것이므로 호르몬 대사에 커다란 영향을 미친다. 몸이 힘을 쓰도록 요구하면 테스토스테론이 분비된다. 테스토스테론은 근육 성장에 긍정적인 영향을 미치며, 스트레스 호르몬 코르티솔의 분비를 억제한다. 그리하여 규칙적으로 트레이닝을 하면, 간접적으로 스트레스가 감소해 기분이 좋아진다. 이것은 호르몬의 세계가 신체 발달과 감정 상태를 어떻게 연결하는지를 보여주는 좋은 예이다. 하지만 트레이닝을 한 시간 이상 너무 오래 하면 이런 효과가 역전된다. 그다음에는 신체가 코르티솔을 방출하고 테스토스테론 형성을 억제한다.

따라서 트레이닝 중 테스토스테론의 분비는 테스토스테론과 코르티솔의 비율에도 영향을 미치기 때문에 매우 중요하다. 연구에 따르면 이런 효과는 규칙적으로 운동하는 경우에만 발생하며, 간혹 한 번 혹은 몇 번 정도 트레이닝하는 것으로는 스트레스 감소 효과가 나타나지 않는다. 또한 늘 같은 방식으로 훈련하면 몸이 익숙해져서 역시나 테스토스테론을 증가시키거나 코르티솔을 저하시키는 효과가 나타나지 않는다. 그러므로 점점 난이도를 올리거나 난이도에 변화를 주어야 한다. 우리의 BTY 프로그램은 이를 감안해 규칙적으로 난이도를 높이거나 변화를 주고 있다.

트레이닝을 하면 일종의 행복 물질이라 할 수 있는 신경 전달 물질, 도파민이 분비된다. 출산 후 아직 정신이 없을 때, 추가적인 행복감을 느끼면 아주 좋을 것이다. 그럴 때 트레이닝은 특히나 유용하다. 그 밖에도 도파민은 쾌감을 선사하므로 단 음식을 절제하기가 더 쉬워지며 나아가 기억력과 성욕도 증대된다.

몸매, 피부, 오라에 긍정적인 효과

건강상의 유익은 이미 충분한데 이에 그치지 않고 트레이닝은 당신을 더 아름답고 매력적으로 만들어준다. 운동은 노화 방지 수단으로서 혈액순환을 개선해 안색을 좋게 한다. 노폐물이 땀으로 빠져나가고, 지방이 연소되어 체중이 감소한다. 자세가 개선되고, 에너지 수준이 높아진다. 그러면 이 모든 것이 오라로 풍긴다. 엉덩이는 더 탄탄하고 다리도 더 탄력 있어진다. 화장으로 강조하지 않아도 얼굴 윤곽이 또렷해진다. 많은 크림이 이런저런 효과를 약속하지만, 사실은 운동이 유일한 기적의 수단이다. 이것이 모든 문제의 해결책이며, 당신을 다시 매력적으로 만들어준다.

로런스의 팁

퍼스널 트레이너로서 나는 규칙적으로 운동하는 걸 단연 찬성한다. 하지만 때로는 힘들게 트레이닝하는 것이 안 좋을 때도 있다.

- 부상이나 상처가 있는데, 트레이닝 중 계속 악화되는 경우
- 항생제를 복용 중인 경우. 항생제는 체내 면역계에 지장을 초래하고, 집중 트레이닝을 한 뒤 신체가 더 느리게 회복되도록 한다. 그러므로 항생제 복용이 끝난 후 4일 정도 지나서 다시 운동을 시작하는 것이 좋다.
- 발열을 동반한 감염병에 걸린 경우
- 번아웃의 경우. 이 경우 당신의 몸은 굉장히 스트레스를 받고 있기에 트레이닝 스트레스까지 가중되면 스트레스가 너무 많아질 것이다.

그러나 트레이닝은 하지 못해도, 가벼운 운동은 물론 가능하며 권장한다.

① 확신을 가지고 열심히 트레이닝하라. 엄마가 되자마자, 운동에 우선순위를 두는 건 쉽지 않을 것이다. 운동할 형편이 되지 않고, 스트레스가 점점 쌓여간다. 그렇다. 하지만 건강을 유지하기 위해서는 반드시 운동해야 한다. 당신이 건강해야 가족도 더 잘 보살필 수 있다. 그러므로 "시간이 없다"라는 주장은 통하지 않는다. 시간은 만드는 것이다. 우선순위는 밖에서 오는 것이 아니라 당신 자신을 위해 스스로 정하는 것이다.

② 적절한 호흡을 하고, 결코 숨을 참지 말라. 매 운동 시에는 늘 호흡에 유의해야 한다. 숨을 참지 말고, 계속 호흡하라. 숨을 참고 힘을 줄 때마다 골반저에 강한 압력이 행사된다. 이것을 원하지는 않을 것이다.

③ 적절한 트레이닝 강도에 유의하라. 매 운동을 당신이 그것을 잘 할 수 있게끔 해야 한다. 너무 쉬우면 훈련이 되지 않고, 너무 어려우면 다른 신체 부위나 잘못된 자세로 자꾸 상쇄하려고 하게 된다.

④ 가동 범위 전체를 훈련하라. XL-동작을 훈련하라. 근육을 작은 범위에서 움직이는 건 쉽지만, 전 가동 범위로 운동할 때 근육이 최적으로 훈련된다. 잘 훈련된 근육은 완전히 이완되고 완전히 수축될 수 있다. 둘 다 잘 할 수 있다면 XL-효과로 XL-동작을 훈련하고 XL-결과를 이끌어낼 수 있다.
몸이 따라주지 않거나 어느 시점부터 특정 움직임이 불가능해서 트레이닝을 제대로 완전히 실행할 수 없을 때도 있을 것이다. 이런 경우는 가능한 정도로만 운동하고 나중에 이 운동을 다시 완전히 할 수 있도록 트레이닝하라.

⑤ 몸에 귀를 기울이라. 운동은 에너지와 인내가 필요하므로 때때로 약간 고통스럽게 느껴질 수 있다. 하지만 "무언가" 느껴지는 것과 통증 사이에는 차이가 있다. 운동하면서 결코 아픔을 느껴서는 안 된다. 진짜 아픈 경우는 몸이 너무 많이 나가고 있다는 신호다. 트레이닝이 너무 어렵든가, 아니면 트레이닝을 잘못 실행하고 있든가 둘 중 하나다. 통증이 어디에서 연유하는지 찾아내어 잘못하는 부분을 시정하라.

⑥ 똑같은 속도로 시작하고 끝내라. 트레이닝하는 내내 같은 운동 속도를 유지하라. 이런 속도는 결국 당신이 선택한 것이 아니다. 속도가 빨라지는 것은 포기의 형태다. 중력의 도움에 맡기는 것이기 때문이다. 따라서 그러지 말라.

⑦ (올바른) 자세에 유의하라. 트레이닝 중에만이 아니다. 그러므로 거울 앞에서 트레이닝하는 것이 언제나 좋은 일이다. 그렇게 하면 자세가 올바른지 계속 점검할 수 있다. 너무 힘에 부치게 하면 자꾸 자세가 망가질 수 있다. 안 좋은 일이다. 그러면 트레이닝 목표에서 빗나갈 수 있기 때문이다.

⑧ 양보다 질. 트레이닝은 적절한 템포, 완전한 가동 범위에서 적절한 강도로 해야지만 의미가 있다. 이 세 영역 중 하나를 소홀히 하면 질에 문제가 생긴다. 그리고 양보다 질이 중요하다. 때때로 열 번이 무리가 된다면 아홉 번만 하라. 자꾸 무리가 된다면, 운동 수준을 좀 낮춰서, 양과 질을 채울 수 있도록 하는 것이 더 낫다.

⑨ 배가 부른 상태에서 트레이닝하지 말라. 식사 후 몸은 음식을 소화하느라 바쁘기 때문에 트레이닝이 제대로 되지 않거나 부른 배 때문에 방해가 된다.

⑩ 트레이닝 전에 물을 마셔라. 운동하기 한 시간 전에 물을 충분히 마셔주도록 하라. 트레이닝 중에 마시면 이미 늦는다. 신체가 액체를 흡수할 시간이 필요하기 때문이다. 하지만 트레이닝 중에 물을 한 모금 마셔주는 것은 입이 마르지 않게 하는 데 도움이 된다. 하지만 입이 마른다는 것은 코호흡을 하지 않기 때문일 수도 있다.

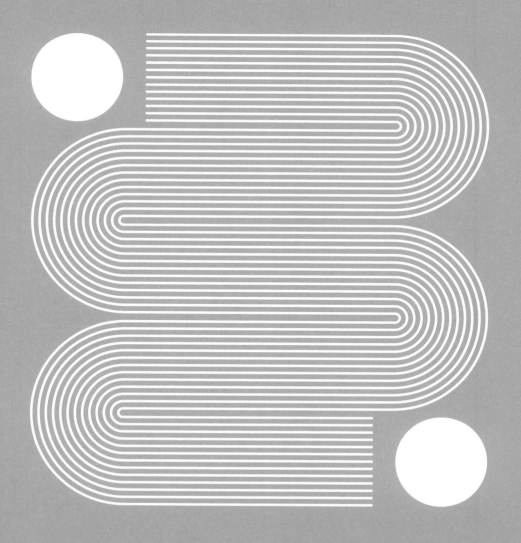

PART
3

Back-To-You:
다시 나로 돌아가는 시간

11

시작해볼까요: BTY 프로그램

이제 신체, 호르몬, 뇌, XL - 기본 요소들의 영향에 관한 모든 것을 알게 되었으므로, BTY 프로그램을 본격적으로 시작할 수 있다. 40주 사이에 당신은 완전히 회복될 것이다. 40주 사이에 당신은 임신과 출산의 후유증 없이 더 건강하고 생기 있는 모습으로 변모할 것이다!

Back-To-You 프로그램은 3단계로 구성된다

1. **Back**(0~6주) ⋯▶ 당신은 몸이 좀 축난 상태다. 이제는 좀 쉬어주고, 아기와 유대감을 형성하고, 엄마로서의 새로운 역할에 친숙해질 시간이다. 트레이닝에서 머리와 파워하우스 간의 연결에 집중하고자 한다.

2. **To**(7~24주) ⋯▶ 당신은 서서히 "보통"의 일상으로 복귀한다. 더 많이 외출하고, 더 자주 사람들을 만나고, 자기 자신을 만난다. 신체 운동에서 우리는 안정성과 이동성을 단련할 것이다. 정신적 측면에서는 내면의 자아에 초점을 맞추어 다시 "정상적인" 세계로 돌아가도록 뒷받침할 것이다.

3. **You**(25~40주) ⋯▶ 당신은 점점 더 "새로운 자아"로 거듭나고 점점 힘을

얻는다. 트레이닝하는 동안 우리는 당신의 새로운 자아에 집중해 (심신이) 더 건강하고 힘 있고, 더 나아지게끔 하고자 한다. 당신은 새로운 자신이 될 것이다! 혹은 더 나은 자신이 될지도 모른다.

각 단계에 포함되는 내용

- 실용적인 것: 현재 단계에 대한 유용한 정보
- 당신의 몸과 감정에 대한 세계 최고 전문가들의 방법과 팁
- 개인 훈련 프로그램: BTY 블록들
  - 완벽한 운동(개인적으로 자기 몸에 맞추어서)
  - XL – 기본 요소에 대한 연습, 도전 과제, 팁
  - 일지(진보를 추적해보라. 와!)
- 각각의 단계는 3주간 지속된다. 한 블록의 첫 트레이닝은 이 프로그램을 자신의 신체에 최적으로 맞추는 법을 배우는 셀프테스트다. 산후 회복에서 중요한 것은 일괄적으로 누구에게나 맞는 방법은 없다는 사실이다.

각각의 BTY 연습은

- 우리가 무엇을 언제, 왜 하는지 설명해준다.
- 매주 연습에 대해 설명과 그림으로 조망을 제공하려고 한다. 단순화된 사람 모양 그림이 알아보기 쉽게 운동을 제시해줄 것이다. 라이브로 실제 동작을 보는 게 더 나은가? 그렇다면 BTY 앱을 통해 동영상을 보면 트레이닝에 도움이 될 것이다.
- 아기를 키우는 엄마에게 안성맞춤으로 되어 있다. 빠르고 효과적이며 특별한 BTY 특성으로 가득하다.
  - XL – 운동과 골반저 근육과 나머지 파워하우스에 대한 적절한 압력 분산을 고려한다.
  - XL – 호흡: 트레이닝을 적절히 준비시킨다.

- 활성화와 이완: 제한하는 근육 매듭과 수축된 근육을 다루는 방법

- BTY 케겔 운동과 트리거 포인트 풀어주기: 문제는 바이바이! 즐거움은 환영!

- 심신을 안정시키는 많은 운동은 마음 챙김 효과도 선사한다.

각 XL- 기본 요소는 다음으로 구성된다.

- 즐거움을 주며, 건강, 외모, 회복에 정말 좋은 도전과 운동

- 모든 조언과 트레이닝을 전부 따라 할 필요는 없다. 훑어보고 매력적으로 느껴지고 자신에게 맞다고 생각되는 것 몇 가지를 골라보라. 한 가지 확실한 것은 삶의 방식을 조금만 바꿔도 종종 굉장한 유익이 된다는 것이다.

다음과 같이 하면 BTY 프로그램을 최대한 활용할 수 있다

146쪽부터 효과를 극대화하는 데 도움이 되는 기본 원칙과 기술이 실려 있다. 이로써 큰 차이를 만들어 낼 수 있을 것이다.

- 트레이닝을 할 때는 늘 좋은 자세를 취한다. 그렇게 하면 된다.

- 근육을 풀어주고 활성화하면 신체에 놀라운 효과가 나타나며 즉각적인 개선이 이루어진다.

- 골반저를 위한 BTY 케겔 운동: 언제 어디서든 할 수 있으며 골반저를 튼튼하게 해준다.

새로운 블록의 첫 트레이닝

3주간의 BTY 블록 동안 당신은 같은 트레이닝을 한다. 그렇게 근육은 각각의 자세를 정확하게 취하는 것을 배울 수 있으며, 근육 그룹이 튼튼하고 힘 있어지며 안정된다.

3주 동안 같은 운동을 하므로 어느 순간 더 이상 생각하지 않고도 트레이닝을 쉽게 내리 할 수 있다. 3주는 신체가 그 운동에 물리지 않으면서 연습에 익숙해지기에 적절한 기간이다.

운동이 자동으로 술술 될 수 있기 전에 각 블록의 첫 트레이닝에서 셀프테스트를 해야 한다. 시간과 노력이 들지만 이런 첫 셀프테스트가 정말로 차이를 만들어낸다. 자신의 실제 수준을 가늠하고 무엇보다 신체의 막힌 부분을 찾고 풀어주는 데 굉장히 도움이 될 것이다.

주의

- Back 단계에는 셀프테스트가 필요 없다. 이 단계의 트레이닝들은 아주 부드럽고 모든 여성에게 알맞다.

셀프테스트 동안에(새로운 블록의 첫 트레이닝) 다음이 결정된다.

- 출발 수준이 어떠한지
- 활성화하거나 풀어주어야 할 근육이 있는지, 그것이 어떤 근육인지
- 자세의 어떤 부분에 유의해야 하는지

1단계: BTY 앱을 열고 해당 블록의 첫 번째 연습을 하라.

2단계: 트레이닝 중 자신의 동영상을 찍어보라. 자신을 관찰하면 어떤 부분에서 잘못하고 있는지 더 잘 알 수 있다. 몇 번 반복한 뒤 90도로 회전하면서 앞과 옆에서 동영상을 찍어보라.

3단계: 1 레벨 첫 번째 운동 혹은 이 운동을 마지막으로 했을 때 도달한 레벨의 첫 번째 운동을 하라. 자신의 동영상을 보며 다음 질문을 해보라.

중립적인 자세를 유지했는가?   **아니요**   연습에서 중립적인 자세가 되지 않았던 신체 부위에 화살표를 그려보라. 그 뒤에 한 레벨 낮게 혹은 레벨 1이라고 표시하라.

예

전체의 운동을 강도 높게 혹은 크게(완전한 가동범위로) 할 수 있었는가?   **아니요**   연습에서 어떤 풀어주기 기호가 있는지 보라. 그리고 근육을 풀어주라(156쪽 참조). 다시 한 번 테스트 해보라.

예   **예**   운동을 이제 완전히 실행할 수 있는가?   **아니요**   그러면 레벨을 한 단계 낮추어 표시하거나 레벨 1이라고 표시하라.

신체가 안정감을 유지하는가(흔들리거나 꺾이지 않는가)?   **아니요**   어떤 활성화 표시가 이 연습에 있는지를 보고, 이런 근육을 활성화하고자 해보라(154쪽 참조).

예   **예**   이제 안정되고, 신체를 통제하는가?   **아니요**   그렇다면 레벨을 한 단계 낮추어 표시하거나, 출발 수준인 레벨 1이라고 표시하라.

운동 속도를 유지할 수 있었는가(갑자기 약간 더 빠르게 혹은 느리게 운동했는가)?   **아니요**   연습에 운동 속도를 메모하라.

예

시간이나 반복을 견딜 수 있는가?   **아니요**   그렇다면 레벨을 한 단계 낮추어 표시하거나 출발 수준인 레벨 1이라고 표시하라.

예

5단계로 가라.

4단계: 앞의 다섯 가지 질문에 모두 "예"라는 대답을 할 수 있었는가? 그렇다면 한 단계 레벨을 높여 다시 한 번 테스트하고, 다시금 같은 질문을 던져보라.

5단계: 레벨 2에서 잘할 수 있었던 모든 트레이닝을 다음 레벨 3으로 일지에 메모하라.

6단계: 셀프테스트를 통해 이미 이 블록의 트레이닝을 알게 되었다. 몇 주간 함께 할 수 있도록 그 모든 트레이닝을 트레이닝 계획에 포함했는지 점검해보라.

7단계: 연습 쪽에 테스트 결과를 적어라.
적어야 할 정보들은 다음과 같다.
- 각 운동의 시작 수준
- 우선 활성화해야 하는지, 풀어주어야 하는지, 둘 다 해야 하는지
- 어떤 운동에서 어떤 부분의 자세에 주의해야 하는지. 이를 위해 사람 모양 그림에 해당하는 부위에 간단하게 화살표를 표시하면 된다.
- 특정 트레이닝 중 운동 속도에 유의해야 하는지
- 트레이닝에 추가해 매일 근육을 활성화하거나 풀어주거나 스트레칭해주어야 하는지 또는 일단 근육이 기능하게 만들어야 하는지(이것은 아직 잘하지 못하는 트레이닝에서 근육을 활성화하는 것이 좋은지 풀어주는 것이 좋은지를 보기 위해 하는 셀프테스트에서 드러난다)

해당 블록의 "시작 조건"도 기입하고, 언젠가 "전"과 "후"의 차이를 자신의 눈으로 볼 수 있도록 사진을 찍어보라(344쪽 참조).

일정 및 우선순위 목록

매일

1. **BTY 케겔 운동.** 그냥 내리 하면 1분도 걸리지 않는다! 이 운동은 아랫부분의 모든 불편을 예방하고, 성생활에 더 즐거움을 선사한다. 하루 세 번 케겔 운동을 해보라.

2. 셀프테스트를 통해 특정 근육을 활성화하거나 이완 혹은 풀어주어야 한다는 걸 알았는가? 그렇다면 다음번 해당 트레이닝을 실행하기 전에 그렇게 해주라. 운동하지 않는 날에도 그렇게 해주도록 하라. 그러면 경직을 막고, 장기적으로 근육을 활성화/이완할 수 있다. 셀프테스트를 하는 동안 특정 근육 그룹과 관련해 그 근육들이 다시금 수축과 이완을 잘 할 수 있도록 당신이 무엇을 할 수 있는지 읽게 될 것이다. 트레이닝들을 며칠간 하여 하늘과 땅만큼의 차이를 경험해 보라.

일주일에 세 번

당신의 연습들. 연습을 달력에 기록하고 일정을 계획하고, 절대적으로 우선순위에 놓아라. 당신과 당신의 몸은 이런 대접을 받을 자격이 있다.

무엇이, 언제 당신에게 맞을까

XL-기본 요소에 대한 조언과 과제를 읽어보라. 작은 것들이지만 커다란 차이를 만들 수 있다. 3주간 테스트해보라. 3주 정도면 당신에게 맞는지, 마음에 드는지, 이미 효과가 느껴지는지를 가늠하기에 충분한 시간이다.

최근에 출산했든, 몇 년 전에 출산했든

BTY 프로그램은 모든 여성에게 적합하다. Back 단계에서는 출산한 지 얼마 안 되었더라도 전혀 문제가 없이 모든 운동을 할 수 있다. 복직근이개가 꽤 심해도, 탈출증이나 제왕절개 흉터가 있어도 상관없다. 운동은 안전하지만 그럼에도 늘 몸의 소리에 귀를 기울이라. 뭔가 느껴지는 건 괜찮지만 통증이 있어서는 안 된다.

출산한 지 6주가 넘었다면 블록 1을 건너뛰고 블록 2를 3주가 아닌 1주일 만에 완주할 수 있다. 그러면 일주일만에 이미 To 단계로 들어가게 된다. 갓 출산한 산모라면 의사나 조산사가 회복 프로그램을 시작해도 된다는 허락이 있은 다음에야 두 번째 To 단계를 시작해야 할 것이다. 이것은 보통 산후 6주 정도에 해야 하는 프로그램이다.

셀프테스트 다음의 트레이닝

새 블록의 첫 트레이닝에서는 우선 셀프테스트를 해보아야 한다. 그다음에 트레이닝을 시작할 수 있다!

- BTY 앱을 열고 이 블록의 첫 연습을 따라 해보라.
  - 셀프테스트를 해보니 근육을 풀어주거나 활성화해주는 것이 좋겠다는 걸 깨달았는가? 그렇다면 해당 순간에 동영상을 중단하고, 근육을 풀어주거나 활성화하라. 그 뒤에 계속 동영상을 재생하고 트레이닝을 시작할 수 있다.
- 시작 레벨에서 트레이닝을 실행하라. 그러나 그 트레이닝을 한 레벨 위에서 하는 것이 가능하다면 레벨을 높이라!
- 늘, 정말로 언제나 자세와 호흡에 유의하라.

- 운동을 너무 빠르게 실행하지 말라. 결국 힘을 중력이나 높이 뛰기에서 얻으려는 것이 아니라, 순수하게 집중적인 근육 운동에서 얻고자 하는 것이니 말이다.
- 운동을 느낄 수 있지만, 통증을 느껴서는 안 된다. 아픈가? 그렇다면 운동을 중단해야 한다. 운동으로 인한 것이 아닌 늘 느끼는 통증인지, 운동으로 인한 것인지를 분별해야 한다. 의사나 물리 치료사에게 증상을 설명하라. 통증을 느끼는 일은 없어야 하고, 통증이 운동으로 말미암아 더 악화되어서는 안 된다.

결과(몇 주 지나지 않아 느끼는 결과)

몇 주 지나지 않아 실제로 이미 변화를 감지할 것이다. 복부 근육이 서로 더 밀착하게 되고, 골반저가 더 강해지고, 당신은 더 쌩쌩하고, 전반적으로 체력이 더 좋아질 것이다. 일지에 점차 나아지는 상황을 기록하라. 그러면 늘 들추어 보며 나아지고 있음에 놀랄 것이다. 기뻐하고 자랑스러워하라!

언제 다시 예전으로 돌아갈까?

운동하고 건강한 생활방식에 계속 신경을 쓰라. 트레이닝과 XL-기본 요소는 신체, 외모, 정신 및 호르몬에 막대한 영향을 미친다. 건강한 생활 방식을 구사하면 약을 덜 먹어도 되고, 정서적으로도 더 안정되는 등 여러모로 유익하다.

언젠가는 다시 예전으로 돌아갈 것이다. 호르몬은 다시금 균형을 되찾고, 근육이 회복되고, 더 힘이 생긴다. 언제 그렇게 될지는 여러 요인에 따라 달라진다. 건강한 식생활을 하고, 충분한 수면과 휴식을 취하는지, 자세가 좋은지, 스트레스를 많이 받거나 적게 받는지, 골반저 운동이 잘 되고 있는지, 트레이닝을 계속해낼 수 있는지, 그리고 또 다른 많은 요인에 따라서 말이다. 어떤 사람들은 회복이 더 빠르고, 어떤 사람들은 더 느리다. 같은 사람이라도 지난 임신과 이번 임신이 다르다. 어떤 경우는 9개월 정도 지나면 예전으로 돌아온 것처럼 느껴지고, 어떤 경우는 1년 혹은 2년이 걸리기도 한다. 이를 받아들이고, 할 수 있는 만큼만 하라. 더 이상은 불가능하다.

다시 자신으로 돌아가기까지 BTY 프로그램을 꾸준히 실행하라.

12

근육을 활성화하고, 이완하고, 풀어주기

주의하라. 당신이 지금 읽는 내용은 당신의 몸에 어마어마한 영향을 미칠 수 있다! 늘 느끼는 통증이 있는가? 허리가 아파서 특정 동작을 하는 것이 불가능한가? 목이 곧잘 경직되고 뻣뻣한가? 또는 무릎이 완전히 안 구부려지는 느낌인가? 이 모든 것과 다른 많은 불편 증상은 근육에 관심을 가지고 관리해줌으로써 간단하게 치료할 수 있을 때가 많다. 그러기 위해서는 근육을 활성화하고, 풀어준 뒤 스트레칭하거나 우선 제 기능을 할 수 있도록 해야 한다.

> "근육이 제 기능을 하게 한다"라는 것은 근육을 조절하여 근육이 해야 할 일을 하도록 하는 것을 의미한다.

근육을 관리하는 것은 다음을 위한 가장 좋은 방법이다.

- 통증을 완화하거나 제거하기 위해
- 지장 없이 모든 동작을 실행하기 위해
- 근육의 기능을 개선하기 위해
- 신속하고 양질의 회복을 위해

근육 때문에 움직임이 제한될 때

근육이 움직임을 만들어낸다. 그런데 근육이 제한적으로 일하면(근육이 너무 짧거나 관절낭이나 인대가 너무 짧거나 경직되어 있으면) 제대로 움직일 수가 없다. 달리 말하면 전체 가동 범위가 제한된다. 이 경우 움직임을 제대로 실행할 수 없거나 무의식적으로 운동을 하지 못하는 부위를 다른 부위가 대신한다(대상작용). 그런데 대상작용은 또 다른 문제를 유발할 수 있다. 그리고 제한된 근육의 또 하나의 단점은 근육이 너무 강하게 수축해 있으면 반대쪽 근육이 길어진다는 것이다. 두 근육 모두 더 이상 제 기능을 하지 못하는 것이다. 근육의 형편이 이러하면 트레이닝의 효과도 그다지 기대할 수 없다. 트레이닝을 이미 시작했는데도 여전히 문제가 있다면 물리 치료를 받아라.

근육은 다음과 같은 경우 최적으로 기능한다
- 완전히 이완된 상태에서 완전한 수축된 상태까지 전체 가동 범위에 지장이 없을 때
- 경직되어 있지 않을 때. 그도 그럴 것이 온종일 수축을 거듭해야 한다.
- 제 기능을 하지 못할 정도로 늘어져 있지 않을 때
- 머리와 근육 간의 연결이 지장 없이 기능할 때

활성화와 풀어주기가 기적을 일으킨다

근육이 필요로 하는 것을 정확히 제공하고, 스스로 쉽게 활용할 수 있는 매우 간단한 방법이 있다.

1단계: 어떤 근육이 제한되어 있는지 확인하라.

2단계: 다음 사항을 확인하라.

• 근육을 쓰지 않는가 …▸ 그렇다면 활성화해주어야 한다.

• 근육이 뭉쳐 있는가(경직) …▸ 그렇다면 매듭을 풀어주어야 한다(이어 규칙적인 스트레
칭으로 근육이 제 기능을 하도록 해야 한다).

3단계: 계속해서 활성화와 이완, 스트레칭으로 근육을 관리한다.

1단계: 어떤 근육이 제한되어 있는지 확인하라

각 3주간의 트레이닝 블록은 셀프테스트로 시작된다. 새로운 블록에서 운동을
처음 시작할 때 개인의 회복 정도를 알아보기 위해 여러 가지를 시도해보라. 우
리는 연습에서 어떤 근육을 쓰는지를 알기에 이런 근육이 얼마나 제한되어 있을
수 있는지도 안다. 그러므로 근육을 우선 활성화하고, 풀어주고 혹은 스트레칭하
면서 해당 연습이 수월하게 되는지 점검해보라. 연습 옆의 기호들이 도움이 될 것
이다.

2단계: 활성화와 풀어주기

근육이 (더 이상) 요구에 부응하지 않을 때

동작을 제대로 실행할 수 없다면, 근육을 활성화해보라. 근육이 반응하지 않고
특정 시점에서 요구하는 것을 더 이상 할 수 없는 듯한가. 더 이상 말을 듣지 않는
느낌인가. 주저 앉거나 무릎이 안쪽으로 떨어지거나, 비틀거리거나, 더 이상 무릎
을 끝까지 굽힐 수 없거나, 통제할 수 있는 범위가 줄어드는 것 같은가. 간단히 말
해 가동 범위를 다 쓰지 못하고 움직임이 점점 작아진다면 근육을 활성화해주는
것이 좋다. 활성화해준 뒤에도 여전히 근육을 적절히 조절할 수 없다면 근육이 너
무 약한 것이고, 더 트레이닝을 해주어야 한다.

154쪽에 근육을 활성화하는 법이 실려 있다.

특정 시점에 통증을 느끼거나 경직으로 움직임이 제한되는 경우: 풀어주기

동작 중 어딘가가 당기거나 통증이 느껴진다면 폼롤러로 근육을 풀어주는 것이 좋다. 때때로 근육이 뭉쳐서 지장을 초래할 수 있다.

때에 따라 근육 매듭은 아프지 않을 수도 있지만, 이 지점에서 막혀 더 이상 나갈 수 없음을 느낄 것이다. 근육이 더 이상 늘어날 수 없기 때문이다. 즉 이 지점에서 경직되어 있는 것이다. 이 역시 근육 매듭으로 말미암은 것으로 폼롤러로 이를 풀어줄 수 있다.

근육도 활동 과잉 상태가 될 수 있다. 특정 근육을 계속해서 사용하면 움츠러들고 짧아지며 굳은 느낌이 난다. 경직된 근육도 롤러로 풀어주는 것이 좋다. 경직된 근육은 마음대로 움직이지 않을 뿐 아니라, 부상의 원인이 될 수도 있다.

156쪽에 폼롤러로 근육을 풀어주는 법을 소개했다.

3단계: 효과를 지속하기

근육을 활성화하거나 풀어주면 즉시 효과가 느껴질 것이다! 아픔이 줄어들거나 사라지고, 할 수 없었던 동작을 할 수 있을 것이며, 더 편안한 느낌이 날 것이다. 그러므로 이런 효과를 오래 유지하고 싶을 것이다.

활성화나 풀어주기를 일종의 응급 처치로 보라. 추후에 계속 스트레칭하고 근육을 써주어야 한다. 그러면 효과가 지속된다.

활성화: 풀어준 뒤에는 언제나

풀어주고 나면 근육의 안정성이 약간 줄어들 수 있다. 그러므로 풀어준 뒤에는 곧장 활성화를 해 다시 안정되도록 해주어야 한다. 안정성 없는 가동성은 부상으로 이어지기 쉽다. 풀어주기를 통해 근육이 이완되어 있어 움직일 수 있으려면 다시 "깨워줘야" 한다고 생각하라(154쪽 참조).

제 기능을 하게 하기: 활성화 직후 그리고 온종일

활성화 또는 풀어주기 뒤에는 늘 근육이 잊지 않도록 하루종일 근육이 무엇을 해야 하는지를 상기시키는 것이 좋다. 전에 할 수 없었던 동작을 실행하라. 단, 잠시만 그렇게 하라. 다시 안 되는 경우에는 첫 단계를 되풀이해야 한다. 어느 때가 되면 이런 반복이 필요가 없거나 드물게만 반복해도 될 것이다.

근육은 기억력 비스름한 것을 가지고 있다. 그래서 때가 되면 근육이 다시 동작을 잘 실행하고, 제한되지 않을 것이다. 가령 엉덩이 근이 짧아져 스쿼트를 충분히 깊게 하지 못했다고 해보자. 이제 이런 근육을 풀어주면 그 뒤에는 스쿼트를 잘할 수 있다. 이 경우, 하루종일 잠시 잠시 계속해서 스쿼트를 해주는 것이 중요하다. 무릎을 깊이 구부려 주면서 엉덩이 근육이 가장 낮은 위치에서 스트레칭 되게끔 상기시킨다.

스트레칭: 하루 종일 규칙적으로

롤링을 통해 근육이 풀어지면, 물론 그 상태를 유지하기를 바랄 것이다. 풀어진 근육은 이완되어 길어졌다. 근육이 얼마나 길게 이완될 수 있는가를 잊지 않도록 하루에 여러 번 스트레칭해 근육의 기억을 상기시켜주라.

근육 활성화하기: 이렇게 하라!
....

특별한 활성화로 근육을 깨우면 근육을 더 잘 통제할 수 있다. 이를 통해 뇌와 근육 사이의 연결이 좋아지기라도 하는 것처럼 말이다. 어렵게 들리지만, 이것은 비활동 근육을 인지하는 것으로 충분하다. 이어 손으로 15~20초 동안 두드리고 문지르고, 원을 그리며 마사지하거나, 가볍게 때리면서 근육을 깨우라.

근육 활성화하기

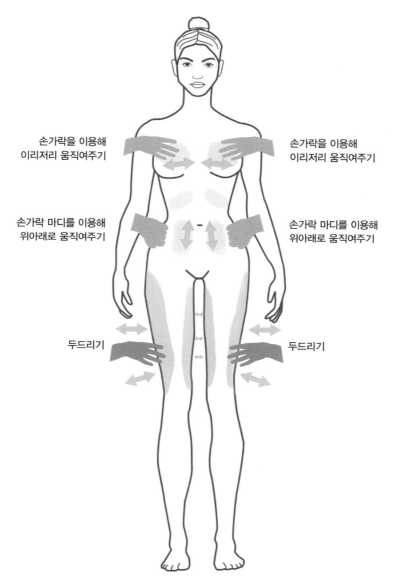

손가락을 이용해
이리저리 움직여주기

손가락을 이용해
이리저리 움직여주기

손가락 마디를 이용해
위아래로 움직여주기

손가락 마디를 이용해
위아래로 움직여주기

두드리기

두드리기

근육이 제 기능을 하도록 하면서, 즉 근육을 사용하면서 활성화를 마무리하라.

롤러로 풀어주기: 이렇게 하라!

근육을 풀기 위해서는 폼롤러라고도 부르는 마사지용 롤러나 작고 단단한 공이 필요하다.

넓은 부위는 폼롤러로 풀어줄 수 있다. 가벼운 압력으로 폼롤러 위에서 근육을 앞뒤로 롤링해주라. 어떤 근육을 마사지하느냐에 따라 롤러를 바닥에 놓고 해도 되고, 벽에 대고 해도 된다. 가령 2센티미터 앞으로 롤링했다가 1센티미터 뒤로 롤링해보라. 통증점을 찾았는가? 계속해서 가벼운 압력을 가하면서 잠시 이 지점에 멈추라. 파워하우스에 불필요한 압력이 가해지지 않도록 계속 숨을 쉬어주는 것을 잊지 말라. 롤링 후 즉시 근육이 이완되는 것이 느껴질 것이다.

단단한 공은 추가적인 압력을 가해야 하는 더 작은 부위에 사용한다. 또는 가령 목 같은 부분을 더 깊이 마사지하고자 하는데 폼롤러로 하기에는 롤러가 너무 커서 불편할 때 사용한다. 특별히 뭉친 부분을 없애고 싶다면, 그 지점을 굴릴 수 있도록 공을 놓아라. 누워서 하지 않고 벽에 대고 공으로 근육을 마사지하는 것이 더 편할 수도 있다. 그럴 때는 몸을 약간 위아래로 움직여주면서 신체에 압력을 준다. 목을 마사지할 때, 목과 벽 사이에 공을 끼우면 머리가 방해될 것이다. 이런 경우는 공이 정확히 목의 통증 지점에 오도록 공과 벽 사이에 폼블록을 끼우면 좋을 것이다.

롤링으로 풀어주는 것은 림프 순환도 활성화해 노폐물을 배출시킨다. 신체가 이러한 노폐물을 내보낼 수 있도록 물을 충분히 마셔라.

주의

- 너무 자주 또는 너무 세게 롤링하는 것은 좋지 않다. 상처가 나거나 근육이 손상될 수 있어서다. 너무 자주 롤링할 필요가 없도록 롤링한 뒤에 늘 스트레칭을 하고 근육을 사용하는 것이 중요하다. 온종일, 다음 날들도 그렇게 하라.

스트레칭: 이렇게 하라!

근육을 풀어준 다음에는 근육이 길고 이완된 상태를 유지하도록 해야 한다. 그래서 스트레칭이 필요하다. 스트레칭은 언제 어디서나 할 수 있고, 꾸준히 하면 문제를 예방할 수 있다. 사실 스트레칭의 원리는 아주 간단하다. 각각의 근육에서 당김이 느껴지도록 몸을 움직이면서 최대치로 스트레칭할 수 있을 때까지 천천히 돌려주거나 위아래 또는 앞뒤로 움직이라. 늘 20초간 스트레칭하라. 이 시간이 이완을 위해 근육이 필요로 하는 시간이기 때문이다.

BTY 프로그램 중에 다리를 스트레칭하면 또 다른 이점이 있다. 다리 안쪽 근육은 골반저와 연결되어 있다. 그리하여 그 근육을 잘 스트레칭하지 않으면, 골반저를 제대로 활성화할 수 없다. 그 밖에 골반저와 연결된 다리 근육이 긴장되어 있으면 골반저를 제대로 트레이닝할 수 없게 만들기도 한다.

복직근이개 혹은 제왕절개? 그렇다면 복직근을 스트레칭해서는 안 된다!
복직근이개가 심하거나 제왕절개 흉터가 있을 때는 완전히 회복될 때까지 스트레칭을 과하게 해서는 안 된다! 이런 경우는 수직, 즉 길게 늘려주는 스트레칭을 해주어야 하고, 복부 운동을 할 때 뒤로 몸을 기대어서는 안 된다.

제 기능을 하게 하기: 이렇게 하라!

활성화하거나 롤링(경우에 따라 스트레칭)을 한 뒤에 근육이 늘어나고, 길어진 형태로 어떤 것들을 할 수 있는지 보여주어야 한다. 그래야 근육이 더 이상 가능한 동작을 잊지 않는다. 이를 "기능 불러오기"라고 한다. 셀프테스트에서 문제가 있는 것으로 나타난 포지션으로 가서 연습을 실행하고, 최대로 바깥 지점에서 근육을 유지한다. 스트레칭을 할 때처럼 위아래로 움직이지 말고 근육을 고정된 위치에서 잡고 있으라. 근육에게 무엇을 해야 하는지를 보여주라! 근육이 익숙해질 때까지 이 과정을 온종일 틈날 때마다 반복하고, 다음 날들에도 그렇게 하라.

로런스의 팁

활성화, 이완, 스트레칭, 제 기능을 하게 하기의 요령을 익히고 나면 어찌해서 이런 좋은 것을 이제야 배우는지 의아한 생각이 들 것이다. 나와 함께 훈련하는 사람들을 보며 이런 방법이 얼마나 유익한지를 깨달았다! 한 여성은 3분 만에 다시 골반을 자유로이 기울일 수 있었고, 처음으로 요통을 느끼지 않고 편안하게 잠잘 수 있었다. 또 한 사람은 지속적인 목 통증이 있어 이미 여러 물리 치료사를 전전했지만, 나아지지 않았다. 그러다가 <u>스스로 활성화와 풀어주기를 할 수 있게 되면서 통증이 사라졌다.</u>

능숙해지려면 약간의 노력을 해야겠지만, 정말 도움이 될 것이다. 이런 기법들에 숙달되면 다른 사람의 뭉친 근육을 풀어주는 데도 도움을 줄 수 있을 것이다. 차츰 섬세한 감을 갖게 될 것이며, 뭔가를 느낄 때 신체가 필요한 것을 점점 더 잘 이해하게 될 것이다.

물론 종국에는 근육이 더 이상 활성화와 풀어주기라는 특별한 관심 없이도 자연스럽게 제 기능을 할 수 있도록 해야 한다. 트레이닝을 통해 그렇게 될 수 있다. 근육이 더 안정되고 혈액순환이 더 잘될 것이다.

13

매일의 골반저 운동

BTY 프로그램 동안 전체 파워하우스가 트레이닝되고 파워하우스 안의 압력 분포가 고르게 된다. 연습은 조금씩 더 어려워지므로, 당신은 한 걸음 한 걸음 파워하우스와 그로써 골반저근을 더 잘 컨트롤할 수 있을 것이다. 하지만 이 근육들은 일주일에 세 번 이상 트레이닝해주어야 한다. 매일의 BTY 케겔 운동으로 그렇게 할 수 있을 것이다.

골반저, 이렇게 강화하라

BTY 훈련은 서서히 이루어진다. Back 단계에서는 뇌와 골반저 간의 연결을 만드는 데 주안점을 둘 것이다. To 단계에서는 골반저 근육 강화에 집중하고, You 단계에서는 모든 상황에서, 심지어 트램펄린 위에서도 골반저를 적절히 사용하는 법을 배울 것이다. 이렇게 해나가고, 프로그램을 장기간 진행하다 보면(골반저 회복은 몇 주 만에 빠르게 이루어지지 않는다) 골반저는 다시 강해질 것이며, (훗날의) 요실금을 예방할 수 있고, 통증이나 압박을 느끼는 등의 불편 증상이 치료되고, 섹스에 대한 욕구도 올라갈 것이다. 따라서 골반저근을 하루에 여러 번 트레이닝할 충분한 이유가 있는 것이다.

이제 가장 좋은 점은 따로 시간을 내어 계획하지 않아도
언제 어디서나 트레이닝할 수 있다는 점이다.

골반저 근육: 골반저근은 어디에 있고, 어떤 느낌이 나며 어떻게 생겼을까?

근육을 훈련하려면 먼저 수축할 때와 이완할 때의 느낌을 알아야 한다. 이 근육의 경우 그것은 쉽지 않다. 그러므로 여기서 맨 첫 단계는 골반저를 찾는 것이다. 아래 팁 중 하나를 고르거나 팁 모두를 시도해보라.

연습을 하기 전에 방광이 비어 있게끔 하라. 방광이 가득 차 있으면 자꾸 소변이 보고 싶어 방해될 수 있다. 그 밖에 방광이 비어 있으면 이완에 도움이 되고, 그로써 골반저근을 느끼는 데도 도움이 된다.

1. 소변을 볼 때 골반저를 느껴보라. 소변을 반쯤 본 뒤 잠시 중단해보라. 이를 위해 사용하는 근육이 바로 골반저 근육이다. 하지만 소변을 누다가 중단하는 것은 그리 좋지 않으므로 이런 행동을 자주하면 안 된다. 골반저 근육을 느끼기 위해 한 번 정도 그렇게 하는 것은 나쁘지 않지만, 습관적으로 소변을 누다가 중간에 멈추어서는 안 된다. 그리고 한번 멈춘 뒤에는 마저 소변을 다 봐서 방광을 완전히 비워주어야 한다!

2. 골반저로 손가락을 감싸 안아 보아라. 질 입구에 깨끗한 손가락을 끼운 뒤 질에 살짝 힘을 주어 질이 손가락을 조이도록 해보라. 이때 필요한 근육이 바로 골반저 근이다.

3. 파트너 또는 딜도를 통한 트레이닝. 다시 삽입섹스를 하고 있는가? 그렇다면 골반저근으로 페니스나 딜도를 "잡아"보라. 그렇게 골반저를 찾을 수 있고, 그렇게 하면서 약간의 즐거움을 얻을 수 있다. 하지만 수축하고 이완해주도록 하라! 계속 잡고 있는 것은 바람직하지 않다.

4. 호흡과 더불어 딜도가 들어갔다 나왔다 하는 것을 느껴보라. 약 5센티미터 깊이로 딜도를 삽입한 뒤, 아주 의식해서 숨을 들이쉬고 내쉬어보라. 골반저와 호흡이 잘 연결되어 있다면, 근육이 호흡에 어떻게 반응하는지가 느껴질 것이다. 숨을 들이쉴 때는 골반저 근육으로 말미암아 딜도가 바깥쪽으로 밀려나고 숨을 내쉴 때는 안쪽으로 당겨진다. 이 연습을 몇 번 하면 호흡과 골반저 간의 연결을 더 잘 의식할 수 있다.

5. 골반저를 눈으로 확인하라. 특히 시각 지향적인 여성은 골반저의 기능을 이해하기 위해 골반저를 살펴보아야 할 것이다. 등과 머리에 몇 개의 쿠션을 받치고 누워 손거울을 통해 다리 사이가 보이도록 해보라. 그다음 골반저 근육을 조여보라. 질이 더 닫히고, 항문이 더 조여지며, 회음부(질과 항문 사이의 영역)가 약간 위로 밀려나는 것이 보이면, 골반저 근육을 발견한 것이다.

6. 아직 손으로 느껴보거나 눈으로 확인할 엄두가 안 나는가? 그렇다면 풍선을 불어보라. 풍선을 불면 골반저 근육이 어디에 있고, 호흡과 어떻게 연결되는지 단박에 느낄 수 있다. 하지만 풍선 불기는 골반저 근육을 한번 느껴보려고 하는 것일 뿐, 매일 반복하라는 것이 아니다. 풍선을 불 때 근육에 많은 힘이 가해지기 때문이다. 조용히 앉아서 발을 바닥에 대고 회음부에 집중하라. 이어 풍선을 불되, 풍선이 약간 커진 것이 보이고, 약간의 저항을 느낄 때까지만 불라. 모든 것을 제대로 하고 있다면, 풍선을 불려고 숨을 들이마실 때 회음부가 골반저근에 의해 약간 아래로 밀려나는 것이 느껴질 것이다. 그리고 풍선을 불고자 숨을 내쉴 때 다시 위로 올라올 것이다. 이제 풍선 없이 이런 연습을 해보라.

이런 팁들로도 골반저 근육을 찾는 것이 어려운가? 그렇다면 골반저 전문의에게 가보라. 골반저 연습은 정말 좋은 효과가 있지만, 잘못 실행하면 역효과가 날 수도 있다.

매일 하는 BTY 케겔 운동

BTY 케겔 운동은 평생 하루 세 번 실시해야 하는 기본 운동이다. 표준 케겔 운동은 이 운동을 고안한 아놀드 H. 케겔 박사의 이름을 따서 그렇게 불리는데, BTY 케겔 운동은 이를 약간 변형한 것이다. 원래의 케겔 운동은 골반근을 조이고 이완하는 것으로 이루어진다. BTY 프로그램에서는 기본 케벨 운동과 부드러운 마사지를 통한 림프계 활성화와 호흡을 결합했다. 마사지가 골반저 림프 펌프를 추가로 활성화해줄 것이다.

Back 단계에서의 BTY 케겔 운동

케겔 운동을 올바르게 하려면 우선 골반저와 잘 연결되어 있어야 한다. 그렇게 함으로써 골반저만 트레이닝하는 대신 주변의 다른 근육 그룹까지 수축하는 것을 막을 수 있다. 의식적으로 실행하는 것이 중요하다. 그것이 차이를 만든다!

따라서 첫 몇 주간은 BTY 케겔 운동을 하는 데 약간의 추가 시간이 들어가지만, To와 You 단계로 들어가면 더 이상 연결 연습 필요 없이 그냥 있는 자리에서 쉽게 BTY 케겔 운동을 할 수 있다.

1단계: BTY 케겔 운동을 위한 워밍업

1 편안하게 앉거나 눕거나 서서 중립 자세를 취하라.

2 눈을 감고 당신의 파워하우스가 풍선이라고 상상하라. 조용히 고르게 숨을 들이쉴 때 이 풍선이 커지고, 숨을 내쉴 때 풍선이 작아지는 걸 느껴보라 (XL-호흡, 124쪽 참조).

3 풍선 안의 압력 변화를 느껴보라. 복부 근육, 등 근육, 골반저 근육과 횡격막에서의 압력 분포가 느껴지는가? 갈비뼈 사이와 배 속의 풍선이 서서히 커졌다가 다시 작아지는 게 느껴지는가?

2단계: BTY 케겔 운동

① 방광을 비운 상태로 중립 자세로 눕거나 서거나 앉으라. 심호흡을 하라.

② 숨을 내쉬면서 골반저 근육을 1~3초 동안 수축하는 동시에 손으로 옆구리에서 몸 중심부를 향해 부드럽게 마사지하라. 이를 통해 림프 순환이 추가로 자극될 것이다.

③ 그 뒤 최소 3초간 골반저 근육을 이완하라. 복근이나 다른 근육들과는 달리 최소한 수축한 시간만큼 이완해주는 것이 중요하다. 골반저에는 이완이 아주 중요하다. 골반저를 이완해주지 않으면, 많은 경우 불편 증상이 초래된다.

④ 1~3단계를 10회 반복하라. 그다음 무릎에서 사타구니까지 허벅지를 마사지하라. 허벅지 마사지와 복부 마사지를 번갈아 하라.

주의

• 제왕절개를 했는가? 그렇다면 담당 주치의가 배를 마사지해도 된다고 할 때까지는 다리 마사지만 하라.

3단계: 보너스 BTY 케겔 운동

운동 마무리: 깊게 숨을 들이마셨다가 내쉬라. 그리고 호흡의 마지막에 배가 평평해졌을 때 1초간 골반저를 최대한 강하게 수축하라. 아주 세게, 그리고 아주 짧게 말이다.

Back 단계의 두 번째 블록(4~6주)에서는 첫 3주간의 이런 1초간의 펌핑 동작을 골반저 수축을 최대로 유지한 채 3초로 늘릴 수 있을 것이다. 하지만 이렇게 했을 때 통증이 있다면, 1~2초만 해주는 것으로 돌아가라. 골반저 근육은 늘 통증 없이 단련해야 하는 근육이다.

출산 직후에는 이런 BTY 케겔 운동을 짧게 펌핑 동작으로 시작하는 것이 가장 좋다. 이렇게 하여 뇌와 골반의 연결이 약해지지 않도록 할 수 있다. 회음부 열상이 있거나 회음부 절개를 했다면, 골반저 근육을 수축할 때 꿰맨 자리나 주변 피부가 조이는 느낌이 나는데 정상적인 일이다.

To, You 단계, 그리고 나머지 삶의 단계에서 BTY 케겔 운동

이 운동을 평생 친한 친구로 삼아야 한다. BTY 프로그램에서는 케겔 운동 시간을 3초에서 5초로 서서히 늘릴 것이다. 숨을 내쉴 때만 수축하는 것이 좋으므로 (들숨에서 수축하면 골반저에 추가 압력이 가해져서 좋지 않다) 5초를 넘지 않는 선에서 수축해야 할 것이다. 이보다 호흡을 길게 하는 것은 매우 어렵고 거의 부자연스럽다. 운동을 자주 할수록, 더 쉬워질 것이고, 따로 시간을 계획할 필요 없이 매일 쉽게 할 수 있게 될 것이다. 습관이 되면 하루에 여러 번 자연스럽게 할 수 있을 것이다. 더 중요한 것은 앞으로 골반저를 수축해야 하는 상황이 되면, 자동으로 그렇게 하게 될 거라는 것이다. 재채기할 때나 뭔가를 들어 올릴 때 혹은 성관계를 할 때도 그렇다.

다음 단계를 부단히 실행하라. 과정을 이해하면 적은 노력으로 큰 효과를 볼 수 있을 것이다.

① XL – 호흡으로 심호흡하라. 당신이 지금 BTY 케겔 운동을 하고 있음을 의식하라.

② 숨을 내쉬는 동안 골반저 근육을 잘 조이라. 몇 초간 할 것인지 선택하라.

③ 골반저를 완전히 이완하며 숨을 들이마시라. 숨을 내쉬면서 스스로 선택한 시간만큼 다시 골반저를 수축하라.

④ 하루 네 번 각각 10회씩 반복하라. 이것이 전부다. 이 운동을 하루에 여러

번 반복하다 보면 한 달 혹은 6주 안에 이미 큰 진보가 느껴질 것이다!

> **팁**
>
> 골반저는 실제로 커다란 림프액 펌프다. BTY 케겔 운동으로 골반저가 활성화되면, 이 펌프로 림프 순환도 촉진할 수 있다. 추가로 배는 골반저 방향으로, 허벅지는 서혜부 방향으로 마사지해주면, 그 효과는 더 강해진다. 가능할 때마다 언제든 할 수 있도록 이 운동을 습관화하라. 마트 계산대 앞에 줄을 서서 다리 사이를 문지르는 것은 좋은 생각은 아니지만 말이다.

BTY 케겔 운동의 황금률

BTY 케겔 운동은 장단기적으로 커다란 유익을 줄 것이다. 하지만 대신 올바르게 실행해야 한다. 그렇지 않으면 오히려 몸에 해가 될 수 있다.

1. 숨을 내쉬는 동안에만 수축한다.
2. 최소한 수축한 시간만큼 이완해주어야 한다! 이것은 매우 중요하다.
3. 엉덩이, 다리, 복부 근육이 아닌 골반저 근육만 조인다.
4. 3주 뒤 질에 근육 매듭이 있는지 확인해야 한다(302쪽 참조). 있다면, 다시 적극적으로 조이기 전에 우선 근육 매듭을 풀어주어야 한다. 근육 매듭(너무 활성화된 근육)에는 더 이상 부담을 주지 말아야 한다.
5. 아픈가? 그렇다면 수축하는 시간을 더 짧게 해주어야 한다.

완전한 조절을 위한 변형

프로그램 중에 두 가지 변형이 도입된다. 바로 걷거나 뜀뛰기를 하면서 케겔 운동을 하는 것이다. 이렇게 하면 모든 상황에서 골반저를 더 잘 컨트롤할 수 있다.

변형은 25~27주 프로그램과 31~33주 프로그램의 XL‒기본 요소에서 소개할 것이다.

> **정말 골반저만 수축하고 있는지 이렇게 알 수 있다**
> 베개를 베지 말고 바닥에 누워 배 위에 한 손을 얹어라. 이제 골반저를 조여보라. 그리고 배 위에 올린 손으로 복부 근육이 수축되는지 안 되는지 느껴보라. 등이나 다리 근육도 이완된 상태를 유지하는지 살피라. 앉은 자세로 엉덩이가 이완되어 있는지도 점검할 수 있다. 엉덩이 근육을 수축하면 상체가 약간 들리기 때문이다. 한번 해보라. 차이를 느낄 수 있을 것이다.

BTY 케겔 운동 시 통증이 있을 때

BTY 케겔 운동을 할 때 아픔을 느끼는 걸 원하지는 않을 것이다. 아픔이 느껴진다면 골반저 근육이 과잉 활성화되었거나 너무 활성화되지 않은 탓이다. 근육을 활성화할 수 없는 것처럼 느껴진다면, 운동하는 데 아무것도 느껴지지 않거나 다리가 움직이거나 떨린다면 근육이 제대로 활성화되지 않아 근육을 조일 수 없는 것일 수도 있다. 이런 경우 한 단계 뒤로 가서 우선 골반저를 찾으라(28쪽 참조).

활동 과잉이 된 골반저는 매듭이 생긴다. 매듭은 근육을 너무 심하게 수축했거나 스트레스를 많이 준 결과다. 너무 강하게 수축할 때 이런 매듭에 통증이 느껴진다. 303쪽에 골반저의 매듭을 제거하는 방법이 나와 있다.

14

트레이닝할 때의 올바른 기본 자세

트레이닝 자세가 사실 모든 것을 결정한다. 좋은 자세로 임하면 트레이닝에서 최대의 유익을 이끌어낼 수 있으며, 나쁜 자세로 트레이닝을 하면 오히려 몸에 해가 된다. 따라서 완벽하게 중립 자세를 혹은 중립 자세가 힘들 때는 임프린트 자세를 취해주어야 한다.

트레이닝 시의 두 가지 기본 자세

1. 척추의 중립 자세: 눕고, 서고, 앉을 때 거의 늘 이 자세를 취하라.
2. 임프린트 자세: 이것은 중립 자세에서 트레이닝하는 것이 어려울 때 취하는 자세다. 일종의 예비 자세로 여기라.

중립 자세

중립 자세에서 척추는 다음과 같은 모양이다.

척추는 자연스런 S자 모양을 띠고 있다. 이 S자 모양은 사실 곁에서는 표시가

나지 않는다. 그러므로 배를 앞으로 내밀고 척추를 안쪽으로 굽히고 있거나 척추를 구부정하게 밖으로 굽히는 자세와 혼동하지 말아야 한다. 중립 자세에서는 굴곡을 거의 알아볼 수 없다. 이런 자연스런 S자 모양은 서 있을 때, 점프할 때, 달릴 때, 심지어 걸을 때도 일종의 완충 역할을 해준다. 그 밖에 중립 자세에서는 근육이 큰 힘을 들이지 않아도 몸을 똑바로 세우고 운동을 할 수 있다.

프로그램이 진행되면서 우리는 중립 자세를 취하라는 말을 100번은 더 상기시킬 것이다. 다 이유가 있어서 그러는 것이다. 중립 자세를 취하지 않고는 종종 잘못된 운동을 할 수 있기 때문이다. 그러므로 중립 자세는 언제나 중요하다는 것을 명심하라. 앉아 있을 때, 물건을 들어 올릴 때, 무릎을 굽힐 때, 누워 있을 때, 자전거를 탈 때, 화장실 안에서 등등 항상 중요하다.

척추의 중립 자세, 이렇게 찾으라

다리를 구부린 채, 바닥에 누우라. 발은 엉덩이 너비로 바닥에 평평하게 대라. 자 이제 제대로 누워 있다면, 척추가 바닥과 맞닿지 않는 부분이 두 군데 생길 것이다. 바로 목 부분과 허리 부분이다. 이제 배 위에 커피를 가득 담은 컵을 놓아둔다고 상상해보자. 올바르게 누운 경우 커피는 쏟아지지 않는다. 반면 척추가 안쪽으로 굽어 있을 경우 커피는 치골 쪽으로 넘칠 것이다. 그리고 바깥으로 구부정하게 등이 굽어 있다면 배꼽 쪽으로 쏟아질 것이다. 이 두 가지는 좋지 않다. 결국 당신은 컵에 든 커피를 마시고 싶을 테니 말이다. 달리 말해, 좌골과 치골은 같은 높이에 있어야 한다.

올바른 자세로 누워 있는지를 확인하려면 엄지와 검지를 양손이 삼각형을 이루도록 모아보라. 그리고는 이제 검지를 치골에, 엄지를 아랫배에 놓아보라. 손이 바닥과 평행한가?

눕기, 구부리기, 앉기 또는 서기: 거의 항상 중립 자세로

누워 있든, 앞으로 기대고 있든, 앉아 있든, 서 있든 척추는 항상 중립 자세여야 한다. 특히 누워 있을 때는 이것이 힘들므로 척추에 특별한 관심을 가져야 한다. 모든 운동을 하기 전에 중립 자세를 취하고 있는지 점검해보라. 운동 중간에도 다시 한 번 그렇게 하라. 트레이닝에서 몸에 힘이 들어가자마자, 힘을 어디 다른 곳에서 가져오고 중립 자세를 잊을 가능성이 크다.

임프린트 자세

때로는 중립 자세를 유지하기가 힘들다. 그럴 때는 임프린트 자세로 옮아갈 수 있다. 이 자세에 있을 때 골반과 허리의 안정성을 유지하고 보호할 수 있다. 복근이 약한 경우에도 임프린트 자세로 옮아가는 것이 좋을 수 있다. 이런 자세에서는 복근과 연결을 유지하는 동시에 어느 시점이 되면 중립 자세를 유지할 수 있게끔 복근을 강화하는 것이 더 쉽다.

척추의 임프린트 자세, 이렇게 찾으라

바닥에 누워 다리를 구부린 채 발을 바닥에 대고 엉덩이 너비로 벌리라. 고요히 숨을 들이마시고, 내쉬면서 복부 근육을 사용해 치골을 배꼽 쪽으로 끌어당기라. 그러면 허리가 이제 더 길어져서 바닥에 허리가 밀착된 상태가 될 것이고, 깊숙이 놓인 복근에 의해 지지될 것이다.

15

1단계: Back

출산한 뒤 약간은 멍한 상태라 아직 아기를 머리끝에서 발끝까지 놀라워하지 못했을 것이다. 그럼에도 당신의 몸은 우리 프로그램의 첫 단계로 진입하고 있다. 이 Back 단계를 문자 그대로뿐 아니라 비유적으로도 이해할 수 있다.

이제 당신의 몸은 당신만 책임지면 된다. 월경 주기를 되찾고, 호르몬 균형을 회복해야 할 것이다. 자궁을 원래의 작은 상태로 되돌리고, 회음부 열상이나 회음부 절개 혹은 제왕절개 등으로부터도 회복해야 할 것이다. 당신의 몸은 새 세포를 만들어 상처를 아물게 할 것이고, 피부, 결합 조직, 근육은 임신 전 상태로 돌아갈 것이다.

상징적으로 당신은 또한 한 걸음 뒤로 물러난다. 이제 당신의 몸과 마음은 이 모든 사건을 소화하고, 아기와 함께 하는 놀라운 첫 주들을 즐기기 위해 약간 시간이 필요하다. 이 시기는 감정적으로 남다른 시기, 결코 잊지 못할 시기, 새로운 삶의 시작에 커다란 영향을 미치는 그런 기간이다.

시간은 훅훅 지나고
당신의 몸은 Back 단계를 시작할 시점이 되었다.

1단계: Back에서 당신을 기다리는 것

- 실용적인 것: 산후 불편 증상
- 실용적인 것: 상처 관리
- 실용적인 것: 제왕절개의 관리와 회복
- 전문가 팁: 최고 전문가가 알려주는 최고의 Back 팁

출산한 지 오래되었는데 이제 비로소 BTY 프로그램을 시작하고자 하는가? 그렇다면 한 부분은 건너뛰어도 된다(146쪽 참조).

산후 불편 증상

출산 후 첫 몇 주간은 물론 태어난 아기를 기뻐하고 감사하는 마음이 클 것이다. 그리고 출산이라는 어마어마한 일을 감당한 당신의 몸은 이제 회복되고 있다. 여기서는 출산 뒤에 나타나는 가장 흔한 불편들과 그것들을 완화하는 방법들을 알아보자.

치질

치질은 항문 주변의 혈관이 지나치게 부어오른 것이다. 가렵고 따가울 수 있으며, 때로는 피도 난다. 치질은 무엇보다 너무 세게 힘을 주기 때문에 유발되는데, 분만 중에 바로 그렇게 힘을 주었던 것이다. 이제 물을 많이 마시고, 섬유질이 많은 식사를 하여 변비가 생기지 않도록 하며, 화장실에서는 너무 세게 힘을 주지 않아야 한다. 또한 위생에 유의하라!

산후통(훗배앓이)

자궁은 출산 직후부터 수축하기 시작한다. 이런 수축은 상당히 아프게 느껴질 수 있어서 이를 산후통 혹은 훗배앓이라고 한다. 태반이 자궁벽에 붙어 있던 곳에는 이제

상처가 생겼다. 자궁 수축이 더 빠르게 이루어질수록 이 상처도 빨리 아문다. 아기에게 모유 수유하거나 아기가 우는 소리를 듣고 몸이 자동으로 유즙분비반사로 반응할 때 자궁 수축이 촉진되면 경련이 느껴질지도 모른다. 유즙분비반사는 옥시토신 호르몬에 의해 유발된다. 옥시토신 호르몬은 유선 주위의 근육을 수축시키며, 자궁도 수축시킨다. 훗배앓이가 심한 경우 배에 온찜질을 해주고, 가볍게 마사지해주는 것이 도움이 될 것이다(물론 제왕절개를 한 경우에는 이를 하면 안 된다). 아기를 눕히고 규칙적으로 화장실에 가도록 하라. 방광이 비어 있으면 자궁이 더 잘 수축할수 있다.

골반저에 상처가 난 느낌
출산 후에는 질, 항문, 회음부 조직이 붓거나 상처가 있을 수 있다. 이 경우 가장 도움이 되는 것은 공기를 통하게 해주는 것이다! 때때로 속옷을 입지 말고, 습기를 잘 흡수하는 수건 위에 앉아 있는 것이 놀라운 효과를 발휘할 수 있다. 쿠션은 잠시는 도움이 되는 것처럼 보이지만 사실은 회복을 지연시킨다. 딱딱한 의자에 앉도록 하고, 똑바로 앉도록 하라. 습기는 피해야 한다. 자세에 유의하라. 잘못된 자세로 앉거나 누우면 다른 불편 증상이 생길 수 있다.

가슴 통증(젖몸살)
젖이 나오자마자 유방이 눈에 띄게 커지고 둥글어진다는 게 느껴질 것이다. 하지만 때로 젖몸살할 수 있고, 그렇게 되면 정말 아프다. 이 경우 아기에게 종종 젖을 물려 유방을 비우도록 하라. 따뜻한 샤워도 도움이 되며, 양배추 잎을 으깨어 차갑게 해서 마사지를 해주는 것도 효과가 좋다.
젖몸살은 주로 처음 모유가 생성될 때 발생하지만, 많은 여성은 나중에도 젖몸살로 고생할 수 있다.

체액을 잃는다(잦은 요의가 느껴지고 땀이 난다)
임신 중 신체는 특히 많은 양의 수분을 저장하는데, 몸은 이제 이것을 내보내고자 한다. 그래서 소변을 자주 보고 땀도 더 많이 난다. 땀은 무엇보다 밤에 많이 나서 때로 땀에 흠뻑 젖어 깨어나게 된다. 평소 물을 많이 마셔주고, 침대 옆에 갈아입을 티셔츠를 놓아두는 것이 도움이 될 것이다. 그러면 밤에 곧장 옷을 갈아입을 수 있어서 땀 때문에 한기를 느끼지 않아도 된다.

오로

출산한 뒤 며칠 동안은 피가 많이 나온다. 무엇보다 첫날에 가장 많이 나온다. 피에는 덩어리가 포함되어 있고, 덩어리가 꽤 클 수 있다. 30분도 안 되어 오로 패드를 갈아야 하지 않는 이상, 컨디션이 좋고 발열이 없는 한 모든 것은 양호한 수준이다. 기다리기만 하면 된다. 자궁 회복은 시간이 걸린다. 일주일 정도 많이 나온 뒤 그다음 주가 되면 월경과 비슷한 양이 될 것이다. 오로가 멈추고 그로써 상처가 아물 때까지 성관계를 가져서는 안 된다.

탈모

갑자기 머리카락이 하나도 남아나지 않을 것처럼 빠진다. 빗질하면 머리카락이 한 움큼씩 나온다. 하지만 걱정하지 말라. 대머리가 되지는 않을 테니까. 임신 중에는 머리카락이 거의 빠지지 않다가 출산하고 난 뒤에 그동안 탈락하지 않았던 머리카락들이 탈락하는 것이다.

산후우울감/베이비블루스

유감스럽게도 산후조리 기간에는 장밋빛 안경이란 없다. 4분의 3에 해당하는 산모가 출산하고 나서 첫 몇 주간 우울감을 느낀다. 어떤 사람은 더 격하게, 어떤 사람은 그냥 참을만하게 느낀다. 갑자기 슬프고, 이유 없이 눈물이 나고, 부정적이거나 우울한 감정에 휩싸인다. 이유도 알 수 없이 말이다. 하지만 걱정하지 말라. 호르몬 때문이니까! 프로게스테론 수준이 갑자기 떨어짐으로써 슬픔이 밀려올 수 있다. 자신이 뭔가 잘못해서 이런 현상이 나타나는 것이 아니라는 것, 이런 감정이 저절로 지나갈 거라는 것만 알아도 도움이 될 것이다. 배우자가 따뜻하게 안아주는 것은 언제나 도움이 된다.

열상, 절개, 상처 치유

출산할 때 질에 비해 정말 큰 아기가 아주 작은 구멍으로 나와야 한다. 그러다 보니 의사가 일부러 회음부 절개를 해야 했거나 회음부가 찢어졌을 수 있다(회음부 파열, 회음부 열상). 이런 상처들을 다음과 같이 관리하라.

회음부 열상 혹은 회음부 절개 시 상처 치유

- 대부분 실밥은 10일 정도 되면 저절로 녹는다.
- 열린 상처에 소변이 닿으면 화끈거릴 수 있다. 샤워하며 물줄기가 외음부로 향하게 하라. 그러면 소변이 곧장 씻겨 내려갈 것이다.
- 문지르지 말고 톡톡 가볍게 두드리라!
- 열린 상처는 위생이 중요하다. 염증이 생기는 걸 원하지 않을 것이다.
- 공기: 신선한 공기에 노출시키면 상처가 더 빨리 치유된다. 피가 나올 수 있으니 (이것은 아주 정상적인 일이다) 흡수력 좋은 패드를 대되, 규칙적으로 공기가 잘 통하도록 해주라.
- 차갑게 해주는 게 도움이 될 수도 있다. 얼음 팩을 천으로 싸서 외음부에 대어주라.
- 마사지하여 흉터가 부드러워지도록 하라. 이를 위한 특별한 마사지 기법이 있다 (205쪽 참조). 의사가 상처가 다 아물었음을 확인하고 나면, 그 기법을 적용해도 된다.

제왕절개 수술을 한 뒤

어떤 이유든 질식 분만이 불가능한 경우 제왕절개 수술을 하게 된다. 제왕절개는 빠르고 좋은 방법이지만, 엄연히 배 수술은 배 수술이다. 피부가 잘리고, 근육이 밀려났기에 당연히 질식 분만보다 회복에 시간이 더 필요하다. 이런 경우는 어떻게 해야 할까? 제왕절개를 한 경우 가능한 한 빠르게 건강을 되찾을 수 있는 팁과 정보를 소개한다.

- 제왕절개를 하면 최대 5일간 병원에 입원하게 된다.
- 마취제를 투여했기에 경우에 따라 오한이 나거나 컨디션이 안 좋을 수 있다.
- 푹 쉬어주는 것이 정말 중요하지만, 그럼에도 매일 약간 걷는 것이 좋다. 계속 움직이라!
- 요도 카테터를 제거하고 나면 종종 하루 만에 다시 정상적으로 화장실에 갈 수 있다.
- 아기보다 무거운 물건을 들어 올려서는 안 된다.
- 3주 뒤 상처가 아물고, 출산한 지 반년이 지나면 흉터가 희미해지기 시작한다. 하지만 흉터 주변이 둔한 느낌은 몇 주 혹은 몇 달간 지속될 수 있다.
- 3~4개월 정도는 평소보다 더 피곤할지도 모른다.
- 의사가 허락할 때까지 복부 근육을 쓰는 운동은 하지 말라.
- 몸을 뒤로 젖히는 운동이나 트레이닝을 피하라.
- 골반저 운동은 좀 더 일찍 시작해도 된다!
- 마사지로 흉터를 부드럽게 유지하라. 특별한 마사지 기술이 있다(205쪽 참조). 마사지는 상처가 아문 이후부터 가능하다. 산부인과 의사나 조산사에게 문의하라.

최고의 전문가가 알려주는 최고의 Back 팁

산부인과 의사, 실라 데리즈 박사. 비스바덴

Back 기간을 위한 최고의 서바이벌 팁

첫 주는 정말 살아남는 것이 중요하다. 아무리 대비했더라도 감정의 파도가 몰려올 것이다. 그런 감정을 인정하고, 서바이벌 모드로 들어가라. 내가 주는 최고의 조언은 다음과 같다.

1. 도움을 받아라. 손님이 왔는가? 도움을 부탁하라. 이제 예전처럼 완벽한 손님 접

대를 할 수는 없다. 손님에게 직접 차를 끓이라고 부탁하라. 그리고 가능하면 남편이 다시 집에 돌아오기 전에 처리해야 하는 이런저런 집안일을 좀 도와줄 수 있겠느냐고 청하라.

2. 물품은 인터넷으로 주문하라. 모유 수유를 마친 뒤 부리나케 아기를 데리고 슈퍼마켓으로 달려가서 무거운 장바구니를 들고 올 셈인가? 그건 이제 좋은 생각이 아니다. 집에서도 간편하게 물품을 구매할 수 있는데, 아기를 데리고 그렇게 부산을 떨면서 고생할 필요는 없지 않겠는가.

3. 변화된 속도를 받아들이라. 시간에 쫓기고 잣대를 너무 높게 놓는 것은 이제 최악의 적이다. 며칠 샤워를 하지 않는다고 누가 상관할 것인가?

4. 아기와 유대감을 형성하라. 이제 그것이 가장 중요하다. 관계를 만들어나가고, 아기와 가능하면 많은 시간을 같이 있으면서 그 시간을 누리라. 그것이 어려운가? 그렇다면 즉시 의사와 상의하라. 체내에 특정 물질이 충분히 형성되지 않아서 그럴지도 모른다. 이런 결핍은 산후우울증으로 이어질 수도 있다.

심리학자, 미란다 고에르츠 박사. 네덜란드 아른험

엄마로서의 경험 세계는 아기의 경험 세계다. 당신이 하는 행동은 다 그대로 반사된다. 당신이 느끼는 것을 아기도 느낀다. 잠시 시간을 내어 그 사실을 상기하고 의식해보라. 감정이 직접 아기에게로 옮겨간다는 걸 알면 자신을 돌아보게 될 것이다. 당신이 기분 좋으면 아기도 기분이 좋다. 당신의 상태가 엉망인가? 그렇다면 스스로 다시 균형을 잡아야 한다. 그것이 당신에게 좋고 (그렇기에) 아기에게도 좋다. 균형을 잘 잡고, 아기에게도 균형을 허락하라. 약간 생각을 해보라.

임산부와 동행하는 베틸 베르톨드, 독일 프랑크푸르트암마인

베틸은 수년간 출산을 앞두고 있거나 출산한 여성들을 보살펴왔다. 따뜻한 동행으로 유명한 그녀는 여성들이 스스로 무엇보다 백투유에 잘 이를 수 있도록 안내한다.

1. 건강한 식생활을 하라. 이런 조언은 거의 쓸데없어 보이지만 아주 중요하다. 영양은 산욕기와 그 이후 몇 달간 당신의 가장 친한 친구다. 당신의 몸은 비타민, 미네랄, 섬유질이 필요하고, 당신의 정신은 에너지가 필요하다. 이 모든 것은 음식에서 얻어진다. 패스트푸드는 몸에 안 좋다. 지금 당시의 몸이 필요로 하는 것이 무엇인지 86쪽에 나와 있다.

2. 아기가 잘 때는 엄마도 눈을 붙이라. 당신은 정말로 휴식이 필요하다. 솔직히 이제 밤에 8시간을 내리 수면을 취하지 못할 것이다. 그러므로 중요한 것은 아기가 잘 때 당신도 자는 것이다. 잠이 오지 않는다면, 누워서 쉬기라도 하라.

3. 자기 자신에게 편지를 쓰라. 당신이 얼마나 잘하고 있는지 솔직한 경탄을 기록하라. 좀 황당하게 들리겠지만, 자신에게 그런 칭찬을 하는 것은 정말로 도움이 된다. 당신이 잘하고 있는 일을 생각하라. 나중에 그 편지를 읽으면 기분이 좋아질 것이다.

4. 명상하라. 이것은 아주 간단하며 익숙하지 않더라도 쉽게 실행할 수 있다. 좋은 음악과 함께 아름다운 이야기를 들려주는 앱이 있다. 그것에 집중하고, 나머지는 잠시 잊어버리라. 심신이 편안해지는 것이 느껴질 것이다.

5. 호흡법을 활용해 이완하라. 자기 몸의 스트레스 신호를 해석하는 것을 배우라. 어깨, 목, 턱 혹은 얼굴의 다른 부분이 경직되어 있다면 스트레스를 받고 있다는 신호일 수 있다. 스트레스 징후들이 나타나면 호흡 연습을 시작할 수 있다. 조용히 눕거나 앉아서 숨을 깊게 들이쉬고, 경직된 부분이 이완되는 것을 시각화하라. 들이마실 때보다 더 오랫동안 숨을 내쉬라. 규칙적으로 연습하라. 자주 할수록 더 쉬워지고, 효과가 더 커진다.

6. 물을 충분히 마시라. 물을 항상 가지고 다녀야 한다. 물은 수분대사의 균형을 되

찾아주고, 몸에 수분을 공급해준다. 모유 수유를 한다면 이것은 더 필요한 일이다.

7. 하루에 몇 분간 자신만의 시간을 마련하라. 그리고는 그 시간에 당신이 스스로에게서 알아챈 아름다운 변화들에 대해 생각해보라. 긍정적이지만은 않은 감정의 물결들을 떠안고 가고자 해보라. 그것은 자연스런 것이다. 부정적인 감정을 아름답고 긍정적인 힘으로 바꾸고자 해보라. 필요하면 도움을 구하라. 당신은 감정에 압도당하는 느낌이 들겠지만, 한편으로는 모든 것을 잘 받아들이고 있을 것이다. 그것을 자랑스러워하라.

8. 하루에 몇 분간 고요를 누리라. 나는 고요의 힘을 상당히 믿는 편이다. 분주함 속에서도 하루 몇 분간 고요를 누리는 것은 멋진 일이다. 이는 우리에게 안식과 힘을 준다.

9. 이 사람 저 사람이 돌려가며 아기를 안아보게 하지 말라. 특히 대가족인 경우 친척들이 동시에 방문해서 한 번씩 다 아기를 안아보려고 할지도 모른다. 뭐 그래도 좋다면 무방하지만, 싫다면 그냥 감내하고 있지 말라. 원하지 않는다면 그냥 그렇게 말하라. 그러면 당신은 안심이 될 것이고, 아기도 그럴 것이다.

10. 여성성을 잃지 말라. 이 기간에는 자신에게 정말 잘해주라. 되도록 자신을 잘 보살펴야 한다. 이것은 사실 엄마로서 살아가는 나머지 시간에도 해당되는 이야기다. 엄마가 되었다는 것이 이제 자신을 안중에 두지 말아야 한다는 의미는 아니다. 당신은 자신의 필요를 충족시키고, 누려야 하고, 그럴만한 자격이 있다!

성생활 및 부부 치료사, 안-마를레네 헤닝. 독일 함부르크

1. 지식을 습득하라! 자신에 대해, 자신의 몸과 새로운 자아에 대해 더 많이 아는 것이 중요하다. 이런 지식은 당신의 전체 시스템을 안정시킬 것이다. 당신의 몸을 알면 당신은 그것을 또한 느낄 수 있다. 거울을 들고 자신의 몸을 보라. 외음부도 보라. 곧장 그렇게 해보라. 당신의 몸과 만나고, 당신이 느끼는 모든 것은 괜찮은 것임을 기억하라!

2. 유방이 중요한 신경을 통해 자궁과 연결된다는 사실을 알고 있었는가? 모유 수유하는 경우 아기에게 젖을 먹이려고 품에 앉자마자 자궁이 수축한다. 이런 수축은 아주 정상적이며, 자궁이 원래 크기로 돌아가도록 해준다. 이것은 쾌감처럼 느껴질 수도 있다. 이런 느낌이 (신경생리학적, 그리고 진화론적으로) 자궁과 유방이 연결되기 때문임을 의식하라.

Back 단계에서의 트레이닝

갓 분만한 산모인 당신을 위해 우리는 트레이닝을 아주 천천히 시작할 것이다. 하지만 바로 이런 조용하고 의식적인 연습이 지금 당신에게 도움이 될 것이다. 출산한 지 오래되었다면, 블록 1(1~3주차)을 건너뛰고 곧장 블록 2로 시작하라. 이 경우 블록 2는 3주 대신 1주간 트레이닝을 하게 되며, 두 번째 주에 곧장 To 단계로 넘어가면 된다. 하지만 첫 번째 주는 실행해주어야 한다. 이 기간에 골반저-신체-호흡 간의 연결이 의식되기 때문이다. 연습을 정확히 어떻게 실행하는지는 BTY 앱에서 보여 줄 것이다. 그 밖에 책 뒷부분에도 각각 운동을 짧게 기술해 놓았다(305쪽부터). 연습은 어렵지 않다. 그럼에도 이것은 새 생명을 배출한 모든 여성에게 완벽한 시작이 될 것이다.

이 단계에서 필요한 것
* 의자

매일의 BTY 케겔 운동
1초 수축하고 1초 이완하라. 긴 시간이 아니다. 하지만 정확히 이렇게 하여 근육을 컨트롤하는 능력을 되찾을 수 있다. 당신의 뇌는 다시금 이 근육과의 연결을 느낀다. 이번 주에 펌핑과 비슷한 운동을 하면서 수축과 이완 원칙을 잘 마스터하는 시간을 가져보라. Back 단계의 두 번째 블록에서는 연습을 3초로 연장할 것이다.

매일의 과제

- BTY 케겔 운동
- 산책
- 스트레칭, 활성화 및 이완(151~157쪽 참조)

워밍업

이 단계에서는 따로 워밍업은 해줄 필요가 없다. 운동 자체가 좋은 워밍업으로 기능하기 때문이다. 이런 트레이닝은 근육에 그리 커다란 부담이 안 되므로, 미리 워밍업 같은 것도 해줄 필요가 없다.

마무리 운동

15분간 바깥 산책을 하라(단 다시 외출해도 되는 경우에만 말이다).

기호 설명

(P) 자궁탈출증이 있는 경우 조심

(P) 자궁탈출증이 있는 경우 권장

(P) 자궁탈출증이 있는 경우 금지

(⬭) 폼롤러로 풀어주기

(🕷) 림프 마사지

(D) 복직근이개가 있는 경우 조심

(D) 복직근이개가 있는 경우 권장

(D) 복직근이개가 있는 경우 금지

(⬭) 활성화

(!) 주의!

각각의 새로운 단계를 시작하기 전에 344쪽 이하에 "시작 조건"을 기입하고 사진을 찍어두라. 그러면 나중에 "전(before)"과 "후(after)"의 차이를 한눈에 분간할 수 있다.

Back To You

1~3주 블록 1

몸을 스트레칭하며 골반저와의 첫 연결을 만든다.

▶ **BTY 앱을 열고 함께 트레이닝하라.**

준비	
XL－호흡: 10회(124쪽 참조)	
BTY 케겔 운동: 1초 × 10회	
워밍업: 없음	

연습

목 스트레칭

1주 ● ● ●
2주 ● ● ●
3주 ● ● ●

장딴지 스트레칭

1주 ● ● ●
2주 ● ● ●
3주 ● ● ●

뇌－골반 연결
(누워서)

1주 ● ● ●
2주 ● ● ●
3주 ● ● ●

가슴과 옆구리 스트레칭

1주	●	●	●
2주	●	●	●
3주	●	●	●

어깨 풀어주기

1주	●	●	●
2주	●	●	●
3주	●	●	●

리버스 플라이(Revers Flys)(앉아서)

 가슴

 허리와 어깨

1주	●	●	●
2주	●	●	●
3주	●	●	●

미니 스쿼트(의자 활용) Ⓟ

 대퇴골, 엉덩이, 장딴지

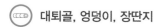 다리와 엉덩이

1주	●	●	●
2주	●	●	●
3주	●	●	●

마무리 운동
15분 산책

동그라미로 표시하라: **◯** = (폼롤러로) 풀어주기 / **◯** = 활성화
중립 자세가 되도록 주의해야 할 부분에 화살표로 표시하라.

블록 1을 위한 XL – 기본 요소

XL – 기본 요소: 운동
아기를 좌우 번갈아 가며 안으라

구부정한 자세로 뭔가를 들어 올리거나 내려놓는 것은 몸에 좋지 않다. 그러나 아기를 똑바로 들어 올리거나 눕히는 것이 늘 가능한 것은 아니다. 아기를 요람이나 침대에 눕힐 때도 상체를 구부려야 가능하다. 그럴 때는 운동을 교대로 하는 것이 좋다. 가령 한 주는 아기를 왼쪽 옆구리 위로 들어서 침대에 눕히고, 그다음 주에는 아기 침대를 옮겨서 당신이 반대 방향으로 아기를 눕힐 수 있도록 하라.

그렇게 했는가? 예   아니요

XL – 기본 요소: 자세와 호흡
엄지손가락을 뻗치지 말라

엄마 엄지(Mami thumb)라는 말을 들어보았는가? (비단 엄마뿐만 아니라!) 많은 부모가 어느 순간 엄지손가락에 문제가 생긴다. 이유는 간단하다. 늘 엄지손가락을 뻗친 채로 아기를 들어 올리면 불편 증상이 나타날 수 있다. 엄지손가락이 경직되어 움직이지 않을 때도 아프다. 이 시기에는 아기를 들어 올릴 때 엄지손가락을 뻗치지 말고, 신경 써서 엄지손가락이 제자리에 잘 붙어 있게 하라. 산모와 아기를 위한 더 좋은 방법은 아기의 겨드랑이 사이로 손을 넣어 아기를 들어 올리지 말고, 한 손으로는 어깨와 등 부분을 받치고, 다른 손은 척추를 따라 대어주는 것이다.

그렇게 했는가? 예   아니요

XL – 기본 요소: 휴식과 이완
완전한 휴식

아기와 함께 편안하게 눕거나 앉으라. 그리고는 둘이 많은 신체 접촉을 하면서 당신은 전신을 이완하고 쉴 수 있다. 발부터 시작해 종아리, 무릎, 허벅지로 옮아가라. 점점 더 위로 올라가면서 몸의 각 부분을 느껴보라. 당신의 귓불도 편안함을 느낄 것이다. 완전히 의식적으로 하고, 이완을 시각화하라. 아기도 자연스럽게 이완되는 것이 느껴질 것이다. 아기는 당신의 제스처에 반응하고, 당신의 고요한 마음을 넘겨받는다.

그렇게 했는가? 예 아니요

XL – 기본 요소: 영양

모유 수유와 영양

당신은 운이 좋다. 전에는 모유 수유하면 가려야 되는 음식이 많다고 생각했다. 이것도 안 되고, 저것도 안 되고…. 하지만 이제 우리는 그렇지 않다는 것을 알고 있다. 사실 거의 모든 것을 먹고 마실 수 있다. 하지만…

1. 모유 수유하는 데는 에너지가 많이 든다. 그래서 필요한 열량이 증가한다. 그러므로 평소보다 조금 더 많이 먹어도 괜찮을 것이다(빠르게 에너지를 공급해주고는 곧장 전혀 유익을 주지 못하는 간식이나 과자가 아닌 건강에 좋은 음식이라면 말이다). 체중이 늘지 않는 한 그리 많이 먹고 있는 건 아니다. 보통은 300~500칼로리를 추가로 섭취하면 될 것이다. 이것은 간단한 식사를 한 번 더 하는 것에 해당한다.

2. 지금 다이어트를 시작하는 것은 좋은 생각이 아니다. 좀 심한 다이어트를 하면 경우에 따라 노폐물이 분비되어 모유를 통해 아기에게 이를 수 있다. 또한 아기를 돌보는 데도 에너지가 필요함을 명심하라.

3. 카페인을 조심하라. 카페인이 모유 속으로 들어가 아기를 불안하게 만들 수 있다. 하루에 커피 한 잔 혹은 홍차 두 잔 이상을 마셔서는 안 된다. 카페인과 설탕 함량이 높은 에너지 드링크는 아예 포기하는 것이 좋을 것이다.

4. 술도 피하라. 알코올 성분이 모유에도 도달한다. 그래도 딱 한 잔만 마시고 싶다면, 모유 수유한 직후에 마시라.

5. 보통 수준으로 양념을 한 음식과 매운 음식은 먹어도 무방하다. 그러나 알로에, 센나(차풀), 카바후추는 삼가는 것이 좋을 것이다.

6. 기름진 생선은 일주일에 두 번 이상은 먹지 말라. 유해한 다이옥신과 중금속이 함유되어 있을 수 있다.

7. 하나 마나 한 말인지도 모르겠지만, 흡연과 약물은 물론 당신과 아기에게 아주 해롭다.

그렇게 했는가? 예 아니요

메모

자신을 돌아보기

XL – 자세와 호흡

생각하고 있는가?	예	대부분	별로	전혀
온종일 중립 자세를 염두에 두는가?	○	○	○	○
아기를 들어 올릴 때의 올바른 자세도 염두에 두는가?	○	○	○	○
XL – 심호흡도?	○	○	○	○
아기를 들어 올릴 때의 안성맞춤 XL – 호흡도?	○	○	○	○

영양

식사는 어떻게 하는가?	아주 좋다	좋다	그저 그렇다	좋지 않다
정직하고 건강한 음식을 먹는가?	○	○	○	○
단백질과 지방, 탄수화물이 균형을 이루는가?	○	○	○	○
1.5리터의 물을 마시는가?	○	○	○	○
하루에 걸쳐 식사를 잘 분배해서 먹는가?	○	○	○	○

휴식과 이완

쉼의 상태는 어떠한가?　　　　　　　　　　　　이런..　　　　　　　　좋다!

스트레스 수위는?

스스로에 대한 요구 수준은?

책임을 지는 면은?

전반적으로 분주함에 휩쓸리지 않고
생활을 잘 조망하고 있는가?

수면 부족 수준은?

트레이닝과 운동

	예	대부분	별로	전혀
트레이닝에서 진보가 느껴지는가?	○	○	○	○

하루에 몇 보를 걷는가?

0 걸음　　　　　　　　　　　　　최소한의 목표 1만 보　　　1만 5천

일반적인 질문들

다음 상황은 어떠한가?

이런..   좋다!

호르몬 상황은?

아이와의 애착은?

파트너 관계는?

애정생활은?

사회생활은?

일은?

골반저·복부 근육 체크 업

얼마나 자주 다음을 하는가?

전혀 하지 않는다   많이 한다

BTY 케겔 운동

XL – 호흡

상기하기

다음 블록을 시작하기 전에 골반저에 근육 매듭이 있는지를 점검해보라(302쪽 참조).
근육 매듭이 있으면 매일의 BTY 케겔 운동을 계속하기 전에 일단 그것을 풀어주라.

	예	조금	아니요
아직 꽤 심한 복직근이개로 고생하는가?	○	○	○
아직 자궁탈출증으로 고생하는가?	○	○	○
골반저 근육의 개선이 보이는가?	○	○	○

자기 분석을 토대로

다음 블록에서 나의 목표는 이것이다.

어떻게 도달할 것인가?

4~6주 블록 2

이렇게 골반저와 연결되고(연결을 유지할 수 있으며), 골반저가 나머지 파워하우스와 연결될 수 있다.

▶ **BTY 앱을 열고 함께 트레이닝하라.**

준비

XL-호흡: 10회

BTY 케겔 운동: 3초 × 10회(3초가 너무 길면 2초 또는 1초)

워밍업: 없음

연습

BB 리프트 1 (Ⓜ) (Ⓟ) + **BB 리프트 2** (Ⓟ) (Ⓓ)

1주 ● ● ●
2주 ● ● ●
3주 ● ● ●

뇌-골반-연결 (Ⓜ)

(누워서)

1주 ● ● ●
2주 ● ● ●
3주 ● ● ●

힐 슬라이드(Heel Slide) (Ⓜ)

1주 ● ● ●
2주 ● ● ●
3주 ● ● ●

나마스테

1주 ⬤ ⬤ ⬤
2주 ⬤ ⬤ ⬤
3주 ⬤ ⬤ ⬤

미니(의자) 스쿼트

 허벅지, 엉덩이, 종아리

🔘 다리와 엉덩이

1주 ⬤ ⬤ ⬤
2주 ⬤ ⬤ ⬤
3주 ⬤ ⬤ ⬤

어깨 스트레칭

1주 ⬤ ⬤ ⬤
2주 ⬤ ⬤ ⬤
3주 ⬤ ⬤ ⬤

보디 익스텐션(Body Extension)

1주 ⬤ ⬤ ⬤
2주 ⬤ ⬤ ⬤
3주 ⬤ ⬤ ⬤

마무리 운동
15분 산책

동그라미로 표시하라: ⬤ = (폼롤러로) 풀어주기 / ⬤ = 활성화
중립 자세가 되도록 주의해야 할 부분에 화살표로 표시하라.

블록 2를 위한 XL – 기본 요소

XL – 기본 요소: 운동

할 일: 스티커 붙이기

집안 다섯 군데에 작은 빨간 스티커를 붙이라. 변기, 냉장고, 싱크대 등 자주 지나다니는 곳이면 어디든지 붙여도 좋다. 스티커를 볼 때마다 잠시 멈추고는 골반저에 집중하는 가운데 3~5회 고요히 심호흡하라. 그러면서 골반저가 호흡에 어떻게 반응하는지 느껴보라. 세 번째에는 들숨을 길게 하고, 날숨에서 골반저를 들어 올리라. 그러면 배도 안쪽으로 들어갈 것이다. 마치 치골에서 배꼽 아래쪽으로 지퍼를 올리는 듯한 느낌이 날 것이다. 이 운동은 안정감을 선사하고(원래 이것이 마음챙김 연습이다), 뇌가 호흡, 골반저, 복부 근육, 등 근육을 연결하도록 가르쳐 준다. 자주 할수록 파워하우스의 각 부분이 더 협력하게 될 것이다.

그렇게 했는가?　예 ⬤　아니요 ⬤

XL – 기본 요소: 자세와 호흡

거울을 체크하라

이번 기간에는 거울이나 쇼윈도 앞을 지나갈 때마다 유심히 보라. 당신이 똑바로 서 있는가? 어깨가 앞쪽으로 치우쳐 있거나 올라와 있지 않고 뒤쪽과 아래쪽으로 편안히 위치하는가? 물론 온종일 이상적인 자세로 돌아다닐 수는 없겠지만, 그럼에도 자세를 의식하고자 노력하라. 등을 곧게 펴고, 배가 축 처지지 않게 힘주고, 턱을 들어 올리고, 어깨를 뒤와 아래쪽으로 잘 펴주라.

그렇게 했는가?　예 ⬤　아니요 ⬤

메모

_____

_____

_____

_____

XL – 기본 요소: 휴식과 이완

미니 엄마 명상

명상은 실제로 자신의 호흡과 다시 만나기 위해 주변의 모든 자극을 완전히 배제하는 것에 불과하다. 리셋 버튼과 일시 정지 버튼이 하나로 합쳐진 것으로 보라. 좋은 점은 하루에 3분에서 10분간 명상을 하면 마음이 평온해지고, 스트레스 호르몬이 감소한다는 것이다.

1. 발은 바닥에, 손은 다리 위에 올려놓고 편안한 자세로 의자 같은 곳에 똑바로 앉아라.

2. 등, 어깨, 목을 이완하라. 고개는 똑바로 들고, 숨을 들이마실 때마다 얼굴이 이완되도록 하라. 턱, 뺨, 눈을 이완하라. 혀도 입안에 편안하게 위치하도록 하라. 편안한 자세에서 혀끝은 치아 바로 뒤에 위치한다.

3. 호흡에 집중하라. 고요히 의식적으로 숨을 들이쉬고 내쉬라. 외부의 소리나 다른 인상들, 떠오르는 생각을 차단하고자 노력하라. 잡념에 빠졌는가? 상관없다. 그냥 다시 호흡으로 돌아가라.

그렇게 했는가? 예 아니요

XL – 기본 요소: 영양

식사를 하루에 적절히 나누어 먹어라

의욕이 없는가? 아니면 (약간) 피곤한가? 에너지 수준은 수면량뿐 아니라 식습관의 영향을 받는다. 때로는 식사 사이에 뭔가를 먹어주는 것이 도움이 된다. 그렇게 함으로써 에너지를 하루에 적절히 나누어 섭취할 수 있다. 그냥 식사량을 늘리기보다 양을 다르게 분배해보라. 메인 식사 중간에 두 번의 작은 식사를 끼워 넣고 대신 아침, 점심, 저녁 식사의 양을 더 줄이는 경우 당신의 에너지 수준이 어떤지를 한번 점검해보라. 중간에 작은 식사를 하는 대신 아보카도를 곁들인 통밀빵(건강에 좋은 지방을 많이 함유하고 있다!), 삶은 달걀(단백질은 근육 회복에 도움이 된다), 생야채(장을 위한 섬유질을 많이 함유하고 있다), 딸기나 블루베리 등을 넣은 요거트(프로바이오틱스) 같은 건강한 간식을 먹어주어도 좋다.

그렇게 했는가? 예 아니요

일지 블록 2

자신을 돌아보기

XL – 자세와 호흡

생각하고 있는가?

	예	대부분	별로	전혀
온종일 중립 자세를 염두에 두는가?	○	○	○	○
아기를 들어 올릴 때의 올바른 자세도 염두에 두는가?	○	○	○	○
XL – 심호흡도?	○	○	○	○
아기를 들어 올릴 때의 안성맞춤 XL – 호흡도?	○	○	○	○

영양

식사는 어떻게 하는가?

	아주 좋다	좋다	그저 그렇다	좋지 않다
정직하고 건강한 음식을 먹는가?	○	○	○	○
단백질과 지방, 탄수화물이 균형을 이루는가?	○	○	○	○
1.5리터의 물을 마시는가?	○	○	○	○
하루에 걸쳐 식사를 잘 분배해서 먹는가?	○	○	○	○

휴식과 이완

쉼의 상태는 어떠한가?

이런..　　　　　　　　　　　　　　　　좋다!

스트레스 수위는?

스스로에 대한 요구 수준은?

책임을 지는 면은?

전반적으로 분주함에 휩쓸리지 않고
생활을 잘 조망하고 있는가?

수면 부족 수준은?

트레이닝과 운동

	예	대부분	별로	전혀
트레이닝에서 진보가 느껴지는가?	○	○	○	○

하루에 몇 보를 걷는가?

0 걸음　　　　　　　　　　최소한의 목표 1만 보　　　1만 5천

일반적인 질문들

다음 상황은 어떠한가?

이런..   좋다!

호르몬 상황은?

아이와의 애착은?

파트너 관계는?

애정생활은?

사회생활은?

일은?

골반저·복부 근육 체크 업

얼마나 자주 다음을 하는가?

전혀 하지 않는다   많이 한다

BTY 케겔 운동

XL – 호흡

상기하기

다음 블록을 시작하기 전에 골반저에 근육 매듭이 있는지를 점검해보라(302쪽 참조).
근육 매듭이 있으면 매일의 BTY 케겔 운동을 계속하기 전에 일단 그것을 풀어주라.

	예	조금	아니요
아직 꽤 심한 복직근이개로 고생하는가?	○	○	○
아직 자궁탈출증으로 고생하는가?	○	○	○
골반저 근육의 개선이 보이는가?	○	○	○

자기 분석을 토대로

다음 블록에서 나의 목표는 이것이다.

_____

어떻게 도달할 것인가?

_____

16

2단계: To

첫 몇 주가 정신없이 지나갔을 것이다. 새로운 일들이 닥쳐왔고, 그것에 적응해야 했을 것이다. 아마 더 적응이 필요할 것이다. 이제 산후조리로 바깥출입을 못했던 시기는 지나갔다. 당신은 다시 외출하고, 사회생활을 시작하고, 약속을 잡을 것이다. 점점 더 일상으로 돌아갈 것이다. 백투유Back To You다.

이즈음 산후검진을 하게 된다. 검진에서 상처가 잘 아물었는지, 자궁이 수축되었는지(임신 말기의 1킬로그램에서 약 60그램으로 줄어든다!) 살펴본다. 그리고 나면 의사나 조산사는 의학적인 관점에서 이제 정상적인 생활로 돌아갈 수 있다고 말해줄 것이다. 이제 다시 성생활을 해도 되고, 제왕절개를 한 경우 흉터를 마사지해 부드럽게 만들 수 있으며, 다시 운동과 운전을 해도 된다는 것이다. 하지만 의학적으로 이 모든 것을 다시 할 수 있다고 해서 금방 백투유가 되는 것은 아니다. 백투유 과정에도 다시 익숙해져야 할 것이고, 그것에는 시간이 걸린다. 그리고 주의하라! 두뇌는 변화를 좋아하지 않는다. 이제 당신의 행동에 별로 원하지 않는 습관이 끼어든다면 나중에 다시 그런 습관을 버리는 건 점점 더 어려워질 것이다. 따라서 이 시기에 자신이 어떤 방식으로 살아가기를 원하는지를 의식적으로 생각하고, 바람직한 습관을 만들어나가도록 하라.

엄마, 나는 저러고 있어요: 출산 후, 나를 돌아가는 시간

당신은 서서히 다시 삶의 주도권을 쥐고 있으며
다시 바깥 세계의 일원이 되어 간다.

2단계: To에서 당신을 기다리는 것

- 실용적인 것: 피임
- 전문가 팁: 최고의 전문가가 알려주는 최고의 To 팁
- 전문가 팁: 흉터 마사지

출산 후의 피임

이론적으로는 출산한 뒤 곧장 다시 임신할 수 있다. 생리 주기가 다시 자리가 잡히기까지는 아직 몇 달 더 걸리지만 배란은 첫 생리 전에 이루어지기에 언제 임신이 될지 알지 못한다. 그러므로 만일을 위해 피임하라. 이미 다양한 피임법을 알고 있겠지만, 출산 뒤에는 몸 상태가 달라졌으므로 새로운 방법도 고려해야 한다.

자연요법 의사, 화학자, 여성 호르몬 전문가, 졸린 브라이튼 박사. 미국 시애틀

모든 피임 수단의 효과는 물론 같지만, 출산 후 신체 반응이 다를 수 있으므로 부작용과 위험을 고려해야 한다. 우리는 산후 회복 단계에 있는 우리 몸에 특정 피임약이 어떤 영향을 미칠지 정확히 알지 못한다. 아직 그에 대해 충분한 연구가 이루어지지 않았고, 최신의 연구 결과들이 때로 서로 배치되기 때문이다.

• 호르몬 피임법

호르몬은 당신에게 큰 영향을 미친다. 그리고 그건 비단 신체적으로만이 아니다. 가령 경구피임약 같은 여러 호르몬제는 뇌에 영향을 미친다. 경구피임약은 뇌의 호르몬 분비를 변화시켜 배란에 영향을 미친다. 그런 점을 고려한다면, 상당히 걱정될 것이다. 하필 지금은 당신의 호르몬이 이미 롤러코스터를 타는 중이기 때문이다. 산후우울증과 호르몬 피임제 복용 사이에 상관관계가 있을 수도 있다. 아직 많은 연구 결과가 서로 배치되긴 하지만, 그럼에도 그 둘 사이에 연관이 있음이 드러나고 있다. 여러 연구가 주로 프로게스토겐이 만들어내는 호르몬 분비 곡선이 우울증의 위험을 동반한다고 지적하고 있다.

• 경구피임약

출산 후 혈전증의 위험이 증가하는데, 피임약 자체가 또한 혈전증의 위험을 높인다. 그러다 보니 특히 출산 후 첫 몇 달간은 피임약을 복용하는 경우 혈전증의 위험이 두 배로 증가한다.

• 프로게스토겐 단독 제제(미니필)

이름에서 알 수 있듯이 이 피임약에는 에스트로겐이 포함되어 있지 않으며, 일반적으로 의사가 출산 후 제일 먼저 권장하는 약이다. 다른 제제보다는 피임이 덜 확실하지만, 혈전증의 위험이 낮기에 더 나은 선택일 수 있다.

• 3개월 피임 주사(프로게스토겐)

3개월 피임 주사는 주사 가능한 프로게스토겐으로 이루어지며, 3개월간 효과를 낸다. 이 호르몬 피임법 역시 산후우울증과 관련이 있을 수 있다. 현재 이 주사가 산후우울증을 유발한다는 직접적인 증거는 없다. 하지만 증거가 없다고 해서 그런 가능성이 없는 것은 아니므로 조심하는 편이 더 낫다.

• 루프

루프를 활용하여 피임하고자 한다면 자궁이 다시 원래 크기로 돌아올 때까지 최소

6주를 기다려야 한다. 양수가 조기에 터졌거나 자궁 점막에 염증이 있거나 출혈이 아직 멈추지 않은 경우 출산 후 루프를 삽입하는 것은 권장되지 않는다. 모유 수유 중이라면 삽입 시에 천공의 위험이 약간 증가한다.

• 콘돔
콘돔으로 피임을 하는 것은 출산 후에도 매우 안전하다. 콘돔의 큰 단점은 촉감이 좋지 않다는 것이다. 그러나 큰 이점은 신체에 어떤 해도 끼치지 않는다는 것이다. 약을 먹지 않아도 되고, 체내에 뭔가를 삽입하지 않아도 되며, 호르몬에도 영향이 없다.

• 기초체온법(NFP – 자연 피임법)
기초 체온을 측정하는 방법은 효과적이지만 출산 후 아직 월경주기가 전과 같지 않기에 많은 여성의 경우 적절한 뒷받침 없이는 적용하기가 쉽지 않다. 앱에 어떤 값을 입력해야 할까? 기초체온법을 활용할 계획이라면 의사나 조산사에게 조언을 구하라. 월경 전에 배란이 된다는 것을 잊지 말라. 따라서 첫 생리가 있기 전에 피임을 생각해야 한다.

최고의 전문가가 알려주는 최고의 To 팁

산부인과 의사, 실라 데리즈 박사. 비스바덴

이제 천천히 서바이벌 모드에서 벗어나 일상으로 돌아올 때다. 새로운 일상에 이제 다시 익숙해져야 하고, 내면의 힘을 되찾을 시간이다. 문자 그대로, 비유적으로 다시 바깥을 향해 걸음을 내디뎌야 하는 시간, 다시금 사람답게 살 시간이다. 다음과 같은 조언을 하고 싶다.

1. 자신을 방치하지 말라. 자기 관리는 여전히 중요하다. 립글로스를 발라주거나 좋아하는 향수를 뿌리는 것만이라도 말이다.

2. 엄마가 되었어도 자기 정체성을 유지해야 한다. 당신은 엄마지만, 여전히 여자이기도 하다. 이 단계에서—이제 아기와 함께—어떤 방식으로 일상에 복귀하는가가 미래에 큰 영향을 미친다. 아이들이 자라면서 많은 부부가 헤어지는 걸 본다. 여성들이 엄마가 되었을 때 무의식적으로 내리는 결정이 이 일에 상당히 큰 영향을 미치는지도 모르겠다. 이제 당신은 엄마인 동시에 여성이자, 배우자이자, 여자친구다. 당신의 많은 면이 모두 중요하다. 우선은 엄마의 역할이 가장 중요하게 여겨질지라도 말이다.

3. 의사가 진찰했고 모든 것이 양호한 경우 다시 성생활을 해도 괜찮다. 하지만 아마도 아직 그럴 엄두가 나지 않을 것이다. 모유 수유하는 경우 아직 생리를 하지 않을 것이다. 이 경우 생리를 안 해서 편하긴 하지만, 단점으로 질 입구의 내막이 얇고 건조해질 수 있다. 그러면 성교할 때 정말 아프다! 그러므로 질 피부를 다시 촉촉하고 부드럽고 탄력 있게 만들어야 할 것이다. 질 입구에 에스트리올 크림을 발라주는 것도 방법이다. 그러면 2~3주 안에 효과가 나타날 것이다. 그러면 섹스를 해도 더 이상 고통스럽지 않고, 다시금 즐길 수 있다. 이 크림은 처방전이 있어야 살 수 있으므로 의사에게 문의하라!

4. 자궁탈출증이 있는 것 같은가? 의사나 물리치료사에게 검사를 받아라. 자궁탈출증은 정도에 따라 여러 등급으로 나뉜다. 1~2등급은 수술이 필요할 정도로 심하게 이동하지 않은 것으로 BTY 프로그램으로 훈련하면 좋아질 수 있다. 3~4등급인 경우는 수술해야 한다. 그러므로 이를 예방할 수 있다면, 노력할 가치가 있다고 하겠다. 수술은 꽤 큰 개입으로 성생활에 평생 영향을 미칠 수도 있다. 수술할 때 음핵의 해면체를 제대로 고려하지 못하기 때문이다(음핵은 하나의 작은 버튼에 불과한 것이 아니다. 53쪽을 참조하라). 또한 그곳을 지나는 신경길도 성적 쾌감에 중요한 역할을 한다. 하지만 보통은 배뇨 기능이나 지지 구조만 신경을 쓴다. 그러므로

3~4등급에 해당하는 자궁탈출증이 있어서 수술이 필요하다면 일단 시간적 여유를 가지고 외과 의사에게 이런 상황에 대해 질문해야 한다. 다른 의사에게 갈 수도 있음을 늘 염두에 두라.

성 및 부부 치료사, 안–마를레네 헤닝. 함부르크

좋지 않은 습관이 뇌에 자리 잡지 않도록 해야 한다. 이런 습관은 생각보다 더 빨리 자리 잡는다. 뇌는 변화를 좋아하지 않으므로, 자신이 원하는 삶을 살려면 적극적으로 대처해야 하다.

1. 당신은 젖을 생산하는 기계만이 아니다. 자신을 위한 여지를 만들라. 자기 일이든, 친구들과 외출하는 시간이든 자신과 자기 몸을 위한 시간을 내라. 아기와 함께 하는 시간은 당신을 위한 시간으로 셈하지 말라. 단 두 시간이라도 다른 사람에게 아기를 맡기고 자기 시간을 가져야 한다. 그런 시간을 통해 당신은 젖을 만들어내는 엄마일 뿐 아니라, 다시 한 사람의 인간으로서 존재하는 경험을 할 것이다. 이렇게 충만한 자기만의 시간을 누리고 나면 아기와 배우자에게 더 잘해줄 수 있는 마음이 생길 것이다.

2. 함께 부모가 돼라. 많은 엄마가 종종 자기도 의식하지 못하는 사이에 온통 관심이 아기에게만 간다. 그쪽에 안테나를 곤두세운다. 파트너 관계의 소소한 것들에 주의를 기울이라. 배우자가 아기 돌보는 일에 함께 참여하도록 하라. 엄마가 모든 걸 알아서 하고 계속해서 배우자가 모든 것을 잘못한다고 불평을 해대면(아기 모자 하나 고르는 것 같은 하찮은 일조차 못한다고) 그것은 '비켜요. 이건 내 아기예요. 상관하지 말아요'라고 말하는 것이나 마찬가지다. 그런 행동은 당연히 파트너 관계에 영향을 미친다. 그러므로 그런 영향이 생기지 않도록 부모 역할을 함께하라.

'육아' 여행에 함께 나서면 파트너 각자가 존중받고 스스로 소중한 존재가 된 느낌이 들 것이다.

3. 부모만이 아니라 부부로 살아야 한다. 뇌는 쉽게 오래된 습관으로 돌아간다는 사실을 잊지 말라. Back 단계에서는 성관계를 가질 수 없었다. 그러나 지금은 허용된다. 따라서 성생활을 시작해도 되는 것이다! 부모로서도, 커플로서도 함께 시간을 누리라. Back 단계에서 당신은 자신의 몸을 (새롭게) 알게 되었고, 이제 이 멋진 몸을 다시 쓸 시간이다!

물론 말은 쉽다. 그러나 음식을 먹어야 식욕도 돋워진다는 점도 사실이다. 성생활은 삶에 속하는 것이며, 아주 자연스런 욕구이다. 그러나 배고픔이나 잠과 달리 섹스는 본능은 아니다. 가장 큰 차이는 섹스를 하지 않아도 살아남는 데는 지장이 없다는 것이다. 배고프면 먹는다. 정말 피곤하면 잠을 잔다. 그러나 만족스런 성생활을 하기 위해서는 노력해야 한다. 섹스를 하지 않으면 하고 싶은 마음이 점점 줄어든다. 뇌가 스스로를 재프로그래밍하고, 새로운 습관이 생겨나는 것이다. 그러므로 지금이 섹스를 슬슬 다시 시도하기에 좋은 시점이다. 당신의 몸을 향유하고, 성적인 자아를 향유하라. 파트너와 함께하거나 혹은 홀로 하거나 아무튼 중요한 것은 성을 담당하는 뇌 영역을 활성화하는 것이다!

심리학자, 미란다 고에르츠 박사. 네덜란드 아른험

출산이 당신의 심신에 영향을 미친다는 것은 분명하다. 하지만 출산이 아기의 자신감에도 영향을 미치고, 아기가 견딜 수 있는 자극의 양, 당신과의 유대감에도 영향을 미친다는 것은 잘 알려지지 않았다. 그러므로 출산에 트라우마가 있는 경우, 아기가 균형 잡히고 안정될 수 있게끔 조처를 해주는 것이 좋다. 아기의 정서가 안정된 상태라야 엄마 역할 하기가 더 쉬워지며, 그래야 당신과 아기 사이의 애착이 강

화되어 엄마 역할이 더 행복해진다. 유감스럽게도 이런 점은 오늘날까지 진지하게 받아들여지고 있지 않다. 그러나 출산 시의 트라우마가 아기의 자신감과 아기가 세상에 적응하는 데 영향을 미친다는 것은 입증되었을 뿐 아니라, 뇌에서 물리적으로도 측정이 가능하다.

1. 특정한 방법으로 아기와 함께 출산을 시뮬레이션해볼 수 있다. 가령 터널 비슷한 것을 만들거나 스웨터 아래로 아기를 나오게 하면서 아기가 당신의 배에서 나온 상황을 묘사해보라. 아기가 겪은 일을 당신이 안다는 것을 보여주기 위해 사랑스런 음성으로 아기에게 말을 거는 것이 중요하다. 그렇게 말을 걸면서 비교적 서둘러 출산을 시뮬레이션하라. 그러나 Back 단계에서 즉각적으로 그렇게 할 필요는 없다. 그 시기에 당신은 아직 새로운 상황에 적응하느라 정신없이 서바이벌에 집중해야 하기 때문이다. 그러나 이제 To 단계에서는 슬슬 이런 일에 신경을 쓸 수 있다. 애착과 출산 트라우마를 전문적으로 다루는 심리학자를 찾아서 이런 출산 시뮬레이션을 정확히 어떻게 해야 하는지 문의하라. 그다음 스스로 적용해보면 좋을 것이다.

2. 제왕절개로 태어난 아기의 경우 애착 형성에 특히 신경을 써야 한다. 아기가 울 때 아기는 불안을 느끼는 것이다. 자극이 넘쳐날 때 종종 그런 일이 일어난다. 우는 아기를 잘 달래주고, 엄마가 있음을 느끼게 하라. 출산 트라우마가 있는 아기는 더 많은 신체 접촉과 친밀감이 필요하다. 스킨십과 친밀감이 "나는 여기 있어도 되는 사람"이라는 느낌을 강화한다.

자신에게 더 가까이 다가가기 위한 명상
당신이 느끼는 것을 인정하라! 모든 요구에 맞추어주려고 하지 말고, 가능하면 자신에게 다가가라. 이 단계에서 아직 자기 "자신"을 제대로 찾지 못했다 하더라도 아주 정상적인 일이다. 그럴 때 명상이 유익할 수 있다. 규칙적인 명상은 스트레스 수준을 낮추고, 불쾌한 일들을 더 잘 차단하고, 머리를 비우는 데도 도움이 된다. 그렇게 하여 당신은 자신을 더 잘 알 수 있고 우선순위에 놓을 수 있다.

1. 온전히 자기 자신으로 있을 수 있는 공간을 찾아라. 잠시 홀로 십 분 정도 완전히 쉼을 누릴 수 있는 공간 말이다. 원한다면 에센셜오일을 사용할 수도 있다. 가령 라벤더는 이완에 좋고, 몰약은 머리가 맑아지는 효과가 있다.

2. 방석에 책상다리하고 앉거나 편안하다고 생각되는 다른 자세를 취하라. 등을 꼿꼿하게 하고 턱은 가슴 쪽을 향하게 하고, 머리는 줄에 매달린 양 똑바로 하라. 그리고 눈을 감고, 당신으로부터 약 2미터 정도 떨어진 점에 집중하라.

3. 호흡에 집중하라. 코를 통해 세 번 숨을 깊이 들이마시고, 입으로 다시 깊이 내쉬라. 생각을 자유로이 흘러가게 하라. 의식적으로 조절하지 말고, 생각이 오게 하고 그것을 보라. 생각을 비난하거나 판단하지 말라. 생각을 그냥 깨달아라. 그러나 그밖에는 그냥 고요히 놔두라. 생각 중 하나와 작별을 하고 싶은가? 그렇다면 그것을 시각화하고 밀어 떠나보내라. 생각을 풍선 안에 붙잡아 그것을 공중으로 날려보내라. 또는 생각을 상상의 종이에 적어 그것을 강물에 떠내려가게 하라. 이런 시각화 후에 다시 호흡으로 돌아오라.

4. 그 뒤에는 생각 속에서 숲속을 걸어라. 주변 숲이 어떤 모습인지 살펴보고 당신 속의 이미지를 있는 그대로 받아들이라.

5. 하얀빛을 들이마시고, 회색 내지 갈색빛을 날숨으로 내뱉으면서 명상을 마무리하라.

6. 바로 일어나지 말고 서서히 자신에게 돌아올 수 있는 시간적 여유를 가지라. 얼굴에 함박 미소가 지어지는가? 명상이 당신에겐 별로 와닿지 않는가? 그렇다면 대안으로 주중에 네 번 정도 자연에서 산책해도 좋을 것이다.

흉터 마사지, 강력 추천!

작업 치료사, 골반저 전문가, 린지 베스털. 미국 뉴욕

흉터 조직은 단단하고 볼록해 흉터 주변 전 영역에 영향을 준다. 두세 주 지나면 상처가 아물어 더 이상 감염의 위험은 없지만, 그렇다고 완전히 회복된 것은 아니어서 아무런 조치도 하지 않으면 흉터의 물리적 영향이 오래 느껴질 수 있다.

그러므로 산후검진에서 상처가 아물었다는 확인을 받은 뒤에는 적극적으로 상황에 대처하는 편이 좋을 것이다. 약간 이상하게 들릴 수 있지만 흉터와 회음부를 마사지해주면 정말 좋다.

1. 손을 씻어라. 당연한 말을 언급하는 것은 불필요하겠지만 생식기를 다룰 때 위생은 특히나 중요하다.

2. 흉터와 주변 피부를 두루두루 마사지하라. 딱딱한 부분에 특히 신경을 써라. 그쪽으로 흉터를 움직여주라. 특별한 회음부 오일, 코코넛오일 또는 비타민 E가 함유된 제품 등 점막에 자극적이지 않은 크림이나 오일로 마사지하라.

3. 질 내부도 손상되었기에 외부 마사지만으로는 충분하지 않은 경우도 간혹 있다. 그런 경우는 안쪽도 마사지해야 한다(303쪽 참조).

아직 성생활도 하고 싶지 않고, 은밀한 부위에도 손대고 싶지 않은가? 그렇다면 신체 어떤 다른 부분의 흉터라도 이런 마사지가 필요할 수 있음을 상기하라. 모든 다른 흉터는 조직이 부드럽게끔 크림을 바르고 마사지해주지 않겠는가? 질을 보살피는 것도 의학적 적용에 불과한 것이다. 게다가 그것을 즐긴다면? 그러면 이 마사지에서 추가적인 유익을 얻는 것이다!

회음부 마사지에는 또 다른 장점이 있다. 골반저는 림프계의 펌프로서 중요한 역할을 한다. 그런데 당신이 회음부를 마사지하면 이 펌프가 활성화되어 신체가 남아도는 체액을 제거하는 데 도움이 된다. 그러므로 수치심을 극복하고 마사지를 시작하라.

제왕절개를 했다면

제왕절개를 해서 회음부에는 흉터가 없고 배에만 흉터가 있더라도 회음부 마사지는 권장할 만하다. 어쨌든 회음부는 9개월간 상당한 압력을 견뎌야 했기 때문이다. 그리고 의사가 동의를 표명하자마자 제왕절개로 인한 복부의 흉터도 마사지할 수 있다.

1. 다리를 쭉 뻗고 바닥에 편안하게 누워 고관절부터 고관절까지 걸쳐 있는 흉터 위쪽에서 손가락으로 시계 방향으로 천천히 원을 그리라. 그다음 반대 방향, 즉 시계 반대 방향으로 원을 그리라. 흉터 아래쪽에서 이 마사지를 반복하라.
2. 이제 흉터 위쪽에 선이 하나 있다고 상상하고는 그곳에 손가락을 대라. 그리고 가볍게 누르면서 위에서 아래쪽으로 한 지점을 부드럽게 마사지하라. 그다음 양쪽 고관절 쪽으로 손가락을 몇 센티미터씩 옮겨가며 마사지하고는 다시 배 중심 쪽으로 이 과정을 반복하라. 이어서 흉터 아래쪽 상상의 선을 중심으로 하여 이 마사지를 되풀이하라.
3. 누운 자세로 흉터를 조심스럽게 조금씩 조금씩 위로 들어 올려보라.
4. 1~3 단계를 반복하되 이번에는 다리를 끌어당긴 자세에서 그렇게 해보라. 그러면 약간 더 깊게 마사지를 할 수 있다.
   일주일에 3~5회, 각각 2~3분 정도 흉터를 마사지하라.

알아두기

흉터 조직이 방광을 누르는 상태에서 골반저 근육이 약한 경우 요실금이 발생할 수 있다. 이런 이유에서도 흉터를 세심하게 마사지하고 부드럽게 유지하는 것이 좋다.

> **비뇨기과–산부인과 전문의, 소니아 발라니 박사.** 미국 뉴욕
>
> 제왕절개 후에도 여전히 방광 문제로 힘든가? 하지만 방광염 검사를 해도 세균은 검출되지 않는가? 그러면 아마도 과민성 방광으로 고통받고 있는 것으로 보인다. 방치하지 말고 병원에 가라. 불편 증상을 조기에 인지하고 개선하고자 할수록 치료하기가 더 쉽다.

To 단계에서의 트레이닝

의사나 조산사가 산후검진에서 상처가 아물었고 다시 운동해도 된다고 확인해주는 경우, 낮은 레벨의 첫 트레이닝을 시작할 수 있다. 보통은 출산하고 나서 6~8주 뒤면 그렇게 할 수 있을 것이다.

그러나 시작 전에 우선 다음 질문에 답해보라.

- 2센티미터 이상의 복직근이개가 있는가(295쪽의 셀프테스트를 참조하라)? 그렇다면 연습 옆에 있는 기호에 유의하라.
- 자궁탈출증으로 고생하는가(299쪽의 셀프테스트를 참조하라)? 그렇다면 연습 옆에 있는 기호에 유의하라.
- 안쪽에 통증 매듭(트리거 포인트)이 있는가(302쪽의 테스트를 참조하라)? 그렇다면 매일 케겔 운동을 시작하기에 앞서 우선 마사지하여 통증 매듭을 제거하라.

이 단계에서 필요한 것

- 의자와 쿠션

- 손수건
- 폼롤러

매일의 BTY 케겔 운동

이 단계에서는 하루 케겔 운동을 5초까지 늘려준다. 이 운동을 하루에 3~4회 반복하고, 평생 그렇게 하면 가장 좋다. 하지만 무리해서 운동해서는 안 된다. 할 수 있는 만큼만 하라. 케겔 운동을 적절히 한다면, 평생 유익을 얻을 수 있을 것이다. 하지만 잘못하면 몸에 해가 된다.

워밍업

이 시기에는 연습을 시작하기 전에 근육을 풀어주고, 약간 활성화한 다음 돌려주고 스트레칭을 시작하라.

1. 풀어주기: 폼롤러를 사용해 필요한 근육을 잘 마사지해주라(156쪽 참조). 당신의 느낌을 믿어라. 당신의 몸을 점검하라. 어떤 부분이 경직되어 있는가, 지금 어떤 부분에 이완이 필요한가?
2. 연결을 만들라: BB 리프트 1 + 2.

마무리 운동

스트레칭으로 운동을 마무리하라.

1. 중립 자세를 취한다.
2. 머리를 좌우로 3회 돌려준 뒤, 턱을 가슴 쪽으로 세 번 숙여주고, 마지막으로 고개를 뒤로 젖혀준다. 뒤로 너무 많이 구부리지는 말라. 그렇지 않으면 척추뼈 구멍을 통과하는 혈관이 조이게 된다.
3. 어깨를 앞뒤로 세 번 돌려준다.
4. (의자에 앉은 상태에서) 다리를 털어준다.

5. (역시 의자에 앉은 상태에서) 숨을 들이마시면서 까치발을 네 번 선다. 숨을 내쉬면서 발을 위쪽으로 뻗어주는 동시에 발꿈치를 바닥 쪽으로 향하게 한다. 발을 위쪽으로 뻗은 상태를 유지하면서 말이다.

기호 설명

- (P) 자궁탈출증이 있는 경우 조심
- (P) 자궁탈출증이 있는 경우 권장
- (P) 자궁탈출증이 있는 경우 금지
- (CCC) 폼롤러로 풀어주기
- (※) 림프 마사지
- (D) 복직근이개가 있는 경우 조심
- (D) 복직근이개가 있는 경우 권장
- (D) 복직근이개가 있는 경우 금지
- (⊙) 활성화
- (!) 주의!

각각의 새로운 단계를 시작하기 전에 344쪽 이하에 "시작 조건"을 기입하고 사진을 찍어두라. 그러면 나중에 "전(before)"과 "후(after)"의 차이를 한눈에 분간할 수 있다.

7~9주 블록 3

파워하우스의 개선으로 시작해 근육의 길이를 늘려주는 스트레칭을 계속한다.
호흡에 세심한 주의를 기울이면서 압력을 적절히 분배한다.

> ▶ **BTY 앱을 열고 함께 트레이닝하라.**

준비	**XL – 호흡:** 10회
	BTY 케겔 운동: 4초 × 10회
	워밍업: 롤링으로 풀어주기, 나마스테, 에어로빅

연습

뇌–골반 연결 ⒟
(네 발 자세로)

1주	● ● ●
2주	● ● ●
3주	● ● ●

고양이–소 자세(Cat To Cow) ⒟

⚬ 위쪽 등과 아래쪽 등

⚬ 배와 허리

1주	● ● ●
2주	● ● ●
3주	● ● ●

힐 드롭(Hill drop) Ⓟ

⚬ 배

1주	● ● ●
2주	● ● ●
3주	● ● ●

내전근 볼

	1주	● ● ●
	2주	● ● ●
	3주	● ● ●

고관절 외전근 운동 Ⓓ

 다리와 엉덩이

 다리와 엉덩이

1주	● ● ●
2주	● ● ●
3주	● ● ●

리버스 플라이 Ⓓ
(의자에 앉아서)

 가슴

 등 위쪽과 어깨

1주	● ● ●
2주	● ● ●
3주	● ● ●

미니(의자) 스쿼트 Ⓓ

 허벅지, 엉덩이, 종아리

 다리와 엉덩이

1주	● ● ●
2주	● ● ●
3주	● ● ●

마무리 운동
스트레칭: 목, 어깨, 다리

동그라미로 표시하라: ⭕ = (폼롤러로) 풀어주기 / ⭕ = 활성화
중립 자세가 되도록 주의해야 할 부분에 화살표로 표시하라.

블록 3을 위한 XL - 기본 요소

XL - 기본 요소: 운동
귀리 목욕으로 질에 힐링을 선사하라

그렇다. 귀리 가루 반 컵을 따뜻한 목욕물에 넣고 10~15분 동안 불리면, 외음부를 위한 호화 패키지가 된다. 귀리 가루는 항염증 효과를 내며 붓기를 완화한다. 또한 질을 덜 건조하게 해준다.

그렇게 했는가? 예 **아니요**

XL - 기본 요소: 자세와 호흡
횡격막을 이완하라

좋은 XL - 호흡을 하려면 횡격막을 동원해야 한다. 출산 전에는 배가 점점 더 많은 자리를 차지하다 보니 자연스럽게 흉식호흡을 하게 되었을 것이다. 이로써 횡격막은 경직되어 있을 수도 있다. 하지만 쉽게 다시 풀어줄 수 있다. 똑바로 서서 손가락을 흉곽 바로 아래에 놓아라. 그리고는 가볍게 힘을 주면서 갈비뼈를 따라 손가락을 이리저리 움직이라. 처음에는 익숙하지 않은 느낌이 나겠지만, 이런 연습을 몇 번 반복하면 횡격막이 이완되고 풀어지는 느낌이 날 것이다.

그렇게 했는가? 예 **아니요**

XL - 기본 요소: 휴식과 이완
세상에서 가장 편안한 노래와 함께 마음을 가볍게

마르코니 유니언(Marconi Union)의 노래 〈웨이트리스(Weightless)〉를 검색해보라. 연구에 따르면 이 노래는 몸과 마음을 이완시켜준다고 한다. 리듬은 60BPM으로 뇌파와 심장 박동수가 즉시 그것에 맞춘다. 그러면 순식간에 이완되고, 잠도 솔솔 올 것이다!

그렇게 했는가? 예 **아니요**

엄마, 나는 저기고 있어요: 출산 후, 나로 돌아가는 시간!

XL – 기본 요소: 영양

H₂O의 힘: 균형 잡힌 수분대사

산후 몸이 잘 회복되려면 수분이 필요하다. 이것은 주스나 커피가 아니라 물의 형태로 충족되어야 한다. 우선, 물은 신체가 붙잡고 있는 수분을 배출하는 데 도움을 준다. 그 밖에도 모유 수유할 때는 수분 균형에 신경을 써주어야 한다. 그러므로 모유 수유하면서 물 한 컵을 곁에 두고 마시는 습관을 들이라. 아기를 안은 상태에서 차나 다른 뜨거운 음료를 마셔서는 안 된다. 차가 꽤 식었다고 해도 아기에게 화상을 입힐 수 있다.

이 시기에 매일 6~8컵의 물을 마시는 습관을 기르라. 기저귀 가방에 기본적으로 늘 물 한 병을 지참하라. 그러면 외출한 동안에도 수분 섭취에 문제가 없을 것이다.

하지만 물을 많이 마신다고 해도 동시에 짜게 먹으면 별 유익이 없다. 그러므로 블록 3에서는 섭취하는 염분량을 줄이는 것이 추가 도전 과제다. 염분은 약간 살찐 몸매로 체내 수분 보유량에 문제가 있는 모든 이에게 독이다. 이번 주들에는 음식의 양념을 달리해보라. 3주간 소금이나 간장 등 짠맛 나는 양념을 사용하지 말라. 그러면 변화가 느껴질 것이다!

그렇게 했는가? 예 ⬤ 아니요 ⬤

메모

자신을 돌아보기

XL – 자세와 호흡
생각하고 있는가?

	예	대부분	별로	전혀
온종일 중립 자세를 염두에 두는가?	○	○	○	○
아기를 들어 올릴 때의 올바른 자세도 염두에 두는가?	○	○	○	○
XL – 심호흡도?	○	○	○	○
아기를 들어 올릴 때의 안성맞춤 XL – 호흡도?	○	○	○	○

영양
식사는 어떻게 하는가?

	아주 좋다	좋다	그저 그렇다	좋지 않다
정직하고 건강한 음식을 먹는가?	○	○	○	○
단백질과 지방, 탄수화물이 균형을 이루는가?	○	○	○	○
1.5리터의 물을 마시는가?	○	○	○	○
하루에 걸쳐 식사를 잘 분배해서 먹는가?	○	○	○	○

휴식과 이완
쉼의 상태는 어떠한가?

이런..   좋다!

스트레스 수위는?

스스로에 대한 요구 수준은?

책임을 지는 면은?

전반적으로 분주함에 휩쓸리지 않고
생활을 잘 조망하고 있는가?

수면 부족 수준은?

트레이닝과 운동

	예	대부분	별로	전혀
트레이닝에서 진보가 느껴지는가?	○	○	○	○

하루에 몇 보를 걷는가?

0 걸음   최소한의 목표 1만 보   1만 5천

일반적인 질문들

다음 상황은 어떠한가?

이런..   좋다!

호르몬 상황은?

아이와의 애착은?

파트너 관계는?

애정생활은?

사회생활은?

일은?

골반저·복부 근육 체크 업

얼마나 자주 다음을 하는가?

전혀 하지 않는다   많이 한다

BTY 케겔 운동

XL – 호흡

상기하기

다음 블록을 시작하기 전에 골반저에 근육 매듭이 있는지를 점검해보라(302쪽 참조).
근육 매듭이 있으면 매일의 BTY 케겔 운동을 계속하기 전에 일단 그것을 풀어주라.

	예	조금	아니요
아직 꽤 심한 복직근이개로 고생하는가?	○	○	○
아직 자궁탈출증으로 고생하는가?	○	○	○
골반저 근육의 개선이 보이는가?	○	○	○

자기 분석을 토대로

다음 블록에서 나의 목표는 이것이다.

어떻게 도달할 것인가?

10~12주 블록 4

복근의 모양을 만들기 위해 계속 노력한다. 가벼운 근력 운동과 우선 실시하는
작고 부드러운 회전 운동으로 시작한다.

▶ **BTY 앱을 열고 함께 트레이닝하라.**

XL-호흡: 10회
준비 **BTY 케겔 운동:** 5초 × 10회
워밍업: 롤링으로 풀어주기, BB 리프트 1 + 2

연습

고양이-소 자세(Cat To Cow) ⒟

		1주	● ● ●
허리와 등 위쪽		2주	● ● ●
배와 허리		3주	● ● ●

힐 드롭(Hill drop) ⓟ

		1주	● ● ●
배		2주	● ● ●
		3주	● ● ●

(미니) 사이드 플랭크

		1주	● ● ●
배		2주	● ● ●
		3주	● ● ●

펠빅 브리지 (P)

- ◯ 오른쪽 허벅지 근육
- ◯ 엉덩이와 배

1주 ◯ ◯ ◯
2주 ◯ ◯ ◯
3주 ◯ ◯ ◯

풀 다운 (D)
(벽에 기대어)

- ◯ 등 근육과 가슴
- ◯ 등 위쪽과 어깨

1주 ◯ ◯ ◯
2주 ◯ ◯ ◯
3주 ◯ ◯ ◯

트라이셉스 딥스(Triseps Dips) (P)

- ◯ 가슴
- ◯ 어깨

1주 ◯ ◯ ◯
2주 ◯ ◯ ◯
3주 ◯ ◯ ◯

(미니) 스모 스쿼트 (P)

- ◯ 허벅지와 엉덩이
- ◯ 다리와 엉덩이

1주 ◯ ◯ ◯
2주 ◯ ◯ ◯
3주 ◯ ◯ ◯

마무리 운동
스트레칭: 목, 어깨, 다리

동그라미로 표시하라: ◯ = (폼롤러로) 풀어주기 / ◯ = 활성화
중립 자세가 되도록 주의해야 할 부분에 화살표로 표시하라.

XL - 기본 요소: 운동

Use it or lose it

근육에 관한 한 'Use it or lose it'이라는 만트라가 적용된다. 쓰지 않으면 쇠퇴한다. 근육을
사용하지 않으면 점점 약해지고, 힘을 잃어 몸에 부정적인 영향을 미친다. 한마디로 이 시
기에는 스스로 극기해 트레이닝을 지속해야 한다. 'Use it or lose it'이라는 원칙을 늘 명심
하고 그것을 늘 되뇌어라.

그렇게 했는가? 예 아니요

XL - 기본 요소: 자세와 호흡

올바른 XL - 호흡을 하고 있는지 체크하라

작업 치료사, 골반저 전문가, 린지 베스털. 미국 뉴욕

XL - 호흡을 더 의식적으로 수행하는 법을 배우고 싶은가? 그렇다면 매일 5분간 흉곽 아
래쪽 정도의 높이에 빙 둘러 테라밴드(제조할 때 쓰는 고무밴드)를 묶으라. 그러면 밴드를
통해 당신이 호흡할 때 배를 활용하는지 갈비뼈를 사용하는지를 느낄 수 있을 것이다.

그렇게 했는가? 예 ⬤ 아니요 ⬤

운동과학자 도리너 반라벤스베르그 박사. 네덜란드 보르트하위전

테라밴드 대신 스카프나 손수건 같은 것을 갈비뼈 아래에 묶을 수도 있다. 그다음 숨을
들이쉬면서 그것이 밀려나는 것을 보면 흉곽이 많이 확장되고 있음을 느낄 수 있을 것이
다. 이것이 바로 흉식호흡이다. 묶은 양 끝을 팽팽하게 하면 복식호흡이 무엇인지, 어떻
게 기능하는지를 뚜렷이 알 수 있을 것이다. 이를 통해 흉식호흡과 복식호흡이 어떻게 이
루어지고, 어떤 느낌이 나는지를 더 잘 이해할 수 있다.

메모

_____

_____

XL – 기본 요소: 휴식과 이완

페이스 요가: 당신을 위한 연습

얼굴에도 또한 매일 훈련해야 하는 근육들이 있다. 페이스 요가를 통해 말이다. 페이스 요가는 주름과 다크서클을 개선한다.

다크서클: 눈을 꽉 감고 엄지, 검지, 중지를 사용해 눈 밑 피부를 잡고 살짝 앞으로 당겨주라. 코에서 눈꼬리까지 그렇게 반복하라.

이마 주름: 눈썹을 치켜올리지 않고 최대한 눈을 크게 뜨라! 10회 반복하면서 늘 한결같이 눈을 뜨라.

그렇게 했는가?   예   아니요 ◯

XL – 기본 요소: 영양

단백질과 철분

근육을 강하게 요구받는 시기이다. 따라서 분만 직후와 하드 트레이닝을 하는 달들에 신체는 단백질이 많이 필요하다. 단백질은 생선, 육류, 유제품, 달걀에 들어 있다. 채식 위주의 식생활을 하는 사람은 콩, 야채, 귀리, 견과류, 씨앗 등에서 필수 아미노산을 얻을 수 있다. 하지만 골고루 먹는 것이 중요하다. 콩을 곡물과 함께 먹으면 충분한 단백질을 섭취할 수 있을 것이다.

앱을 활용해 자신이 먹는 음식을 기록하면, 자신의 식사에 얼마만큼의 단백질이 들어 있는지도 알 수 있을 것이다. 단백질은 포만감을 주고 배가 금방 꺼지지 않으므로 아침에도 단백질을 섭취하라. 그 밖에 단백질이 풍부한 영양을 섭취하면 더 많은 칼로리를 연소할 수 있다.

산후 회복 단계에서는 철분 수치에도 유의하라. 철분은 동물성 제품, 특히 붉은 육류에 함유되어 있지만, 초록 야채에도 풍부하게 들어 있다. 짙은 녹색일수록 철분도 많다. 식사 때 비타민 C가 풍부한 식품을 곁들이면 신체는 철분을 더 잘 흡수한다. 반면 유제품을 곁들이면 철분 흡수율이 떨어진다.

이 시기에는 식사 때마다 단백질, 탄수화물, 양질의 지방을 고루 섭취하도록 하고, 특히 철분이 많이 든 음식을 신경 써서 먹어라. 식생활을 파악할 수 있는 앱을 다운로드해 균형 잡힌 영향을 취하고 있는지 살피면 좋을 것이다.

그렇게 했는가?   예   아니요 ◯

일지 블록 4

자신을 돌아보기

XL – 자세와 호흡
생각하고 있는가?

	예	대부분	별로	전혀
온종일 중립 자세를 염두에 두는가?	○	○	○	○
아기를 들어 올릴 때의 올바른 자세도 염두에 두는가?	○	○	○	○
XL – 심호흡도?	○	○	○	○
아기를 들어 올릴 때의 안성맞춤 XL – 호흡도?	○	○	○	○

영양
식사는 어떻게 하는가?

	아주 좋다	좋다	그저 그렇다	좋지 않다
정직하고 건강한 음식을 먹는가?	○	○	○	○
단백질과 지방, 탄수화물이 균형을 이루는가?	○	○	○	○
1.5리터의 물을 마시는가?	○	○	○	○
하루에 걸쳐 식사를 잘 분배해서 먹는가?	○	○	○	○

휴식과 이완
쉼의 상태는 어떠한가?

이런.. 　　　　　　　　　　　　좋다!

스트레스 수위는?

스스로에 대한 요구 수준은?

책임을 지는 면은?

전반적으로 분주함에 휩쓸리지 않고
생활을 잘 조망하고 있는가?

수면 부족 수준은?

트레이닝과 운동

	예	대부분	별로	전혀
트레이닝에서 진보가 느껴지는가?	○	○	○	○

하루에 몇 보를 걷는가?

0 걸음　　　　　　　　　최소한의 목표 1만 보　　　1만 5천

일반적인 질문들

다음 상황은 어떠한가?

	이런..	좋다!

호르몬 상황은?

아이와의 애착은?

파트너 관계는?

애정생활은?

사회생활은?

일은?

골반저·복부 근육 체크 업

얼마나 자주 다음을 하는가?

전혀 하지 않는다   많이 한다

BTY 케겔 운동

XL – 호흡

상기하기

다음 블록을 시작하기 전에 골반저에 근육 매듭이 있는지를 점검해보라(302쪽 참조).
근육 매듭이 있으면 매일의 BTY 케겔 운동을 계속하기 전에 일단 그것을 풀어주라.

	예	조금	아니요
아직 꽤 심한 복직근이개로 고생하는가?	○	○	○
아직 자궁탈출증으로 고생하는가?	○	○	○
골반저 근육의 개선이 보이는가?	○	○	○

자기 분석을 토대로

다음 블록에서 나의 목표는 이것이다.

_____

어떻게 도달할 것인가?

_____

13~15주 블록 5

이 기간에는 파워하우스를 뒤편에서도 강화하기 위해 특히 허리를 세심하게 돌봐야 한다.

 BTY 앱을 열고 함께 트레이닝하라.

준비
- **XL - 호흡:** 10회
- **BTY 케겔 운동:** 5초 × 10회
- **워밍업:** 롤링으로 풀어주기, 나마스테, 에어로빅

연습

사이드 슬라이드(Side slides) Ⓟ Ⓓ

🔘 배

1주	●	●	●
2주	●	●	●
3주	●	●	●

베어 크롤(Bear Crawl) Ⓓ

🔘 배와 어깨

1주	●	●	●
2주	●	●	●
3주	●	●	●

컬 업 앤드 다운(Curl Up And Down) Ⓟ Ⓓ

🔘 무릎, 엉덩이, 윗등, 허리

🔘 배

1주	●	●	●
2주	●	●	●
3주	●	●	●

슈퍼 맘(Super Mom) Ⓓ

🔘 배

1주	⚪ ⚪ ⚪
2주	⚪ ⚪ ⚪
3주	⚪ ⚪ ⚪

스쿼트 앤드 워크 Ⓟ

🔘 대퇴골, 엉덩이와 종아리

🔘 다리와 엉덩이

1주	⚪ ⚪ ⚪
2주	⚪ ⚪ ⚪
3주	⚪ ⚪ ⚪

로(Row) Ⓓ

🔘 가슴

🔘 등과 어깨

1주	⚪ ⚪ ⚪
2주	⚪ ⚪ ⚪
3주	⚪ ⚪ ⚪

데드 버그(Dead Bug)

🔘 배

1주	⚪ ⚪ ⚪
2주	⚪ ⚪ ⚪
3주	⚪ ⚪ ⚪

마무리 운동
스트레칭: 목, 어깨, 다리

동그라미로 표시하라: ⭕ = (폼롤러로) 풀어주기 / ⭕ = 활성화
중립 자세가 되도록 주의해야 할 부분에 화살표로 표시하라.

블록 5를 위한 XL – 기본 요소

XL – 기본 요소: 운동
지난주보다 걸음 수 늘리기

산책할 때는 더 이상 느릿느릿 걷지 말고 잰걸음으로 빠르게 걸어야 한다. 지난주의 걸음 수를 확인하고, 이번 주에는 걸음 수를 좀 더 늘리도록 하라. 다음 주에는 이번 주보다 걸음 수를 조금 더 늘리고, 셋째 주에는 거기서 조금 더 늘려라. 걷기는 근육 건강, 혈액순환, 머릿속이 맑아지는 것까지 여러모로 건강에 유익하다.

그렇게 했는가? 예 **아니요**

XL – 기본 요소: 자세와 호흡
뮤지컬 스타이자 보컬 코치, 라르스 마크

자세와 호흡과 목소리는 서로 연결되어 있다. 무대에 나갈 때 나는 늘 그것을 의식한다. 자세, 호흡이 서로 어떻게 영향을 미치는지 경험하는 가장 좋은 방법은 모든 새로운 발화에서 아기의 소리를 흉내 내는 것이다. 소리를 지르고, 울어대고, 칭얼대고, 신음하는 등 그 모든 이상하고 특별한 소리를 말이다. 아기가 아직 무슨 생각을 하고 그런 소리를 내는 것이 아니므로 신체가 이런 소리를 낼 때 당신의 전신이 참여하는 것을 느낄 수 있을 것이다. 울어대는 아기를 보면 복강에 압력이 가해지는 것이 눈에 잘 띌 것이다. 배는 더 둥글어진다. 따라서 호흡 압력이 증가한다.

그렇게 했는가? 예 **아니요**

XL – 기본 요소: 휴식과 이완

일상의 즐거움과 행복의 순간을 기록하라

좋은 것들을 적어보면 자신의 감정과 자신이 정말로 좋아하는 것들을 더 잘 의식하게 된다. 주말마다 한 주를 돌아보며 당신을 행복하게 하는 다섯 가지, 감사한 것 네 가지, 웃게 만드는 것 세 가지, 자랑스럽게 만드는 두 가지를 적어보라. 자신에 대한 칭찬도 한 가지 적어보라. 당신은 놀라운 사람이기 때문이다.

그렇게 했는가? 예 ⬤ 아니요 ⬤

XL – 기본 요소: 영양

씹고 씹고 또 씹고

소화는 입에서 시작된다. 씹을 때 음식이 타액과 섞인다. 아름답게 들리지는 않지만, 이것은 타액 속의 효소가 음식의 전분을 분해하는 아주 중요한 과정이다. 이를 통해 음식은 소화하기 쉽게 된다. 또한 잘 씹으면 타액이 더 많이 분비되고, 이것은 치아에 좋다. 즉 침은 산을 중화시키고 입안의 박테리아를 사멸시킨다. 세 번째 유익은 입이 음식을 씹기 위해 열심히 일할 때 뇌는 더 빨리 "배가 부르다"라는 신호를 받는다는 것이다. 그리하여 잘 씹으면 저절로 덜 먹게 된다. 여기서 그치지 않고, 씹는 행위는 뇌 활동에도 좋다. 이 기간에는 씹는 것에 각별한 주의를 기울이라. 평소보다 조금 더 오래 씹어라. 성급하게 꿀꺽 삼키지 말고, 음식이 거의 액체가 될 때까지 씹고 씹고 또 씹으라. 그다음에 비로소 삼키라. 그렇게 며칠 지나면 자연스럽게 더 오래 씹고 있는 자신을 발견하게 될 것이다. 간단한 트릭이지만 여러모로 유익하다!

그렇게 했는가? 예 ⬤ 아니요 ⬤

메모

_____

_____

_____

_____

자신을 돌아보기

XL – 자세와 호흡

생각하고 있는가?	예	대부분	별로	전혀
온종일 중립 자세를 염두에 두는가?	○	○	○	○
아기를 들어 올릴 때의 올바른 자세도 염두에 두는가?	○	○	○	○
XL – 심호흡도?	○	○	○	○
아기를 들어 올릴 때의 안성맞춤 XL – 호흡도?	○	○	○	○

영양

식사는 어떻게 하는가?	아주 좋다	좋다	그저 그렇다	좋지 않다
정직하고 건강한 음식을 먹는가?	○	○	○	○
단백질과 지방, 탄수화물이 균형을 이루는가?	○	○	○	○
1.5리터의 물을 마시는가?	○	○	○	○
하루에 걸쳐 식사를 잘 분배해서 먹는가?	○	○	○	○

휴식과 이완

쉼의 상태는 어떠한가?   이런..   좋다!

스트레스 수위는?

스스로에 대한 요구 수준은?

책임을 지는 면은?

전반적으로 분주함에 휩쓸리지 않고
생활을 잘 조망하고 있는가?

수면 부족 수준은?

트레이닝과 운동

	예	대부분	별로	전혀
트레이닝에서 진보가 느껴지는가?	○	○	○	○

하루에 몇 보를 걷는가?

0 걸음   최소한의 목표 1만 보   1만 5천

일반적인 질문들

다음 상황은 어떠한가?

이런..   좋다!

호르몬 상황은?

아이와의 애착은?

파트너 관계는?

애정생활은?

사회생활은?

일은?

골반저·복부 근육 체크 업

얼마나 자주 다음을 하는가?

전혀 하지 않는다   많이 한다

BTY 케겔 운동

XL – 호흡

상기하기

다음 블록을 시작하기 전에 골반저에 근육 매듭이 있는지를 점검해보라(302쪽 참조).
근육 매듭이 있으면 매일의 BTY 케겔 운동을 계속하기 전에 일단 그것을 풀어주라.

	예	조금	아니요
아직 꽤 심한 복직근이개로 고생하는가?	○	○	○
아직 자궁탈출증으로 고생하는가?	○	○	○
골반저 근육의 개선이 보이는가?	○	○	○

자기 분석을 토대로

다음 블록에서 나의 목표는 이것이다.

_____

어떻게 도달할 것인가?

_____

16~18주 블록 6

다음 연습 중 많은 것이 정적인 운동이다. 이런 연습을 할 때는 움직이지 않고,
자세를 그냥 유지하고 있어야 한다. 목표는 힘을 되찾는 것이다.

▶ **BTY 앱을 열고 함께 트레이닝하라.**

준비	**XL - 호흡:** 10회
	BTY 케겔 운동: 5초 × 10회
	워밍업: 롤링으로 풀어주기와 BB 리프트 1 + 2

연습

스모 스쿼트 앤드 워크(Sumo Squat'n'Walk) Ⓟ

- 다리와 엉덩이
- 다리와 엉덩이

1주	● ● ●
2주	● ● ●
3주	● ● ●

플랭크 Ⓓ

- 엉덩이와 배

1주	● ● ●
2주	● ● ●
3주	● ● ●

테이블 톱(Table Top) Ⓓ

- 등 근육과 가슴
- 엉덩이와 배

1주	● ● ●
2주	● ● ●
3주	● ● ●

고관절 외전근 운동 Ⓓ

🔲 다리와 엉덩이

⬭ 다리와 엉덩이

1주	○	○	○
2주	○	○	○
3주	○	○	○

리버스 플라이 Ⓓ

🔲 가슴

⬭ 윗등과 어깨

1주	○	○	○
2주	○	○	○
3주	○	○	○

컬 업 앤드 다운(Curl Up And Down) Ⓟ Ⓓ

🔲 무릎, 엉덩이, 윗등과 아랫등

⬭ 배

1주	○	○	○
2주	○	○	○
3주	○	○	○

사이드 플랭크

⬭ 배

1주	○	○	○
2주	○	○	○
3주	○	○	○

마무리 운동
스트레칭: 목, 어깨, 다리

동그라미로 표시하라: ○ = (폼롤러로) 풀어주기 / ○ = 활성화
중립 자세가 되도록 주의해야 할 부분에 화살표로 표시하라.

블록 6를 위한 XL – 기본 요소

XL – 기본 요소: 운동

비타민 D 30분: 일광욕

이 기간 매일 30분 동안 야외에서 보내라. 산책하면 가장 좋다. 오전 11시에서 오후 3시 사이에 산책하라. 그러면 태양이 높이 떠서 신체가 충분한 비타민 D를 만들어낼 수 있다. 옷으로 몸을 다 가리지 말고, 맨살을 좀 드러내면 비타민 D가 더 많이 생겨난다.

그렇게 했는가?　예 ●　아니요

XL – 기본 요소: 자세와 호흡

신발을 살펴보라. 지금 어떻게 걷고 있는가?

발의 상태는 파워하우스와 직접적으로 연결된다. 그래서 걸을 때 안쪽이나 바깥쪽으로 치우친 압력을 가하면 고르지 못한 압력이 곧장 파워하우스에 영향을 미친다. 잘 걷고 있는지 확인하려면 신발을 살펴보라. 한쪽이 다른 쪽보다 더 많이 닳았는가?

그렇게 했는가?　예 　아니요

XL – 기본 요소: 휴식과 이완

아름다움을 위한 짧은 순간

엄마로 살아가면서 자신을 방치하기가 정말 쉽다. 하루는 여태껏 지내온 그 어느 시기보다 정신없이 빠르게 지나가고, 여유 있게 샤워할 시간조차 없을 때가 많다. 하지만 이 시기에는 이제 자신에게 그런 순간들을 허여해야 할 것이다. 헤어팩을 하거나 여유를 가지고 긴 목욕을 하거나 오일과 설탕으로 천연 필링제를 만들어 피부 관리를 해보라. 자신에게 잘해 주라!

그렇게 했는가?　예 　아니요

메모

엄마, 나는 지퍼고 있어요: 출산 후, 나를 돌아가는 시간

XL - 기본 요소: 영양
의식적으로 먹기

물론 부리나케 뭔가를 먹어 치워버릴 수도 있지만, 의식적으로 주의 깊게 먹을 수도 있다. 그렇게 하면 식사 시간을 통해 더 많은 유익을 얻을 수 있다.

이 기간에 자신과 가족이 의식적으로 누리며 식사할 수 있도록 하라. 다음과 같이 하라.

- 모두 함께 식탁에 앉아 먹는다.
- 시간 여유를 가지고 먹는다.
- 음식을 만들고 식사하는 동안 조용한 음악이 흐르게 한다.
- 핸드폰이나 다른 전자기기는 테이블 위에 올려놓지 않는다.
- 의식적으로 씹는다.
- 먹거리마다 이것이 심신에 좋은 영향을 미칠지를 자문한다.

그렇게 했는가?   예   아니요 ●

팁

기대보다 진보가 더디다는 생각이 드는가? 무엇보다 여전히 자궁탈출증으로 고생하고 있고, 골반저도 여전히 조절되지 않는가? 그렇다면 골반저 전문의를 찾아가보아야 한다. 골반저 전문의는 출산하는 동안 항문거근이 손상되었는지 진찰할 것이다. 이 근육은 출산 중에 때로 부분적으로 찢어지기도 한다. 근육을 다시금 온전하게 복구할 수는 없지만 주변 근육을 특히 잘 훈련하면(BTY 프로그램의 운동이 도움이 될 것이다.) 불편을 최소화할 수 있다. 전문의가 이런 경우 어떤 조처를 해주어야 하는지 상세히 설명해줄 것이다.

자신을 돌아보기

XL – 자세와 호흡
생각하고 있는가?

	예	대부분	별로	전혀
온종일 중립 자세를 염두에 두는가?	○	○	○	○
아기를 들어 올릴 때의 올바른 자세도 염두에 두는가?	○	○	○	○
XL – 심호흡도?	○	○	○	○
아기를 들어 올릴 때의 안성맞춤 XL – 호흡도?	○	○	○	○

영양
식사는 어떻게 하는가?

	아주 좋다	좋다	그저 그렇다	좋지 않다
정직하고 건강한 음식을 먹는가?	○	○	○	○
단백질과 지방, 탄수화물이 균형을 이루는가?	○	○	○	○
1.5리터의 물을 마시는가?	○	○	○	○
하루에 걸쳐 식사를 잘 분배해서 먹는가?	○	○	○	○

휴식과 이완
쉼의 상태는 어떠한가?

이런..　　　　　　　　　　　　　　　　　　　좋다!

스트레스 수위는?

스스로에 대한 요구 수준은?

책임을 지는 면은?

전반적으로 분주함에 휩쓸리지 않고
생활을 잘 조망하고 있는가?

수면 부족 수준은?

트레이닝과 운동

	예	대부분	별로	전혀
트레이닝에서 진보가 느껴지는가?	○	○	○	○

하루에 몇 보를 걷는가?

0 걸음　　　　　　　　　　최소한의 목표 1만 보　　　　1만 5천

엄마, 나는 자라고 있어요! 출산 후, 나를 돌아가는 시간

일반적인 질문들
다음 상황은 어떠한가?

이런..   좋다!

호르몬 상황은?

아이와의 애착은?

파트너 관계는?

애정생활은?

사회생활은?

일은?

골반저·복부 근육 체크 업
얼마나 자주 다음을 하는가?

전혀 하지 않는다   많이 한다

BTY 케겔 운동

XL – 호흡

상기하기

다음 블록을 시작하기 전에 골반저에 근육 매듭이 있는지를 점검해보라(302쪽 참조). 근육 매듭이 있으면 매일의 BTY 케겔 운동을 계속하기 전에 일단 그것을 풀어주라.

	예	조금	아니요
아직 꽤 심한 복직근이개로 고생하는가?	○	○	○
아직 자궁탈출증으로 고생하는가?	○	○	○
골반저 근육의 개선이 보이는가?	○	○	○

자기 분석을 토대로

다음 블록에서 나의 목표는 이것이다.

어떻게 도달할 것인가?

17

3단계: YOU

임신과 출산 이후의 세 번째이자 마지막 회복 단계가 이제 시작된다. 당신에게 돌아갈^{Back to you!} 시간이다! 이제 당신의 심신은 서서히 임신 전의 상태로 나아갈 수 있다. 당신의 몸은 더 힘을 낼 수 있고, 당신은 다시 몸매를 생각할 수 있게 되었으며, 당신의 골반저는 출산 동안 겪었던 어마어마한 사건으로부터 회복되었다. 매일매일 놀랍고 긴장감 넘치는 일들이 일어나고, 밤마다 여전히 예전처럼 내리 푹 잘 수 없긴 하지만, 아기와 함께하는 생활이 더 이상 완전히 새롭지는 않다. 당신은 어느 정도 이미 새로운 루틴에 익숙해졌을 것이다. 이제 다시금 신체적으로나 정신적으로 자신에게 돌아갈 수 있다.

이제 새로운 단계가 시작된 바로 지금, 엄마의 죄책감이 다시금 고개를 들 수도 있다. 언제쯤 자신을 맨 우선순위에 놓을 수 있을까? 아기와 가족에게 주고 싶은 사랑과 자신을 돌보는 일이 어떻게 균형을 이룰 수 있을까? 직업 활동, 친구들, 가사 일과 자기 돌보기가 어떻게 조화를 이룰 수 있을까? 이 모든 것 사이에 자신을 위한 시간과 공간은 어디에 있을까?

당신 앞에 커다란 양심의 시험과 힘든 트레이닝이 놓여 있다.
하지만 이를 통과하고 나면, 당신은 다시금 자기 자신이 될 것이다.

그냥 자기 자신이 아니라, 더 멋지고 더 충만한 자기 자신으로 거듭날 것이다.

3단계: You에서 당신을 기다리는 것

- 실용적인 것: 체중 감량
- 전문가 팁: 최고의 전문가가 알려주는 최상의 You 팁

체중 감량... 바이바이 살들아!

다시 조금 정신이 들고 보니 임신 기간과 출산 이후에도 계속 불어난 체중이 체감될 것이다. 이제 그동안 붙은 살을 좀 뺄 시간이다. 하지만 억지로 다이어트를 하는 것이 아니라 아주 자연스런 방식으로 해보자. 여기에서 소개하는 원칙들을 내면화하면 군살은 사라지고, 다시 돌아오지 않을 것이다! 자, 앞으로 평생 아름다운 몸매를 유지할 수 있는 방법을 공개한다. 생활 방식을 조절하면 어렵지 않다. 생각보다 쉽고, 효과적이다.

① 모유 수유 중이거나 모유 수유를 중단하고 첫 두 달간은 다이어트를 하지 말라. 당신의 체중이 늘었는지를 확인하기에 앞서 모유 수유 호르몬이 몸에서 빠져나와야 한다. 어느 순간 당신은 모유 수유할 때 갑자기 훨씬 살이 많이 빠진다는 것을 알게 될 것이다. 이것은 학문적으로 입증되지는 않았지만, 모유 수유하는 엄마들은 흔히 아는 사실이다. 아기가 엄마의 살을 다 젖으로 빨아먹었나 싶을 정도라는 걸 말이다. 아마 당신이 원하는 것만큼 몸무게가 많이 빠지지는 않겠지만, 그래도 1킬로그램, 1킬로그램이 중요하지 않은가?

모유 수유는 과식을 위한 변명이 되어서는 안 된다. 물론 모유 수유할 때는 영양소가 추가로 필요하다. 하지만 이것이 건강한 음식이기만 하면 모든 것을 가리지 않고 많은 양을 먹어도 좋다는 면죄부는 아니다. 영양소와 칼로리 섭취량에 주의하라.

② 키와 일상적인 활동을 감안해 자신이 어느 정도의 칼로리를 필요로 하는지를 따져보라. 보통은 하루에 2000킬로칼로리 정도가 필요하다. 칼로리 공급량을 측정하고 단백질, 탄수화물, 건강한 지방을 충분히 섭취하고 있는지 혹은 너무 많이 섭취하고 있는지를 보여주는 앱을 다운받아라. 그리고 3주간이 앱을 활용하라. 그렇게 하면 자신의 식생활을 조망할 수 있을 것이다.

③ 모유 수유를 중단했고, 이제 군살을 좀 빼고 싶은가? 그렇다면 예전에 섭취했던 양보다 열량을 몇 백 칼로리 정도 줄여야 한다. 가령 예전에 2000킬로칼로리를 섭취했다면, 이제 하루에 1700킬로칼로리로 줄여라. 그러면 부족함이 없이 먹고도 매일 조금씩 살이 빠진다. 위장은 서서히 조금 더 소식하는 데 익숙해져서 배고픔을 별로 느끼지 않게 될 것이다. 초과분의 체중을 감량하고 나면 다시금 자신의 키와 이상적 몸무게에 필요한 양만큼의 열량을 섭취할 수 있다.

④ 트레이닝을 빼먹지 말라. You 단계에서의 연습들은 이제부터 평생 동안할 수 있는 것들이다. 모든 연습에서 아주 많은 지방을 연소할 수 있다. 일주일에 세 번, 평계 대지 말고 하라.

⑤ 식사할 때는 작은 그릇을 활용하라. 황당하게 들릴지 몰라도 그렇게 함으로써 더 소식할 수 있음은 이미 입증된 사실이다. 작은 접시에 가득 담긴 음식

을 보면, 뇌는 그 이상의 음식은 필요하지 않다는 신호를 보낸다.

6. 아침에 기상하고 나서 한 시간 내로 풍성한 아침 식사하라. 그러면 혈당 수치가 너무 곤두박질쳐서 배가 몹시 고픈 상태가 되는 걸 예방할 수 있다.

7. XL – 기본 요소의 조언에 따라 식사하라. 평범하지만 가공되지 않은 진짜 음식을 먹어라. 그러면 살이 몇 킬로그램 빠지고, 계속 그렇게 먹으면 결코 다시 살이 찌지 않을 것이다. 다이어트를 하지 않아도 말이다!

8. 입에는 순간이로되 뱃살은 평생 간다. 그러나 살을 빼는데 음식만이 유일한 걸림돌인 것은 아니다. 정말 살을 빼고 싶다면 하기 싫은 마음을 억제하고 꾸준히 운동해야 한다. 가능하면 높은 레벨에서 많은 운동을 하라. 이를 악물고 극기를 하며, 목표를 눈앞에 그리라. 자 시작하자!

최고의 전문가가 알려주는 최고의 You 팁
산부인과 의사, 실라 데리즈 박사. 비스바덴

당신은 다시 자신이 된다. 완전히 당신 자신이며, 더 나은 자신으로 선다. 혹은 아직 온전한 자기 자신이 아닌가? 한번 점검해보라.

1. 당신은 정말로 자신에게 만족하는가? 일, 개인적인 생활, 사회적 접촉, 친구 관계와 관련한 자신의 결정에 만족하는가? 만약 그렇지 않다면 뭔가를 변화시켜야 할 것이다. 여성으로서 당신은 지금의 상황을 편안하게 느껴야 할 것이다. 당신 자신

을 위해서뿐 아니라, 그렇게 하는 것이 아이에게도 본보기가 되고, 파트너 관계에도 좋다.

2. 성생활을 다시 하고 있는가? 그렇지 않다면 지금이 노력할 때이다. 하고 싶을 때까지 기다리기보다 그냥 해야 하고 싶은 마음도 돌아온다. 식욕도 먹으면서 돌아오지 않는가. 한번 혹은 여러 번 하고 나면 더 좋아질 것이다. 하고 싶었다는 걸 깨달을 것이다. 따라서 출산하고 나서 약 일 년간 섹스를 하지 않았다면, 곧 섹스를 위해 시간을 할애해야 한다. 이것은 의사의 처방이다.

3. 당신의 몸은 당신의 성전과 같다. 오랫동안 누리고 싶을 것이다. 하지만 몸은 외모나 마음처럼 잘 가꾸어주어야 한다. 꾸준히 운동하면 보람이 있을 것이다. 30대에 규칙적으로 운동을 한 사람은 컨디션이 좋고 더 건강한 기분으로 살아갈 뿐 아니라, 나중에 갱년기의 호르몬 변화에도 잘 대처할 수 있다. 잘 관리하면, 30대, 40대, 50대, 그 이상의 나이까지 활력과 매력을 유지할 수 있다. 또한 다음 임신도 잘 감당할 수 있다. 운동은 거의 언제나 의미가 있다.

성생활 및 부부 치료사, 안-마를레네 헤닝, 함부르크

장기간 부부로 지내다 보면 성생활을 뒷전으로 할 때가 많다는 걸 연구가 보여준다. 그러므로 호기심을 유지하라. 함께하는 시간을 만들고, 몸과 늘 접촉을 유지하라. 섹스는 항상 자연스레 이루어지는 것처럼 보이지만, 꼭 그렇지는 않다. 밴크로프트와 얀센에 의하면 섹스는 액셀러레이터-브레이크 시스템으로 결정된다(51쪽 참조). 그러므로 어떤 사람들은 별로 성욕이 없고, 성생활을 하기 위해서는 노력해야 한다. 식욕도 음식을 먹을 때 비로소 살아난다는 것을 생각하라. 성도 마찬가지다. 다시 성생활을 하고, 자신과 자신의 파트너 관계를 늘 새롭게 발견하라. 다른 사람들이 하는 말을 듣지 말고, 내면의 섹스 요정 말을 들어라.

심리학자, 미란다 고에르츠 박사, 네덜란드 아른험

You 단계가 되면 이제 자신으로 돌아가고, 자신의 힘을 되찾게 된다.

1. 목표를 설정하는 것이 좋을 것이다. 1년 후의 내 삶은 어떤 모습이어야 할지 자문해보라. 무엇을 이루고 싶은가? 먼저 자신에게 물어본 뒤 파트너나 친구와 의견을 나누라. 당신이 원하는 것을 분명히 하도록 하라. 목표와 바람이 분명하면 결정을 내릴 때 훨씬 편하고, 그 결정들이 '백투유'로 가도록 도와줄 것이다. 목표를 이루는 데 걸림돌이 되는 요인이 무엇인지 혹은 어떤 두려움이 그 길을 방해하는지도 자문해보라.
   작은 걸음을 내딛고, 당신이 어쩔 수 없는 부분이 아닌, 스스로 영향을 미칠 수 있는 부분에 집중하라.

2. 때때로 부부 모두 긴장을 좀 누그러뜨려야 함을 받아들이라. 긴장이 조성되는 것이 상황 때문이지 파트너나 당신에게 문제가 있어서가 아님을 생각하라.

3. 규칙적인 일상을 보내고자 노력하라. 건강한 리듬이 삶을 살아가는 데 굉장한 도움이 될 것이다. 정해진 루틴은 정신적 에너지를 덜 들게 만든다.

일로 복귀?

어떤 여성들은 직장에 복귀하는 걸 고대한다. 반면 어떤 여성들은 다시 일로 복귀해야 한다는 걸 생각하기조차 싫어한다. 다음의 실용적인 팁은 직장으로의 복귀를 더 수월하게 만들어줄 것이다.

적응의 시간

태어난 지 얼마 안 되었지만, 아이도 이제 삶의 새로운 국면을 맞이하게 될 것이다. 베이비시터에게 맡기든, 보모에게 맡기든, 어린이집에 맡기든, 조부모에게 맡기든, 이제 아기와 당신 모두 새 삶에 익숙해져야 할 것이다. 그러므로 다시 직장에 복귀하기 전에 어린이집이든 조부모든, 보모든 계획에 따라 몇 번 아기를 맡기는 연습을 하라. 잘 안되면 즉시 아기를 데려올 수 있다. 적응하는 데는 약간의 시간이 필요하므로 자신과 아이에게 시간을 허락해야 한다.

동료들을 방문하라

직장에 복귀하기 며칠 전 아기를 데리고 직장을 둘러보면 좋을 것이다. 그렇게 하면 당신이 직장에 복귀해서 아기 이야기를 할 때 동료들이 아기를 구체적으로 떠올릴 수 있을 것이다. 그리고 이렇게 함으로써 당신이 다시 직장 분위기에 익숙해지는 기회를 마련할 수 있다. 당신은 최근의 소식과 상황을 알게 될 것이다. 그러면 진짜 첫 출근 날 모든 것이 한꺼번에 밀어닥치지 않아 좋을 것이다.

협의하라: 누가 무엇을 맡을 것인가?

부부가 이제 서로 역할 분담에 대해 협의할 시점이다. 누가 집안일을 해결할 것인가? 어린이집에 보낸 아기가 몸이 안 좋아 데리러 가야 하는 경우, 누가 그 일을 맡을 것인가? 협의는 파트너 관계에서 정말 중요하다. 한쪽이 너무 많은 일을 떠맡고는 나중에 상대에게 적극적으로 협조하지 않았다고 비난을 퍼붓는 바람에 깨지는 관계들이 자못 많다. 그렇다. 협의하면 평온이 깃든다.

준비

준비를 잘해 놓을수록 하루의 시작과 마무리가 더 쉬워진다. 가급적 저녁에 많이 준비해놓아라. 출근할 때 입을 옷과 아기옷을 준비해놓고, 당신의 가방과 아기의 가방을 싸놓아라. 때에 따라 아침 식사 준비도 해놓아라. 아기를 챙겨가며 아침에 출근 준비를 하는 스트레스는 어마어마하다. 따라서 저녁에 준비를 철저히 해놓으면 아침에 훨씬 가뿐해진다. 큰 차이다. 주중에 필요한 식료품은 주말에 구입하라. 한 주 동안 무엇을 먹을지 생각하라. 그러면 매일 조금씩 시간이 절약된다. 그 밖에도 퇴근하고 와서 저녁에 아기를 데리고 마트에 가고 싶지는 않을 것이다.

주 중반에 시작

직장에 복귀할 때 월요일부터 출근하는 것이 당연해 보이지만, 경험에 비추어 보면 수요일 정도에 출근하는 것이 더 쉽다. 처음 아기를 맡기는데 한주 내내 맡기는 것으로 시작하지 말고 일단 반 주를 맡기는 것으로 시작하면 적응이 더 쉽기 때문이다.

YOU 단계에서의 트레이닝

회복의 마지막 단계가 시작된다. 당신은 열심히 하며, 점점 더 효율적인 운동으로 체력과 근력, 기동성과 안정성을 기른다. 점점 어려워진다.

주의

골반저에 여전히 문제가 있는가? 그렇다면 Back 단계나 To 단계에 나오는 골반저 운동을 되풀이하라.

이 단계에 필요한 것

- 아령(1~10kg, 조절 가능하다)

- 폼롤러
- 줄넘기
- 짐나스틱밴드(선택 사항)
- 짐나스틱볼(선택 사항)

매일의 BTY 케겔 운동

5초를 고수한다. 하지만

- 19~21주 프로그램에서는 BTY 케겔 운동을 응용한 것으로, 선 자세로 골반저를 트레이닝하는 운동법을 배우게 될 것이다.
- 25~27주에는 이제 한 단계 더 나아가 걸어 다니면서 골반저를 트레이닝하는 법을 배우게 될 것이다.
- 31~33주에는 골반저가 정말 흥미진진해진다. 점프하면서 골반저를 훈련하게 될 것이다!

워밍업

You 단계에서는 워밍업의 네 버전을 만나게 될 것이다. 네 버전 모두 동일하게 폼롤러로 시작한다. 근육이 가능한 한 잘 기능하는 것이 중요하다. 이제 점점 힘들어지기 때문이다. 워밍업의 더 활동적인 부분은 연습하기에 잘 준비된 몸을 만들어줄 것이다. 여러 워밍업 운동을 정확히 어떻게 실행하는지 BTY 앱에서 확인하라.

- 폼롤러 + 에어로빅 1분 + 서 있는 도마뱀 자세 1분
- 폼롤러 + 점핑잭 1분 + 힙 트위스트 1분
- 폼롤러 + 줄넘기 3분 + 힙 트위스트 1분

마무리 운동

이 단계에서는 세 가지 버전의 마무리 운동이 있다.

1. XL – 마무리 운동: 여기서는 근육 스트레칭에 중점을 둔다.

   신체 부위별로 스트레칭을 하며, 각 근육이 확연히 이완될 때까지 스트레칭을 계속한다.

2. 보디 스캔: 근육 이완, 마음 챙김, 명상의 조합

   바닥에 평평하게 누워 눈을 감아라. 바닥에 닿은 발을 느껴보라. 종아리, 무릎, 몸의 나머지 부분도 느껴보라. 의식적으로 몸의 각 부분으로 들어가 보라. 의식적으로 들숨과 날숨에 똑같은 시간이 걸리도록 해보라. 그러면 근육이 더 빨리 이완된다. 정수리까지 의식적으로 느껴본 뒤 이 연습을 마치라. 이제 신체 각 부분을 움직이고 스트레칭하라. 천천히 다시 눈을 뜨고, 천천히 일어서라.

3. 천천히 15분간 산책하라. 그렇게 하면 근육과 영혼에 좋다. 땀을 많이 흘렸으니 외출하기 전에 얼른 상의, 재킷 또는 스웨터를 갈아입어라.

특별한 주, 40주

당신이 언제 완전히 자신으로 돌아올지 정확한 날짜를 말할 수는 없다. 어떤 여성들은 9개월 만에 그렇게 되고, 어떤 여성들은 더 오래 걸린다. 하지만 한 가지 확실한 것은 이 훈련을 꾸준히 하면 모든 것을 할 수 있다는 것이다! 따라서 이번 주를 특별한 테스트와 더불어 힘차게 시작하게 될 것이다. 이 테스트에서 당신이 방광이 가득 찬 상태에서도 뜀뛰기를 할 수 있고, 소변이 새지 않는지 점검하게 될 것이며, 또한 아주 특별한 마무리 운동으로 이 주를 마감하게 될 것이다. 우리를 위해, 당신을 위해. 다시 당신으로 돌아올 수 있었던 것을 축하하는 바이다!

기호 설명

(P) 자궁탈출증이 있는 경우 조심

(P) 자궁탈출증이 있는 경우 권장

(P) 자궁탈출증이 있는 경우 금지

(≡) 폼롤러로 풀어주기

(※) 림프 마사지

(D) 복직근이개가 있는 경우 조심

(D) 복직근이개가 있는 경우 권장

(D) 복직근이개가 있는 경우 금지

(⊙) 활성화

(!) 주의!

각각의 새로운 단계를 시작하기 전에 344쪽 이하에 "시작 조건"을 기입하고 사진을 찍어두라. 그러면 나중에 "전(before)"과 "후(after)"의 차이를 한눈에 분간할 수 있다.

Back To You

19~21주 블록 7

이제 본격적으로 복근 운동을 해보자. 이 블록에서는 기본 골반-호흡 운동을 서 있는 상태에서 골반저를 활용할 수 있는 변형 운동으로 대체한다.

 BTY 앱을 열고 함께 트레이닝하라.

준비	**XL-호흡:** 10회
	BTY 케겔 운동: 5초 × 10회
	워밍업: 롤링으로 풀어주기, 에어로빅, 서 있는 도마뱀 자세

연습

스플릿 스쿼트(Split Squats) P

 다리와 엉덩이

 다리와 엉덩이

1주	⬤ ⬤ ⬤
2주	⬤ ⬤ ⬤
3주	⬤ ⬤ ⬤

다운워드 도그(Downward Dog) P D

 무릎, 엉덩이, 허리, 등 근육

1주	⬤ ⬤ ⬤
2주	⬤ ⬤ ⬤
3주	⬤ ⬤ ⬤

윗몸일으키기 P D

 허리

 배

1주	⬤ ⬤ ⬤
2주	⬤ ⬤ ⬤
3주	⬤ ⬤ ⬤

하이퍼백(Hyperback) Ⓓ

- 🔘 허리
- 🔘 허리

	1주	⚪ ⚪ ⚪
	2주	⚪ ⚪ ⚪
	3주	⚪ ⚪ ⚪

데드 버그(Dead Bug)

- 🔘 배

	1주	⚪ ⚪ ⚪
	2주	⚪ ⚪ ⚪
	3주	⚪ ⚪ ⚪

베어 크롤(Bear Crawl) Ⓓ

- 🔘 복부와 어깨

	1주	⚪ ⚪ ⚪
	2주	⚪ ⚪ ⚪
	3주	⚪ ⚪ ⚪

사이드 슬라이드 Ⓟ Ⓓ

- 🔘 배

	1주	⚪ ⚪ ⚪
	2주	⚪ ⚪ ⚪
	3주	⚪ ⚪ ⚪

마무리 운동
XL - 마무리 운동

동그라미로 표시하라: ⚪ = (폼롤러로) 풀어주기 / ⚪ = 활성화
중립 자세가 되도록 주의해야 할 부분에 화살표로 표시하라.

블록 7을 위한 XL – 기본 요소

XL – 기본 요소: 운동
스포츠클럽에 등록하라

때로는 엄마로 사는 것이 상당히 힘들고, 외로울 수 있다. 당신만 그런 것이 아니다. 전보다 집에 있는 시간이 훨씬 많아지고, 사회적 만남이 드물어졌을 것이다. 스포츠클럽이나 헬스 클럽 같은 곳에 등록하라. 그러면 매주 몇 시간 외출할 좋은 구실이 생긴다.

그렇게 했는가? 예 아니요

XL – 기본 요소: 자세와 호흡
종아리 시간

종아리는 골반에 매우 중요하다. 좀 이상하게 들릴지 몰라도 종아리가 짧으면 섰을 때 자세가 올바르지 않고, 이런 잘못된 자세는 골반 불균형으로 이어질 수 있다. 그러므로 이번 주에 종아리를 편안하게 해주고 종아리를 스트레칭해주라. 발가락을 계단 위 등 약간 높은 곳에 놓고 발뒤꿈치를 아래로 내리라. 기분 좋은 만큼 그렇게 하라. 하루에 몇 번 까치발을 선 채 잠시 그 자세를 유지하라. 이를 통해 장딴지의 근육 펌프를 활성화해 체내 림프계가 쓸데없는 체액을 배출하도록 할 수 있다.

그렇게 했는가? 예 아니요

XL – 기본 요소: 휴식과 이완
드라이 브러싱

매일 아침 몸을 드라이 브러싱해 피부에 활력을 선사하라. 드라이 브러싱은 각질을 제거하는 동시에 혈액순환을 자극하고, 에너지를 상승시키며, 모공을 없애준다. 뻣뻣한 모를 가진 자루 달린 바디브러시로 샤워하기 전에 몸을 솔로 브러싱해주라. 발에서 시작하여 심장 쪽으로 점점 올라가고, 다시 팔에서 시작해 심장 쪽으로 쓸어주라. 원을 그리듯 하는 브러싱과 짧게 직선으로 쓸어주는 브러싱을 교대로 하라.

그렇게 했는가? 예 아니요

XL – 기본 요소: 영양

허브차: 산후 당신의 몸에 안성맞춤

맛있고 엄청나게 유익하며 준비하기도 쉽다.

생강차는 염증 억제 효과가 있고, 산 대사에 긍정적인 영향을 미치며, 심신을 안정시킨다.

신선한 민트차는 기억력과 피부에 좋으며 스트레스를 줄이고 소화에도 놀라운 효과를 낸다.

신선한 쥐오줌풀차는 긴장을 풀고 쉬고 싶을 때 탁월한 효과를 낸다. 주의해야 할 점은 이 차는 차게 마셔야 한다는 것이다. 찬물에서만 유익한 성분이 물에 용해되기 때문이다. 곱게 간 쥐오줌풀뿌리 1티스푼에 찬물 150밀리리터를 붓고 최소 3시간에서 최대 24시간 동안 두었다가 마시면 된다.

그 외 집에서 쉽게 준비해서 마실 수 있는 차들이 많다. 모든 차가 나름 유익을 준다. 좋은 성분이 물에 용해되어 신체에 쉽게 흡수된다. 이 기간에는 2~3일에 한 번씩 새로운 허브차를 맛보라. 건강에 좋고, 맛도 있을 것이다!

그렇게 했는가?　예　　아니요

추가 골반저 운동!

뇌–골반이 잘 연결되고, 매일의 BTY 케겔 운동에 익숙해진 상태이므로 이 기간에는 새로운 방식으로 골반저를 훈련하게 될 것이다.

이 연습에서는 (한 걸음 한 걸음) 골반저 근육을 수축하고 이완한다.

1. 세 번 숨을 들이쉬고 내쉬라. 숨을 내쉴 때마다 골반저를 더 조여주라. 그리고 세 번 숨을 내쉰 후에 완전히 조여주라.
2. 이 과정을 반복하되, 이번에는 골반저를 3단계로 이완하라. 완전히 수축, 절반 이완, 완전히 이완, 그리고 다시 이를 되풀이하라.
3. 이제 매일의 BTY 케겔 운동 대신 이 운동을 하라.

이 연습을 통해 골반저는 여러 형태의 수축과 이완이 있다는 것을 배울 수 있고, 이를 통해 근육을 더 많이 컨트롤할 수 있을 것이다.

일지 블록 7
··········

자신을 돌아보기

XL – 자세와 호흡
생각하고 있는가?

	예	대부분	별로	전혀
온종일 중립 자세를 염두에 두는가?	○	○	○	○
아기를 들어 올릴 때의 올바른 자세도 염두에 두는가?	○	○	○	○
XL – 심호흡도?	○	○	○	○
아기를 들어 올릴 때의 안성맞춤 XL – 호흡도?	○	○	○	○

영양
식사는 어떻게 하는가?

	아주 좋다	좋다	그저 그렇다	좋지 않다
정직하고 건강한 음식을 먹는가?	○	○	○	○
단백질과 지방, 탄수화물이 균형을 이루는가?	○	○	○	○
1.5리터의 물을 마시는가?	○	○	○	○
하루에 걸쳐 식사를 잘 분배해서 먹는가?	○	○	○	○

휴식과 이완
쉼의 상태는 어떠한가?

이런..   좋다!

스트레스 수위는?

스스로에 대한 요구 수준은?

책임을 지는 면은?

전반적으로 분주함에 휩쓸리지 않고
생활을 잘 조망하고 있는가?

수면 부족 수준은?

트레이닝과 운동

	예	대부분	별로	전혀
트레이닝에서 진보가 느껴지는가?	○	○	○	○

하루에 몇 보를 걷는가?

0 걸음   최소한의 목표 1만 보   1만 5천

일반적인 질문들

다음 상황은 어떠한가?

	이런..	좋다!
호르몬 상황은?		
아이와의 애착은?		
파트너 관계는?		
애정생활은?		
사회생활은?		
일은?		

골반저·복부 근육 체크 업

얼마나 자주 다음을 하는가?

	전혀 하지 않는다	많이 한다
BTY 케겔 운동		
XL – 호흡		

상기하기

다음 블록을 시작하기 전에 골반저에 근육 매듭이 있는지를 점검해보라(302쪽 참조).
근육 매듭이 있으면 매일의 BTY 케겔 운동을 계속하기 전에 일단 그것을 풀어주라.

	예	조금	아니요
아직 꽤 심한 복직근이개로 고생하는가?	○	○	○
아직 자궁탈출증으로 고생하는가?	○	○	○
골반저 근육의 개선이 보이는가?	○	○	○

자기 분석을 토대로

다음 블록에서 나의 목표는 이것이다.

어떻게 도달할 것인가?

22~24주 블록 8

복근은 다시 더 힘들게 운동해야 하고, 파워하우스는 나머지 신체와 협력을 해야 한다.

 BTY 앱을 열고 함께 트레이닝하라.

준비	**XL-호흡:** 10회
	BTY 케겔 운동: 5초 × 10회
	워밍업: 롤링으로 풀어주기, 다이내믹한 XL-스트레칭

연습

사이드 런지 (P)

(◉▬) 다리와 엉덩이

(◉—) 다리와 엉덩이

1주 ● ● ●
2주 ● ● ●
3주 ● ● ●

플랭크 (D)

(◉—) 다리와 배

1주 ● ● ●
2주 ● ● ●
3주 ● ● ●

테이블 톱(Table Top) (D)

(◉▬) 엉덩이와 다리 위쪽

(◉—) 엉덩이와 배

1주 ● ● ●
2주 ● ● ●
3주 ● ● ●

사이드 플랭크

배

	1주	● ● ●
	2주	● ● ●
	3주	● ● ●

하이퍼백(Hyperback) Ⓓ
(좌우 번갈아가면서)

허리

허리

1주	● ● ●
2주	● ● ●
3주	● ● ●

로(Row) Ⓓ

가슴

등과 어깨

1주	● ● ●
2주	● ● ●
3주	● ● ●

도마뱀 자세(Salamander) Ⓓ

배와 어깨

1주	● ● ●
2주	● ● ●
3주	● ● ●

마무리 운동
보디 스캔

동그라미로 표시하라: ◯ = (폼롤러로) 풀어주기 / ◯ = 활성화
중립 자세가 되도록 주의해야 할 부분에 화살표로 표시하라.

블록 8을 위한 XL – 기본 요소

XL – 기본 요소: 운동

찬물 샤워

차가운 것은 몸에 놀라운 효과를 낸다. 이 기간에는 따뜻한 물로 샤워한 뒤 찬물로 마무리하라. 이것은 당신에게 곧장 추가적인 에너지를 선사할 것이다. 생각해보라. 따뜻한 샤워를 하면 몸이 노곤해지지만, 찬물 샤워는 정반대의 효과를 낸다. 규칙적으로 차가운 것에 노출되면 백혈구의 양이 증가하기 때문에 면역계가 더 튼튼해진다. 그 밖에도 찬물은 혈액순환을 촉진해 심장과 혈관, 즉 심혈관 건강에 매우 유익하다. 찬물 샤워를 유산소 운동으로 여기라. 그래도 '찬물 샤워는 힘든데'라는 생각이 든다면, 찬물 샤워가 체중 감량에도 도움이 된다는 점을 생각하라. 찬물 샤워는 갈색 지방(좋은 지방)을 활성화해 더 많은 칼로리를 연소할 수 있다.

단 운동한 뒤 찬물로 샤워해서는 안 된다. 집중적인 트레이닝을 한 뒤에는 땀이 많이 나는데, 이 땀을 다 배출하려면 모공이 열려 있어야 한다. 찬물로 샤워하면 모공이 닫힌다.

그렇게 했는가? 예   아니요 ⬤

XL – 기본 요소: 자세와 호흡

발가락 체조

출산하고 나서 발이 한 사이즈 더 커졌는가? 이것은 임신과 출산을 거치며 발이 때로 평평해지는 데서 비롯되는 현상이다. 이를 쉽게 되돌릴 수는 없지만, 그럼에도 발 근육을 규칙적으로 트레이닝해주는 것이 중요하다. 발가락으로 무엇인가를 잡으라. 큰 것일수록 더 쉽다. 큰 것을 잡을 수 있다면 이제 더 작은 것으로 트레이닝하라. 발로 물건들을 능숙하게 쌓아 올릴 수 있을 때까지 말이다.

발가락을 규칙적으로 스트레칭하는 것도 도움이 된다. 발로 "주먹" 쥐듯 한 다음 수축한 시간만큼 이완하라.

그렇게 했는가? 예   아니요 ⬤

XL – 기본 요소: 휴식과 이완

10초간 아름다운 것들을 의식하기

더 행복하고 긍정적인 삶을 사는 쉬운 방법이 있다. 그중 한 가지를 이번 주에 시험해보자. 이 책의 앞부분에서 우리는 어떻게 하면 일상에서 작고 아름다운 순간을 즐길 수 있는지를 살펴보았다. 그러나 이런 작은 행복의 순간들이 우리 정서에 큰 영향을 미칠 수 있음을 알면서도, 유감스럽게도 그런 시간을 내지 못할 때가 많다. 너무나 시간이 없다. 그래서 우리는 이제 한 걸음 더 나아가려고 한다. 많은 시간은 필요 없다. 매번 10초씩만 내어 지금 당신이 누리고 있는 좋은 것들을 아주 의식적으로 눈앞에 그려보라. 그렇게 함으로써 긍정적인 감정이 단기기억에서 장기기억으로 이동한다. 이를 통해 우리는 자신을 더 기분 좋게 느낄 수 있고, 더 만족감을 느낄 수 있다. 따라서 이제 다음번에 햇살이 비쳐 들거든, 그것을 최소 10초 동안 의식적으로 누리라. 무엇 때문에 기분이 좋은지와 상관없이 그런 행복감을 10초만 붙잡고 있으라.

그렇게 했는가? 예 ⬤ 아니요 ⬤

XL – 기본 요소: 영양

일주일에 며칠은 고기를 먹지 말라

우리는 고기를 너무 많이 먹고 야채는 너무 적게 먹는 경향이 있다. 점점 더 많은 연구가 우리가 종종 고기 먹지 않는 날을 도입하면 몸에 좋을 뿐 아니라, 후세대와 지구에도 잘하는 것임을 보여준다. 이 기간에는 일주일에 3일은 채식을 하라. 그러면 자연스럽게 하루에 300그램 정도의 야채를 먹을 수 있을 것이다! 곡물, 콩, 견과류, 씨앗도 충분히 섭취하도록 주의하라.

그렇게 했는가? 예 ⬤ 아니요 ⬤

> **추가 골반저 팁!**
> 항문은 그냥 두고 질만 긴장시켜보고, 반대로 질은 수축하지 않은 채 항문만 조여보라. 처음에는 쉽지 않을 것이다. 하지만 연습이 결과를 만든다고, 어느 순간 틀림없이 될 것이다.

일지 블록 8

자신을 돌아보기

XL – 자세와 호흡

생각하고 있는가?

	예	대부분	별로	전혀
온종일 중립 자세를 염두에 두는가?	○	○	○	○
아기를 들어 올릴 때의 올바른 자세도 염두에 두는가?	○	○	○	○
XL – 심호흡도?	○	○	○	○
아기를 들어 올릴 때의 안성맞춤 XL – 호흡도?	○	○	○	○

영양

식사는 어떻게 하는가?

	아주 좋다	좋다	그저 그렇다	좋지 않다
정직하고 건강한 음식을 먹는가?	○	○	○	○
단백질과 지방, 탄수화물이 균형을 이루는가?	○	○	○	○
1.5리터의 물을 마시는가?	○	○	○	○
하루에 걸쳐 식사를 잘 분배해서 먹는가?	○	○	○	○

휴식과 이완

쉼의 상태는 어떠한가?   이런..   좋다!

스트레스 수위는?

스스로에 대한 요구 수준은?

책임을 지는 면은?

전반적으로 분주함에 휩쓸리지 않고
생활을 잘 조망하고 있는가?

수면 부족 수준은?

트레이닝과 운동

	예	대부분	별로	전혀
트레이닝에서 진보가 느껴지는가?	○	○	○	○

하루에 몇 보를 걷는가?

0 걸음   최소한의 목표 1만 보   1만 5천

일반적인 질문들

다음 상황은 어떠한가?

	이런..	좋다!
호르몬 상황은?		
아이와의 애착은?		
파트너 관계는?		
애정생활은?		
사회생활은?		
일은?		

골반저·복부 근육 체크 업

얼마나 자주 다음을 하는가?

	전혀 하지 않는다	많이 한다
BTY 케겔 운동		
XL – 호흡		

상기하기

다음 블록을 시작하기 전에 골반저에 근육 매듭이 있는지를 점검해보라(302쪽 참조).
근육 매듭이 있으면 매일의 BTY 케겔 운동을 계속하기 전에 일단 그것을 풀어주라.

	예	조금	아니요
아직 꽤 심한 복직근이개로 고생하는가?	○	○	○
아직 자궁탈출증으로 고생하는가?	○	○	○
골반저 근육의 개선이 보이는가?	○	○	○

자기 분석을 토대로

다음 블록에서 나의 목표는 이것이다.

어떻게 도달할 것인가?

25~27주 블록 9

이 블록에서는 안정성이 필요한 운동들을 할 것이다. 처음으로 다시 몸을 앞으로 숙이는 운동을 할 것이며, 걸으면서 골반저 운동을 할 것이다.

 BTY 앱을 열고 함께 트레이닝하라.

준비
XL-호흡: 10회
BTY 케겔 운동: 5초 × 10회
워밍업: 롤링으로 풀어주기, 점핑잭 , 힙 트위스터

연습

라운드 더 클록 런지(Round The Clock Lunges)

 다리와 엉덩이

 다리와 엉덩이

1주 ○ ○ ○
2주 ○ ○ ○
3주 ○ ○ ○

마운틴 클라이머(Mountain Climbers)

 배

1주 ○ ○ ○
2주 ○ ○ ○
3주 ○ ○ ○

윗몸일으키기

 허리

 배

1주 ○ ○ ○
2주 ○ ○ ○
3주 ○ ○ ○

엄마, 나는 자라고 있어요: 출산 후, 나를 돌아가는 시간

데드 버그(Dead Bug)

(배) 배

1주	●	●	●
2주	●	●	●
3주	●	●	●

리버스 플라이(Revers Fly) (D)

(가슴) 가슴

(윗등) 윗등

1주	●	●	●
2주	●	●	●
3주	●	●	●

슈퍼 맘(Super Mom) (D)

(배) 배

1주	●	●	●
2주	●	●	●
3주	●	●	●

펠빅 브리지(Pelvic Bridge) (P)

(오른쪽 허벅지 근육과 엉덩이) 오른쪽 허벅지 근육과 엉덩이

(다리와 엉덩이) 다리와 엉덩이

1주	●	●	●
2주	●	●	●
3주	●	●	●

마무리 운동
15분 산책

동그라미로 표시하라: ⭘ = (폼롤러로) 풀어주기 / ⭘ = 활성화
중립 자세가 되도록 주의해야 할 부분에 화살표로 표시하라.

블록 9를 위한 XL - 기본 요소

XL - 기본 요소: 운동
늘 계단을 이용하라
이번 기간에는 엘리베이터나 에스컬레이터를 타지 말고, 매번 계단을 이용하라. 그러면 심박수가 증가하여 더 많은 산소가 필요해지며, 더 심호흡하게 된다. 호흡 및 운동과 더불어 골반저를 올바르게 사용하도록 하라. 호흡할 때는 호흡이 끊기지 않도록 하고 숨을 참지 말라. 이런 호흡 및 근육 운동을 자연스런 일과로 만들면 근육이 훈련되어, 갑자기 재채기 한다고 소변이 찔끔 나오는 일이 없을 것이다.

그렇게 했는가?   예   아니요

XL - 기본 요소: 눈의 이완
20/20/20 - 눈 관리 규칙
눈도 휴식을 취해주어야 한다. 다음 원칙을 따르라.
20분 동안 뭔가를 가까이에서 본 뒤에는 6미터(20피트) 정도 떨어져 있는 어떤 대상에 최소 20초간 시선을 머물리라.

그렇게 했는가?   예   아니요

XL - 기본 요소: 휴식과 이완
화면 그만 보기
더 고요와 평온을 누리고 싶다면 이렇게 하라.
1. 두 화면에서 동시에 두 앱을 사용하는 일은 없도록 하라.
2. 휴대폰과 태블릿에서 불필요한 알림을 모두 차단하라.
3. 화면을 보는 시간을 제한하라.
4. 잠들기 전 최소 한 시간, 더 좋게는 그 이상의 시간은 가급적 화면을 보지 말라.

그렇게 했는가?   예   아니요

XL - 기본 요소: 영양

주스와 스무디

야채를 주스로 만들거나 갈아서 스무디로 섭취하면 더 많은 야채를 쉽게 식단에 포함할 수 있다. 압착해 주스로 만들거나 믹서기를 활용해 갈아서 스무디를 만들어보라. 스무디에는 섬유질을 포함한 야채가 통째로 들어 있고, 주스에서는 대부분의 섬유질이 걸러진다. 하지만 주스는 쉽게 많은 양을 마실 수 있다. 스스로 만든 모든 주스에는 비타민과 항산화 성분이 많이 포함되어 있어 유익하다. 여러 가지를 응용해보며 맛있는 조합을 만들어보고, 실험해보라. 늘 초록색이 나는 주스만이 아니라 색깔을 달리해 여러 색깔의 주스를 만들어보라. 야채의 모든 색깔마다 각기 엄청난 힘을 갖는다. 스무디를 만들 때는 아마씨 한 스푼을 곁들이라. 아마씨는 소화에 도움을 준다!

그렇게 했는가? 예 아니요

추가 골반저 운동!

당신은 이제 골반저 근육을 컨트롤할 수 있을 것이다. 그렇다면 이제는 추가 도전을 할 차례이다. 더 이상 정적으로(서거나 누운 채로) 트레이닝하지 않고 동적으로, 즉 걸어가면서 트레이닝하는 것이다.

1. 중립 자세를 취하라.
2. 숨을 들이마시고, 이제 내쉬면서 골반저를 강하게 수축하라.
3. 수축을 풀지 말고 몇 걸음 걸으라.
4. 이런 운동을 한 뒤, 골반저를 수축한 채 얼마나 오래 걸었는지를 수첩에 기록하면 진보가 한눈에 보일 것이다.

발을 굴리듯이 걸을수록 이 운동을 하기가 더 수월할 것이다. 발뒤꿈치를 많이 사용할수록, 잘못된 자세로 걸을수록 이 운동이 힘들 것이다.

메모

일지 블록 9

자신을 돌아보기

XL – 자세와 호흡
생각하고 있는가?

	예	대부분	별로	전혀
온종일 중립 자세를 염두에 두는가?	○	○	○	○
아기를 들어 올릴 때의 올바른 자세도 염두에 두는가?	○	○	○	○
XL – 심호흡도?	○	○	○	○
아기를 들어 올릴 때의 안성맞춤 XL – 호흡도?	○	○	○	○

영양
식사는 어떻게 하는가?

	아주 좋다	좋다	그저 그렇다	좋지 않다
정직하고 건강한 음식을 먹는가?	○	○	○	○
단백질과 지방, 탄수화물이 균형을 이루는가?	○	○	○	○
1.5리터의 물을 마시는가?	○	○	○	○
하루에 걸쳐 식사를 잘 분배해서 먹는가?	○	○	○	○

휴식과 이완
쉼의 상태는 어떠한가?

이런..   좋다!

스트레스 수위는?

스스로에 대한 요구 수준은?

책임을 지는 면은?

전반적으로 분주함에 휩쓸리지 않고
생활을 잘 조망하고 있는가?

수면 부족 수준은?

트레이닝과 운동

	예	대부분	별로	전혀
트레이닝에서 진보가 느껴지는가?	○	○	○	○

하루에 몇 보를 걷는가?

0 걸음   최소한의 목표 1만 보   1만 5천

일반적인 질문들

다음 상황은 어떠한가?

이런..   좋다!

호르몬 상황은?

아이와의 애착은?

파트너 관계는?

애정생활은?

사회생활은?

일은?

골반저·복부 근육 체크 업

얼마나 자주 다음을 하는가?

전혀 하지 않는다   많이 한다

BTY 케겔 운동

XL – 호흡

상기하기

다음 블록을 시작하기 전에 골반저에 근육 매듭이 있는지를 점검해보라(302쪽 참조).
근육 매듭이 있으면 매일의 BTY 케겔 운동을 계속하기 전에 일단 그것을 풀어주라.

	예	조금	아니요
아직 꽤 심한 복직근이개로 고생하는가?	○	○	○
아직 자궁탈출증으로 고생하는가?	○	○	○
골반저 근육의 개선이 보이는가?	○	○	○

자기 분석을 토대로

다음 블록에서 나의 목표는 이것이다.

_____

어떻게 도달할 것인가?

_____

28~30주 블록10

이제 정말 만만치 않다. 가능한 한 많은 운동을 레벨 3으로 하게 될 것이다. 파워하우스 운동을 세 가지 미만으로 하지만, 대신 기본 골반저 운동을 더 어려운 버전으로 하게 된다.

> ▶ **BTY 앱을 열고 함께 트레이닝하라.**

준비
- **XL-호흡:** 10회
- **BTY 케겔 운동:** 5초 × 10회
- **워밍업:** 롤링으로 풀어주기, 줄넘기 Ⓟ, 힙 트위스터

연습

아이스 스케이터(Ice Skaters) Ⓟ

- 🔵 다리와 엉덩이
- 🔵 다리와 엉덩이

1주	●	●	●
2주	●	●	●
3주	●	●	●

팔굽혀펴기 Ⓓ

- 🔵 가슴
- 🔵 가슴, 배, 어깨

1주	●	●	●
2주	●	●	●
3주	●	●	●

바이시클 크런치(Bicycle Crunch) Ⓓ

- 🔵 허리
- 🔵 배

1주	●	●	●
2주	●	●	●
3주	●	●	●

엄마, 나는 자라고 있어요: 출산 후, 나로 돌아가는 시간

트라이셉스 딥(Triceps Dips) Ⓟ

🔘 가슴		1주	⚪	⚪	⚪
🔘 어깨		2주	⚪	⚪	⚪
		3주	⚪	⚪	⚪

레그 리프트(Leg Lift) Ⓟ

🔘 배		1주	⚪	⚪	⚪
		2주	⚪	⚪	⚪
		3주	⚪	⚪	⚪

스플릿 스쿼트(Split Squats) Ⓟ

🔘 다리와 엉덩이		1주	⚪	⚪	⚪
🔘 다리와 엉덩이		2주	⚪	⚪	⚪
		3주	⚪	⚪	⚪

로(Row) Ⓓ

🔘 가슴		1주	⚪	⚪	⚪
🔘 등과 어깨		2주	⚪	⚪	⚪
		3주	⚪	⚪	⚪

마무리 운동
15분 산책

동그라미로 표시하라: ⚫ = (폼롤러로) 풀어주기 / ⚪ = 활성화
중립 자세가 되도록 주의해야 할 부분에 화살표로 표시하라.

블록 10을 위한 XL – 기본 요소

XL – 기본 요소: 운동
엉덩이 주간

이 기간에 당신은 둥글고 멋진 엉덩이를 만들 것이다. 일주일에 세 번 운동하고 항상 다음 팁을 실행에 옮기라. 전후 사진을 찍어보라. 결과에 놀라게 될 것이다!

1. 계단을 오를 때는 두 계단씩 한꺼번에 오른다. 익숙해지기까지 시간이 걸리겠지만 굉장 히 효과가 좋을 것이다!
2. 걸을 때마다 엉덩이를 조이라. 무엇보다 다리가 가장 뒤쪽에 위치할 때 그렇게 하라.
3. 서 있는가? 그러면 엉덩이를 단단히 조이고, 긴장을 3초 동안 유지한 뒤, 3초간 다시 이 완하라. 10회 반복하라.

그렇게 했는가?　예　　아니요

XL – 기본 요소: 휴식과 이완
사회생활을 위한 시간

간혹 틈만 나면 약속을 잡고 도무지 혼자 있지 않은 엄마들도 있다. 하지만 그런 엄마들은 소수다. 종종 엄마가 되고 난 뒤 사회생활을 하는 것이 정말 힘들어진다. 이제 매주 약속 하나를 잡고, 멋진 시간을 보내도록 하라. 극장이나 멋진 식당, 미술관이나 박물관에 가도 좋고, 쇼핑을 해도 좋다. 무엇을 하든 그것을 즐기면서 친구와 한 번씩 수다를 떨어라.

그렇게 했는가?　예　　아니요

XL – 기본 요소: 영양

아마씨 가루

아마씨는 소화를 촉진하고 오메가3 지방산(심장과 혈관에 좋다)이 많이 들어 있는 슈퍼푸드다. 가루가 아니고 씨를 통째로 먹는 경우 소화되지 않고 그대로 배설된다. 하지만 갈거나 으깨어 먹으면 장에서 섬유소가 물을 흡수해 변의 부피가 늘어나며, 이를 통해 장이 자극되어 배설이 쉬워진다. 그리하여 화장실에 가기가 편해지고, 장 청소가 잘 된다. 그러면 골반저 건강에도 좋다. 변비가 있으면 골반저가 손상될 수 있기 때문이다. 변비가 있으면 골반저 근육 운동이 역효과를 내므로, 변비가 되지 않도록 변을 부드럽게 만드는 것은 상당히 중요하다.

그렇게 했는가?   예 ⬤   아니요 ⬤

메모

_____

_____

_____

_____

_____

_____

_____

_____

_____

_____

_____

_____

_____

일지 블록 10

자신을 돌아보기

XL – 자세와 호흡
<u>생각하고 있는가?</u>

	예	대부분	별로	전혀
온종일 중립 자세를 염두에 두는가?	○	○	○	○
아기를 들어 올릴 때의 올바른 자세도 염두에 두는가?	○	○	○	○
XL – 심호흡도?	○	○	○	○
아기를 들어 올릴 때의 안성맞춤 XL – 호흡도?	○	○	○	○

영양
<u>식사는 어떻게 하는가?</u>

	아주 좋다	좋다	그저 그렇다	좋지 않다
정직하고 건강한 음식을 먹는가?	○	○	○	○
단백질과 지방, 탄수화물이 균형을 이루는가?	○	○	○	○
1.5리터의 물을 마시는가?	○	○	○	○
하루에 걸쳐 식사를 잘 분배해서 먹는가?	○	○	○	○

휴식과 이완
<u>쉼의 상태는 어떠한가?</u>

이런..   좋다!

스트레스 수위는?

스스로에 대한 요구 수준은?

책임을 지는 면은?

전반적으로 분주함에 휩쓸리지 않고
생활을 잘 조망하고 있는가?

수면 부족 수준은?

트레이닝과 운동

	예	대부분	별로	전혀
트레이닝에서 진보가 느껴지는가?	○	○	○	○

하루에 몇 보를 걷는가?

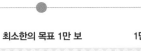

0 걸음   최소한의 목표 1만 보   1만 5천

일반적인 질문들

다음 상황은 어떠한가?

이런..   좋다!

호르몬 상황은?

아이와의 애착은?

파트너 관계는?

애정생활은?

사회생활은?

일은?

골반저·복부 근육 체크 업

얼마나 자주 다음을 하는가?

전혀 하지 않는다   많이 한다

BTY 케겔 운동

XL – 호흡

상기하기

다음 블록을 시작하기 전에 골반저에 근육 매듭이 있는지를 점검해보라(302쪽 참조).
근육 매듭이 있으면 매일의 BTY 케겔 운동을 계속하기 전에 일단 그것을 풀어주라.

	예	조금	아니요
아직 꽤 심한 복직근이개로 고생하는가?	○	○	○
아직 자궁탈출증으로 고생하는가?	○	○	○
골반저 근육의 개선이 보이는가?	○	○	○

자기 분석을 토대로

다음 블록에서 나의 목표는 이것이다.

_____

어떻게 도달할 것인가?

_____

31~33주 블록 11

이 블록에서는 더 많이 뜀뛰기를 하면서 하중이 증가할 때 당신의 골반저 상태가 어떤지를 볼 것이다. 동시에 지구력 훈련을 하고자 한다.

 BTY 앱을 열고 함께 트레이닝하라.

준비	
	XL-호흡: 10회
	BTY 케겔 운동: 5초 × 10회
	워밍업: 롤링으로 풀어주기, 에어로빅, 서 있는 도마뱀 자세

연습

스쿼트 Ⓟ

⬮ 다리와 엉덩이

⬮ 다리와 엉덩이

1주	● ● ●
2주	● ● ●
3주	● ● ●

테이블 톱(Table Top) Ⓓ

⬮ 엉덩이와 다리 윗부분

⬮ 다리와 엉덩이

1주	● ● ●
2주	● ● ●
3주	● ● ●

마운틴 클라이머(Mountain Climbers) Ⓟ Ⓓ

⬮ 배

1주	● ● ●
2주	● ● ●
3주	● ● ●

사이드 런지 (P)

(●—) 다리와 엉덩이

(◐) 다리와 엉덩이

1주	●	●	●
2주	●	●	●
3주	●	●	●

팔굽혀펴기 (D)

(●—) 가슴

(◐) 가슴, 배, 어깨

1주	●	●	●
2주	●	●	●
3주	●	●	●

자벌레 운동 (D)

(◐) 배와 어깨

1주	●	●	●
2주	●	●	●
3주	●	●	●

윗몸일으키기 (P) (D)

(●—) 배

(◐) 허리

1주	●	●	●
2주	●	●	●
3주	●	●	●

마무리 운동
XL – 마무리 운동

동그라미로 표시하라: 〇 = (폼롤러로) 풀어주기 / 〇 = 활성화
중립 자세가 되도록 주의해야 할 부분에 화살표로 표시하라.

블록 11을 위한 XL – 기본 요소

XL – 기본 요소: 운동
위아래로
이것은 정말 힘들지만 엉덩이와 다리에 굉장히 좋다. 구글에 〈Bring Sally up〉, 〈Bring Sally down〉이라는 노래를 검색하고, 동작을 따라 하라. 다운에 스쿼트 자세로 무릎을 구부리고, 업에 다시 일어나라. 체크리스트를 만들고 일주일에 5일 운동을 하라. 격한 운동이지만 결과가 빠르게 나타난다! 아직 자궁탈출증이 있는가? 그렇다면 이 운동은 당신에게 너무 어렵다. 자궁탈출증이 완전히 나은 다음 하라.

그렇게 했는가?　예 ◯　아니요 ◯

XL – 기본 요소: 휴식과 이완
성감대로서의 귓불
귓불에는 수많은 신경길이 모여 있어 많은 문화권에서는 귓불이 여러 신체 기관과 연결된다고 본다. 귓불을 매일 1분 마사지하는 것만으로도 놀라운 효과가 나타난다. 귓불은 매우 민감하여 짧은 마사지만으로도 심신이 이완된다. 귓불 마사지로 두통을 가라앉힐 수도 있다.

우선 귀 전체를 부드럽게 쓰다듬어 귀를 일깨워준 뒤, 세 가지 다른 지점에서 부드럽게 귀를 잡아당긴다. 그다음 귀를 접어보라. 우선 앞으로 접은 뒤, 아래로 접어보라. 그다음 귀의 가장자리를 손가락으로 두드리라. 이제 가운뎃손가락을 귀 앞에, 집게손가락을 귀 뒤 놓고 귀를 문지르라. 이제 두 손가락으로 귓불을 잡고는 마사지하라. 에너지가 샘솟을 것이다!

그렇게 했는가?　예 ◯　아니요 ◯

XL – 기본 요소: 영양
빵을 조금 덜 먹어라
빵이 몸에 좋은지 나쁜지에 대한 논의와 무관하게 우리가 음식을 골고루 먹어야 한다는 사실에는 모두가 동의할 것이다. 하지만 하루 두 번을 빵으로 식사를 하는 것은 골고루 먹는다고 할 수 없다. 아침 식사로 뮤즐리나 오트밀에 요구르트를 곁들여 먹을 수 있다. 장이 감사할 것이다. 단, 완제품 뮤즐리 등의 경우에는 설탕 함량에 주의해야 한다. 대부분의 뮤즐리나 오트밀에는 설탕이 많이 들어 있다. 이런 제품을 원하지는 않을 것이다. 뮤즐리 재료들을 사서 스스로 배합하는 데는 10분도 걸리지 않을 것이다. 그렇게 배합해 밀폐 용기에 넣어 두면 최대 2주간 보관할 수 있다. 수프나 샐러드로 점심 식사에 변화를 줄 수도 있을 것이다. 샐러드에 아마씨 가루나 다른 씨앗들을 뿌려 먹으면 건강에 좋은 양질의 식사가 될 것이다.

그렇게 했는가? 예 ⬤ 아니요 ⬤

XL – 기본 요소: 자세
안정성을 위해 노력하라

당신은 굉장히 진보했고, 이미 거의 자신으로 돌아왔다. 하지만 늘 더 나은 자신이 될 수 있다. 안정성을 훈련하면 약한 부분이 어느 시점에서 문제를 일으키는 걸 피할 수 있을 것이다. 좋은 점은 안정성 훈련에는 전혀 시간이 들지 않는다는 것이다. 가령 양치질을 할 때는 한쪽 다리로 서서 하라. 그리고 줄을 서야 하는 경우 한쪽 다리를 약간 들어 올리고 서 있을 수 있다. 당신이 그렇게 운동하고 있다는 걸 아무도 눈치채지 못할 것이다.

그렇게 했는가? 예 ⬤ 아니요 ⬤

추가 골반저근 운동!

골반저 근육을 컨트롤하고, BTY 케겔 운동을 선 자세, 앉은 자세, 누운 자세, 나아가 걸어가면서 실행할 수 있다면 이제 점프하면서 케겔 운동을 할 차례다.

1. 일어서서 골반저를 수축하고는 뜀뛰기를 하라.
2. 수축한 상태에서 몇 번 점프를 할 수 있는지 세어보라. 그리고 그 수를 수첩에 기록하라. 이 블록의 마지막에 그것을 다시 세어보라. 뜀뛰기 수가 늘었는가?

일지 블록 11
. . . .

자신을 돌아보기

XL – 자세와 호흡

생각하고 있는가?	예	대부분	별로	전혀
온종일 중립 자세를 염두에 두는가?	○	○	○	○
아기를 들어 올릴 때의 올바른 자세도 염두에 두는가?	○	○	○	○
XL – 심호흡도?	○	○	○	○
아기를 들어 올릴 때의 안성맞춤 XL – 호흡도?	○	○	○	○

영양

식사는 어떻게 하는가?	아주 좋다	좋다	그저 그렇다	좋지 않다
정직하고 건강한 음식을 먹는가?	○	○	○	○
단백질과 지방, 탄수화물이 균형을 이루는가?	○	○	○	○
1.5리터의 물을 마시는가?	○	○	○	○
하루에 걸쳐 식사를 잘 분배해서 먹는가?	○	○	○	○

휴식과 이완

쉼의 상태는 어떠한가?   이런..   좋다!

스트레스 수위는?

스스로에 대한 요구 수준은?

책임을 지는 면은?

전반적으로 분주함에 휩쓸리지 않고
생활을 잘 조망하고 있는가?

수면 부족 수준은?

트레이닝과 운동

	예	대부분	별로	전혀
트레이닝에서 진보가 느껴지는가?	○	○	○	○

하루에 몇 보를 걷는가?

0 걸음   최소한의 목표 1만 보   1만 5천

일반적인 질문들

다음 상황은 어떠한가?

이런..   좋다!

호르몬 상황은?

아이와의 애착은?

파트너 관계는?

애정생활은?

사회생활은?

일은?

골반저·복부 근육 체크 업

얼마나 자주 다음을 하는가?

전혀 하지 않는다   많이 한다

BTY 케겔 운동

XL – 호흡

상기하기

다음 블록을 시작하기 전에 골반저에 근육 매듭이 있는지를 점검해보라(302쪽 참조).
근육 매듭이 있으면 매일의 BTY 케겔 운동을 계속하기 전에 일단 그것을 풀어주라.

	예	조금	아니요
아직 꽤 심한 복직근이개로 고생하는가?	○	○	○
아직 자궁탈출증으로 고생하는가?	○	○	○
골반저 근육의 개선이 보이는가?	○	○	○

자기 분석을 토대로

다음 블록에서 나의 목표는 이것이다.

_____

어떻게 도달할 것인가?

_____

34~36주 블록 12

나머지 신체 부위를 위해서도 점점 더 많은 운동을 한다. 그러나 골반저를 계속 살핀다.

 BTY 앱을 열고 함께 트레이닝하라.

준비
XL-호흡: 10회
BTY 케겔 운동: 5초 × 10회
워밍업: 롤링으로 풀어주기, 다이나믹 XL-스트레칭

연습

라운드 더 클록 런지(Round The Clock Lunges) Ⓟ

⬭ 다리와 엉덩이

⬬ 다리와 엉덩이

1주 ○ ○ ○
2주 ○ ○ ○
3주 ○ ○ ○

아이스 스케이터(Ice Skaters) Ⓟ

⬭ 다리와 엉덩이

⬬ 다리와 엉덩이

1주 ○ ○ ○
2주 ○ ○ ○
3주 ○ ○ ○

펠빅 브리지(Pelvic Bridge) Ⓟ

⬭ 오른쪽 허벅지 근육과 엉덩이

⬬ 다리와 엉덩이

1주 ○ ○ ○
2주 ○ ○ ○
3주 ○ ○ ○

팔굽혀펴기 Ⓓ

Ⓒ 가슴

Ⓒ 가슴, 배, 어깨

1주	●	●	●
2주	●	●	●
3주	●	●	●

로(Row) Ⓓ

Ⓒ 가슴

Ⓒ 등과 어깨

1주	●	●	●
2주	●	●	●
3주	●	●	●

더블 크런치(Double Crunches) Ⓓ

Ⓒ 허리

Ⓒ 배

1주	●	●	●
2주	●	●	●
3주	●	●	●

트라이셉스 딥(Triceps Dip) Ⓟ

Ⓒ 가슴

Ⓒ 어깨

1주	●	●	●
2주	●	●	●
3주	●	●	●

마무리 운동
보디 스캔

동그라미로 표시하라: ◯ = (폼롤러로) 풀어주기 / ◯ = 활성화
중립 자세가 되도록 주의해야 할 부분에 화살표로 표시하라.

블록 12를 위한 XL – 기본 요소

XL – 기본 요소: 운동
림프계를 위한 뜀뛰기
매일 몇 번 연속으로 뜀뛰기를 하라. 중력과 운동이 결합해 림프액 순환을 자극한다. 하루
에 두 번, 연속으로 10회의 뜀뛰기를 하라. 그 전에 우선 방광을 비우고(그래야 골반저에
가해지는 압력이 줄어든다) 호흡에 집중하라. 뜀뛰기를 하는 동안 호흡을 안정되게 유지해
골반저에 불필요한 압력이 가해지지 않도록 하라.

그렇게 했는가? 예 **아니요**

XL – 기본 요소: 자세와 호흡
최대로 스트레칭하기
스트레칭을 자주 할수록 전체 가동 범위에서 트레이닝할 수 있게 된다. 스트레칭을 하면
근육의 길이가 길어지며, 길어지는 것은 이완을 뜻한다. 특별히 시간을 내지 않아도 일상
에서 스트레칭을 할 수 있다. 가령 커피 메이커 앞에서 커피가 내려지기를 기다릴 때도 그
냥 있지 말고, 잠시 다리를 스트레칭하라(허벅지 안쪽을 스트레칭하는 것은 아주 중요하
다. 그곳이 경직되어 있으면 골반저에 무리가 갈 수 있기 때문이다). 또는 모유 수유하면서
안 쓰는 팔을 스트레칭할 수도 있다. 일상에서 규칙적으로 여러 근육을 스트레칭할 수 있
는 방법과 기회를 모색하라.

그렇게 했는가? 예 **아니요**

XL – 기본 요소: 휴식과 이완

수면 의식

너무 피곤하면 오히려 잠이 오지 않을 수도 있다. 그럴 때는 따뜻한 물로 샤워해 긴장을 풀어주고, 몇 분간 명상하거나 잔잔한 음악을 듣거나 책을 읽어라. 이 모든 것을 다 하면 더 좋을 것이다. 무엇을 하든 가능하면 활동적이지 않고, 자극이 적어서 심신이 고요하고 안정되게 해주는 것이 중요하다. 그렇게 하면 낮 리듬에서 밤 리듬으로의 전환이 한결 쉬워진다.

그렇게 했는가?   예 ⬤   아니요 ⬤

XL – 기본 요소: 영양

테스트해보기: 무지개 색깔을 먹고 있나요?

야채마다 특유의 '초능력'을 지니고 있으며, 이런 영양소를 잘 섭취하면 정말 유익하다. 무지개 트릭을 활용하면 좀 더 쉽게 이런 초능력을 얻을 수 있을 것이다. 매주 빨주노초파남보, 일곱 가지 색깔의 야채를 섭취하도록 하라.

그렇게 했는가?   예 ⬤   아니요 ⬤

메모

_____

_____

_____

_____

_____

_____

_____

_____

_____

일지 블록 12

자신을 돌아보기

XL – 자세와 호흡
생각하고 있는가?

	예	대부분	별로	전혀
온종일 중립 자세를 염두에 두는가?	○	○	○	○
아기를 들어 올릴 때의 올바른 자세도 염두에 두는가?	○	○	○	○
XL – 심호흡도?	○	○	○	○
아기를 들어 올릴 때의 안성맞춤 XL – 호흡도?	○	○	○	○

영양
식사는 어떻게 하는가?

	아주 좋다	좋다	그저 그렇다	좋지 않다
정직하고 건강한 음식을 먹는가?	○	○	○	○
단백질과 지방, 탄수화물이 균형을 이루는가?	○	○	○	○
1.5리터의 물을 마시는가?	○	○	○	○
하루에 걸쳐 식사를 잘 분배해서 먹는가?	○	○	○	○

휴식과 이완
쉼의 상태는 어떠한가?

이런.. 좋다!

스트레스 수위는?

스스로에 대한 요구 수준은?

책임을 지는 면은?

전반적으로 분주함에 휩쓸리지 않고
생활을 잘 조망하고 있는가?

수면 부족 수준은?

트레이닝과 운동

	예	대부분	별로	전혀
트레이닝에서 진보가 느껴지는가?	○	○	○	○

하루에 몇 보를 걷는가?

0 걸음   최소한의 목표 1만 보   1만 5천

일반적인 질문들

다음 상황은 어떠한가?

이런.. 좋다!

호르몬 상황은?

아이와의 애착은?

파트너 관계는?

애정생활은?

사회생활은?

일은?

골반저 · 복부 근육 체크 업

얼마나 자주 다음을 하는가?

전혀 하지 않는다 많이 한다

BTY 케겔 운동

XL – 호흡

상기하기

다음 블록을 시작하기 전에 골반저에 근육 매듭이 있는지를 점검해보라(302쪽 참조). 근육 매듭이 있으면 매일의 BTY 케겔 운동을 계속하기 전에 일단 그것을 풀어주라.

	예	조금	아니요
아직 꽤 심한 복직근이개로 고생하는가?	○	○	○
아직 자궁탈출증으로 고생하는가?	○	○	○
골반저 근육의 개선이 보이는가?	○	○	○

자기 분석을 토대로

다음 블록에서 나의 목표는 이것이다.

어떻게 도달할 것인가?

37~39주 블록 13

전신을 위한 훈련, 지구력에도 좋다.

 BTY 앱을 열고 함께 트레이닝하라.

준비
- **XL - 호흡:** 10회
- **BTY 케겔 운동:** 5초 × 10회
- **워밍업:** 롤링으로 풀어주기, 점핑잭 Ⓟ, 힙 트위스트

연습

스모 스쿼트 Ⓟ

🔲 다리와 엉덩이

🔳 다리와 엉덩이

1주	●	●	●
2주	●	●	●
3주	●	●	●

도마뱀 자세(Salamander) Ⓓ

🔳 배와 어깨

1주	●	●	●
2주	●	●	●
3주	●	●	●

바이시클 크런치(Bicycle Crunches) Ⓓ

🔲 허리

🔳 배

1주	●	●	●
2주	●	●	●
3주	●	●	●

자벌레 운동 Ⓓ

🔘 배와 어깨

1주	●	●	●
2주	●	●	●
3주	●	●	●

리버스 플라이(Reverse Fly) Ⓓ

🔘 가슴

🔘 윗등과 어깨

1주	●	●	●
2주	●	●	●
3주	●	●	●

하이퍼백(Hyperback) Ⓓ

🔘 허리

🔘 허리

1주	●	●	●
2주	●	●	●
3주	●	●	●

스플릿 스쿼트(Split Squats) Ⓟ

🔘 다리와 엉덩이

🔘 다리와 엉덩이

1주	●	●	●
2주	●	●	●
3주	●	●	●

마무리 운동
15분 산책

동그라미로 표시하라: ⭕ = (폼롤러로) 풀어주기 / ⭕ = 활성화
중립 자세가 되도록 주의해야 할 부분에 화살표로 표시하라.

블록 13을 위한 XL – 기본 요소

XL – 기본 요소: 휴식과 이완
키스는 건강에 좋다

키스는 안면 근육에 좋은 트레이닝이며, 그밖에 추가로 옥시토신을 방출한다. 옥시토신은 다시금 스트레스 호르몬 코르티솔을 감소시킨다. 그러므로 이번 주간에는 입과 혀를 종종 "트레이닝"해주도록 하라. 이것은 파트너 관계에도, 얼굴에도 좋을 것이며, 스트레스를 줄여줄 것이다.

**그렇게 했는가? 예   아니요 **

XL – 기본 요소: 영양
하루를 시작하는 레몬 워터

이번 기간에는 레몬 반 개를 짜 넣은 미지근한 물 한 잔으로 하루를 시작하라. 레몬 워터가 잠이 깨도록 도와주고, 장기도 깨워줄 것이다. 그 밖에 림프 순환을 자극하고, 비타민 C를 공급해주며, 소화도 도와줄 것이다. 레몬 워터는 위산 과다에도 효과가 좋다. 위산이라는 말이 나왔으니 언급하자면 저녁 식사 30분 전에 사과식초 1티스푼을 물 100~200밀리리터에 타서 마시면 증상을 완화할 수 있다. 사과식초는 소화에도 좋다! 그러나 레몬즙을 포함한 모든 산은 치아 법랑질을 공격한다. 그러므로 레몬 워터나 식초 물을 마신 뒤에는 물 한 모금으로 입안을 헹구어주라.

**그렇게 했는가? 예   아니요 **

XL – 기본 요소: 자세
손가락 체조

손가락은 체조를 생각할 때 곧잘 떠오르는 부위는 아니지만, 때때로 간단한 손가락 체조를 해주는 것은 아주 기분이 좋을 것이다. 먼저 손을 느슨하게 늘어뜨린 뒤 손가락이 풀릴 때까지 손을 흔들어주라. 그다음 주먹을 쥐었다가 다시 손가락을 완전히 펴주라. 주먹을 쥐었다가 펴주기를 10회 반복하라. 이제 손을 뻗어 손가락들을 순서대로 하나씩 접었다 펴

라. 그다음 손을 앞쪽에, 가령 테이블 같은 곳에 올리고, 각 손가락을 하나씩 들어 올리라. 마지막으로 두 손을 포개고, 손가락은 서로 붙인 채 손바닥을 서로 떼어주라. 엄지손가락 끝도 계속 붙인 채로 말이다. 이제 손가락이 꽤 이완되었을 것이다!

그렇게 했는가? 예 **아니요**

XL – 기본 요소: 운동
마그네슘 족욕
하루종일 체중을 지탱하며 수고하지만 그러고도 별로 애정 어린 관심을 받지 못하는 신체 부위가 있다. 바로 발이다. 이번 기간에는 마그네슘 족욕으로 발을 호강시키라. 발은 그런 호강을 누릴 자격이 있으며, 마그네슘 족욕은 다음과 같은 효과가 있다.

• 이완 효과를 내고, 스트레스를 감소시킨다.
• 영양소 흡수를 좋게 한다.
• 지방 연소를 자극한다(족욕이 체중 감량 효과를 낸다니 이상하게 들리지 않는가?).
• 뼈와 근육을 튼튼하게 해준다.
• 상처 치유를 촉진하고 피부 및 관절 건강에 도움이 된다.

마그네슘 입욕제는 건강 식품점에 가면 구입할 수 있다.

그렇게 했는가? 예 **아니요**

테스트: 당신은 골반저 여왕인가?
물 한 컵을 마셔서 방광을 채우고 뜀뛰기를 하라. 골반저를 (물론) 잘 수축시켜 소변이 새어나오지 않도록 해보라. 1분 동안 그렇게 할 수 있는가? 그렇다면 당신은 골반저 여왕이다! 하지만 완전히 건조한 상태를 유지하지는 않는가? 그렇다면 골반저 운동을 계속하라. 시간이 걸리지만 해낼 수 있을 것이다.

일지 블록 13

자신을 돌아보기

XL – 자세와 호흡

생각하고 있는가?

	예	대부분	별로	전혀
온종일 중립 자세를 염두에 두는가?	○	○	○	○
아기를 들어 올릴 때의 올바른 자세도 염두에 두는가?	○	○	○	○
XL – 심호흡도?	○	○	○	○
아기를 들어 올릴 때의 안성맞춤 XL – 호흡도?	○	○	○	○

영양

식사는 어떻게 하는가?

	아주 좋다	좋다	그저 그렇다	좋지 않다
정직하고 건강한 음식을 먹는가?	○	○	○	○
단백질과 지방, 탄수화물이 균형을 이루는가?	○	○	○	○
1.5리터의 물을 마시는가?	○	○	○	○
하루에 걸쳐 식사를 잘 분배해서 먹는가?	○	○	○	○

휴식과 이완

쉼의 상태는 어떠한가?

이런..   좋다!

스트레스 수위는?

스스로에 대한 요구 수준은?

책임을 지는 면은?

전반적으로 분주함에 휩쓸리지 않고
생활을 잘 조망하고 있는가?

수면 부족 수준은?

트레이닝과 운동

	예	대부분	별로	전혀
트레이닝에서 진보가 느껴지는가?	○	○	○	○

하루에 몇 보를 걷는가?

0 걸음   최소한의 목표 1만 보   1만 5천

일반적인 질문들
다음 상황은 어떠한가?

	이런..	좋다!
호르몬 상황은?		
아이와의 애착은?		
파트너 관계는?		
애정생활은?		
사회생활은?		
일은?		

골반저·복부 근육 체크 업
얼마나 자주 다음을 하는가?

	전혀 하지 않는다	많이 한다
BTY 케겔 운동	●————————●	
XL – 호흡	●————————●	

상기하기

다음 블록을 시작하기 전에 골반저에 근육 매듭이 있는지를 점검해보라(302쪽 참조).
근육 매듭이 있으면 매일의 BTY 케겔 운동을 계속하기 전에 일단 그것을 풀어주라.

	예	조금	아니요
아직 꽤 심한 복직근이개로 고생하는가?	○	○	○
아직 자궁탈출증으로 고생하는가?	○	○	○
골반저 근육의 개선이 보이는가?	○	○	○

자기 분석을 토대로

다음 블록에서 나의 목표는 이것이다.

_____

어떻게 도달할 것인가?

_____

최상의 마무리를 위해 40주

테스트 중 궁극의 테스트. 이것을 하면 모든 것을 할 수 있다! 이제 당신은 정말로… 자기 자신으로 돌아간다!

 BTY 앱을 열고 함께 트레이닝하라.

준비

XL - 호흡: 10회

BTY 케겔 운동: 5초 × 10회

워밍업: 롤링으로 풀어주기, 줄넘기, 힙 트위스트

연습

워크아웃 팔굽혀펴기(Walk Out Push Up) ⓟ ⓓ 🏃
(마지막에는 뜀뛰기를 하면서)

시프트 아웃(Shift Out) ⓟ ⓓ

뜀뛰기를 하면서 아이스 스케이터 ⓟ 🏃

(⚬⚬) 다리와 엉덩이

(⚬) 다리와 엉덩이

도마뱀 자세(Salamander) Ⓓ

🔘 배와 어깨

마운틴 클라이머(Mountain Climbers) Ⓟ Ⓓ

🔘 배

더블 크런치(Double Crunches) Ⓓ

🔘 허리

🔘 배

스쿼트 점프(Squat Jump) Ⓟ 🔘

🔘 허벅지, 엉덩이, 종아리

🔘 엉덩이와 배

서프라이즈!
BTY 앱을 열고 함께 하라!

일지 40주

자신을 돌아보기

XL – 자세와 호흡

생각하고 있는가?	예	대부분	별로	전혀
온종일 중립 자세를 염두에 두는가?	○	○	○	○
아기를 들어 올릴 때의 올바른 자세도 염두에 두는가?	○	○	○	○
XL – 심호흡도?	○	○	○	○
아기를 들어 올릴 때의 안성맞춤 XL – 호흡도?	○	○	○	○

영양

식사는 어떻게 하는가?	아주 좋다	좋다	그저 그렇다	좋지 않다
정직하고 건강한 음식을 먹는가?	○	○	○	○
단백질과 지방, 탄수화물이 균형을 이루는가?	○	○	○	○
1.5리터의 물을 마시는가?	○	○	○	○
하루에 걸쳐 식사를 잘 분배해서 먹는가?	○	○	○	○

휴식과 이완

쉼의 상태는 어떠한가?　　　　　　　　　　이런..　　　　　　　　　좋다!

스트레스 수위는?

스스로에 대한 요구 수준은?

책임을 지는 면은?

전반적으로 분주함에 휩쓸리지 않고
생활을 잘 조망하고 있는가?

수면 부족 수준은?

트레이닝과 운동

	예	대부분	별로	전혀
트레이닝에서 진보가 느껴지는가?	○	○	○	○

하루에 몇 보를 걷는가?

0 걸음　　　　　　　　　　　　　　최소한의 목표 1만 보　　　1만 5천

일반적인 질문들

다음 상황은 어떠한가?

이런..   좋다!

호르몬 상황은?

아이와의 애착은?

파트너 관계는?

애정생활은?

사회생활은?

일은?

골반저·복부 근육 체크 업

얼마나 자주 다음을 하는가?

전혀 하지 않는다   많이 한다

BTY 케겔 운동

XL – 호흡

상기하기

다음 블록을 시작하기 전에 골반저에 근육 매듭이 있는지를 점검해보라(302쪽 참조).
근육 매듭이 있으면 매일의 BTY 케겔 운동을 계속하기 전에 일단 그것을 풀어주라.

	예	조금	아니요
아직 꽤 심한 복직근이개로 고생하는가?	○	○	○
아직 자궁탈출증으로 고생하는가?	○	○	○
골반저 근육의 개선이 보이는가?	○	○	○

이제 당신은 해냈다!

얼른 345쪽으로 가서 마지막 세부사항을 기입하고, 정말 멋진 진보를 마주하라!

18

셀프테스트

테스트: 스트레스와 삶의 사건

• 임신	☐ 40점
• 새 가족 맞아들이기	☐ 39점
• 재정 상황의 변화	☐ 38점
• 전직(직업을 바꿈)	☐ 36점
• 부부 싸움의 유의미한 증가	☐ 35점
• 시댁과 관련한 어려움	☐ 29점
• 직장에서의 업무 변화	☐ 29점
• 남편이 일을 그만두거나 시작함	☐ 26점
• 개인 습관의 변화	☐ 24점
• 근무 시간 혹은 근무 조건 변화	☐ 20점
• 이사	☐ 20점
• 사회활동의 변화	☐ 19점

- 대출받기 ☐ 17점
- 수면 습관의 변화 ☐ 16점
- 식습관의 변화 ☐ 15점

홈스와 레이의 전체 목록은 훨씬 더 길고, 중요한 모든 사건을 포괄한다. 위에 열거된 항목들은 젊은 부모들에게 닥칠 수 있는 이 모든 사건이 어느 정도의 "스트레스 점수"를 동반하는지 감을 잡게 해줄 것이다. 지난 6개월 동안의 경험을 떠올리며 점수를 더해보라. 그러면 정상적인 임신과 출산이 얼마나 많은 스트레스를 동반하는지 실감할 수 있을 것이다. 150점 이상이면 스트레스성 질환이 생길 위험이 증가한다. 스트레스 점수가 높을수록 취약해진다. 사실 새내기 엄마로서 150점을 돌파하기는 쉽다. 그러다 보니 여기에 새로운 사건이 한두 개만 추가되어도 당신에게는 이미 과도할 수 있다. 당신이 엄마일 뿐 아니라 한 인간이기도 하다는 것을 잊지 말라. 엄마로서 감당하는 일 이외에도 스트레스를 자아내는 다른 일들이 안 생기리라는 보장은 없다.

한편 스트레스 점수는 스트레스성 불편 증상이 발생할 위험에 대해서만 말해줄 따름이다. 많은 사람은 스트레스 점수가 200점이라도 심신에 별문제 없이 지낸다. 이유는 단순하다. 사람마다 다르기 때문이다. 어떤 사람은 변화에 더 잘 적응하며, 의지할 수 있는 인간관계 네트워크가 더 탄탄한 사람도 있다. 여기에 호르몬 변화까지 가세하면 차이는 적지 않다.

테스트: 당신의 골반저는 튼튼한가?

다음 질문은 만일의 경우 있을 수 있는 요실금과 관련하여 골반저 상태를 가늠하게 해준다.

테스트를 해보라

- 재채기할 때 간혹 소변이 찔끔 새어 나오는가? □ 예 □ 아니요
- 뜀뛰기, 달리기 혹은 운동할 때 간혹 소변이 새어 나오는가? □ 예 □ 아니요
- 수면 중에 간혹 소변이 새어 나오는가? □ 예 □ 아니요
- 한동안 소변이 굉장히 마려웠다고 해보자. 드디어 변기에 앉았는데, 정작 소변 줄기
  는 아주 가늘게 나오는가? □ 예 □ 아니요
- 소변 줄기에 힘이 있고 완전히 소변을 배출하는 것이 때로 불가능한가?

  □ 예 □ 아니요
- 하루에 여섯 번 이상 화장실을 가야 하는가? □ 예 □ 아니요
- 밤에 자다가 깨 화장실에 가는가? □ 예 □ 아니요
- 하루에 세 번 이상 대변을 보는가? □ 예 □ 아니요
- 혹은 일주일에 두 번만 배변하는가? □ 예 □ 아니요
- 방귀를 참기가 힘든가? □ 예 □ 아니요
- 가끔 대변이 찔끔 나오는가? □ 예 □ 아니요
- 대변이 나오지 않게 하려면 애써 항문을 조여야 하는가? □ 예 □ 아니요
- 치질이 있는가? □ 예 □ 아니요
- 항문에 열상이 있는가? □ 예 □ 아니요
- 완전 파열된 적이 있는가? □ 예 □ 아니요
- 배변에 문제가 있는가? □ 예 □ 아니요
- 하루를 마칠 때 골반저가 더 무거운 느낌이 나는가? □ 예 □ 아니요
- 질 입구가 부풀어 오른 듯한 느낌이 나는가? □ 예 □ 아니요
- 질에 통증이 있는가? □ 예 □ 아니요
- 요통이 있는가? □ 예 □ 아니요
- 골반 전체적으로 문제가 있는가? □ 예 □ 아니요

다시 섹스를 한다면

- 성관계 시 통증이 있는가? ☐ 예 ☐ 아니요
- 질에 느낌이 덜한가? ☐ 예 ☐ 아니요
- 오르가슴이 전보다 덜 강렬한가? ☐ 예 ☐ 아니요

결과

골반저 근육이 제대로 훈련되어 있다면 모든 질문에서 "아니요"에 체크를 했을 것이다. 하지만 거의 모든 여성이, 특히 출산한 지 얼마 되지 않은 경우에는 한 번 혹은 여러 번 "예"라고 답했을 것이다. 전 세계의 산부인과 전문의들이 산후 회복이라는 주제와 관련해 무엇보다 이 근육에 더 많은 관심을 가져야 한다고 말하는 것도 공연한 일이 아니다. 문제는 약해진 골반저와 압력이 고르게 분배되지 않은 것으로 말미암은 불편 증상이 종종 수년 뒤에 대두된다는 것이다.

좋은 소식은 요실금이 불가피한 후유증에 속하는 것이 아니라는 것이다. 아무리 경미한 형태의 요실금도 그냥 참고 지닐 필요는 없다. BTY 케겔 운동은 방광이 가득 찬 상태에서 뜀뛰기를 해도 소변이 새어 나오지 않게 도와줄 것이다.

테스트: 당신의 복직근이개와 백선은 얼마나 두드러지는가?

출산 직후 백선은 아직 길고 넓을 것이다. BTY 트레이닝 프로그램을 통해 복부 근육은 다시 나란해진다. 복직근이개가 (아직) 얼마나 큰지 규칙적으로 점검해 보면 곧 엄청난 진보를 확인할 수 있을 것이다.

첫 번째 증상 체크: (여전히) 복직근이개가 심한가?

- 두 개의 복직근(배골은근) 사이의 구멍이나 벌어진 부분이 보이거나 느껴진다(296쪽

에서 셀프테스트를 해보라).

- 출산 후 오랫동안 복근이 약하고 헐거운 듯한 느낌이 난다.
- 골반저 근육이 제대로 기능하지 않고, 트레이닝도 할 수 없는 상태다(294쪽 셀프테스
  트 참조).
- 허리, 골반, 엉덩이 등 파워하우스의 일부에 통증이 있거나 불쾌한 느낌이 난다.
- 횡격막 주변에 약한 느낌이 난다.
- 성관계 시 통증을 느낀다.

테스트를 해보라

1. 등을 대고 누워 무릎을 구부린 채 발은 바닥에 자연스럽게 세운다. 베개를
   베어 머리가 약간 높아지게 하라.
2. 배꼽 바로 위 복부 중앙에 두 손가락을 놓는다.
3. 이제 이 두 손가락으로 배를 가볍게 이리저리 문지르다가 조심스럽게 배를
   살짝 눌러보는 동시에 머리와 어깨를 바닥에서 약간 들어 올린다. 어깨가 바
   닥에서 약간 떨어질 정도로 들어 올리면 충분하고, 윗몸일으키기를 할 필요
   는 없다. 이 자세를 1~2초간 유지하라. 측정할 수 있을 정도의 시간만 유지하
   면 되고, 더 이상은 할 필요가 없다. 복부 근육이 약하거나 복직근이 아직 벌
   어져 있는 경우, 이것은 그리 이상적인 자세가 아니기 때문이다. 잠시 테스트
   하기 위해 이런 자세를 취하는 것은 해롭지 않지만, 필요 이상 그 자세를 유
   지하고 있지는 말라.
4. 이제 복근이 수축되므로 손가락 주위가 약간 조여지는 것이 느껴질 것이다.
5. 자, 그러면 이제 다음 두 가지에 주의를 기울이라.

A. 아직도 복근 사이에 구멍이 느껴지는가? 그렇다면 몇 개의 손가락이 들어
   갈 정도인가? 한두 개 정도는 정상이다. 이것은 복근이 이제 많이 벌어져 있

지 않으며, 복근 트레이닝을 해도 된다는 의미다. 하지만 손가락이 서너 개 들어갈 정도라면 근육이 아직 많이 벌어져 있는 것이며, 특별한 훈련을 통해 복직근이 다시 닫히게끔 해주어야 한다. 손가락이 두 개 이상 들어가는 것으로 측정되더라도 걱정할 필요는 없다. 그런 경우는 흔하며, 훈련으로 잘 회복할 수 있다.

B. 백선은 얼마나 뚜렷하게 느껴지는가? 달리 말해, 손가락을 안쪽으로 깊숙이 밀어 넣을 수 있는가, 아니면 백선의 탄력 있는 저항이 아주 빠르게 느껴지는가? 여기서 당신은 복직근이개와 더불어 결합 조직인 백선의 강도와 탄력을 테스트할 수 있다. 백선으로 손가락을 깊이 밀어 넣을 수 있을수록 해당 조직이 약해진 것이다. 이상적인 탄력과 강도가 어느 정도라고는 정의하기 힘들지만, 그것을 귓불이나 코끝에 비유할 수 있다. 백선이 코끝 정도의 탄력을 지니고 있다면 좋을 것이다.

탄력, 강도, 무엇보다 백선의 깊이가 굉장히 중요하다. 복부 근육이 적절히 기능할 것인지는 이 세 요소에 달려 있기 때문이다.

이 진단에서 당신은 배를 손가락으로 찔러야 하므로 사랑을 담아 아주 침착하게 해야 한다. 감정 없이 강하게 배를 찔러서는 안 된다. 하지만 마사지하는 정도로 부드럽게 압력을 가해서도 안 된다. 너무 세게 누르지도, 너무 약하게 누르지도 않는 것이 중요하다. 어느 정도로 해야 하는지 헷갈린다면 물리 치료사에게 도움을 청하라.

주의

- 복부 근육이 매우 약한 경우 이 테스트 자세는 특히나 좋지 않다. 그러므로 열 번 연속으로 테스트를 해서는 안 된다. 그렇게 하면 압력이 너무 커질 수 있다.
1. 5단계를 되풀이하되, 이번에는 손가락으로 배꼽에서 몇 센치미터 윗부분을 진단

해보라.

2. 5단계를 되풀이하되, 약간 아래쪽을 해보라.

3. 경험을 일지에 기록하라.

트레이닝은 테스트 결과에 맞게 조정해야 한다. 복직근을 트레이닝하는 것은 효과 만점일 수 있지만, 신체가 준비되지 않으면 해로울 수 있다.

여러 형태의 복직근이개

이 검사에서 어떤 곳에서는 복부 근육 사이에 손가락 세 개가 들어가는데, 어떤 부분에서는 그렇지 않을 수도 있다. 테스트 결과를 의심하지 말라. 그런 차이가 있을 수 있다. 어떤 부분에서는 복부 근육이 다시 닫혔는데, 다른 부분에서는 벌어져 있을 수 있다.

    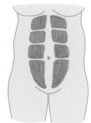

| 정상 | 일반적 벌어짐 | 배꼽 밑으로 벌어짐 | 배꼽 위로 벌어짐 | 완전히 벌어짐 |

테스트: 탈출증으로 고통받고 있는가?

- 압박감이나 통증, 질이나 직장이 돌출된 느낌이 난다. ☐ 예 ☐ 아니요
- 질이나 직장이 부풀어 오른 느낌이 난다. ☐ 예 ☐ 아니요
- 질이나 직장이 바깥으로 내려앉은 것 같은 느낌이 난다. ☐ 예 ☐ 아니요
- 물풍선이나 공 위에 앉아 있는 것 같은 느낌이다. ☐ 예 ☐ 아니요
- (간혹) 소변이 샌다. ☐ 예 ☐ 아니요
- 요의를 느끼지만, 소변이 나오지 않는다. ☐ 예 ☐ 아니요
- 때때로 의도하지 않게 대변이 새어 나온다. ☐ 예 ☐ 아니요
- 배변에 문제가 있다(변비). ☐ 예 ☐ 아니요
- 변의를 자주 느끼지만 변이 나오지 않는다. ☐ 예 ☐ 아니요
- (원인 모를) 요통이 있다. ☐ 예 ☐ 아니요
- (원인 모를) 복통이 있다. ☐ 예 ☐ 아니요
- 탐폰을 낄 수 없다. ☐ 예 ☐ 아니요
- 특정 움직임에서 질에서 소리가 난다. ☐ 예 ☐ 아니요
- 성관계 시 질에 느낌이 없다. ☐ 예 ☐ 아니요
- 성관계 시 아프다. ☐ 예 ☐ 아니요
- 뭔가가 질을 막아 삽입이 불가능한 듯한 느낌이다. ☐ 예 ☐ 아니요

이 중 하나 이상의 증상이 있다면, 의사나 골반저 치료사를 찾아가 가벼운 자궁탈출증이나 직장탈출증이 있는지 확인해야 한다. 정말 그렇다면, 조처를 할 수 있으니 말이다.

테스트: 어떻게 숨을 쉬는가?

흉식호흡을 하는가, 복식호흡을 하는가, 아니면 XL - 호흡을 하는가? 아래쪽 갈비뼈에서 복강으로 이어지는 옆구리를 양손으로 짚어보라. 네 손가락이 앞으로, 엄지손가락이 뒤로 가게 짚으라. 이제 집중하고 심호흡하라. 지금 어떤 느낌인가? 배가 불룩해지는가? 흉곽이 늘어나는가? 아니면 둘다 그렇게 되는가? 복식호흡과 흉식호흡을 결합한 호흡을 하면 배가 가장 많이 움직이게 된다. 그렇게 되고 있는가(123쪽 참조)?

테스트: 최적의 호흡을 하고 있는가?

- 때때로 혹은 종종 입으로 숨을 쉰다.   ☐ 예   ☐ 아니요
- 규칙적으로 하품을 하거나 한숨을 내쉰다.   ☐ 예   ☐ 아니요
- 짧고 잦은 호흡을 한다.   ☐ 예   ☐ 아니요
- 내 숨소리가 들린다.   ☐ 예   ☐ 아니요
- 숨 쉴 때 배가 평평하게 유지된다.   ☐ 예   ☐ 아니요
- 가끔 어지럽다.   ☐ 예   ☐ 아니요

하나 이상에 예라고 대답을 했는가? 그러면 호흡을 개선해야 할 것이다.

등 유연성: 고양이-소 자세

고양이-소 자세Cat to Cow는 BTY 프로그램의 첫 몇 주 동안 가장 보람 있는 연

습이다(311쪽 설명 참조). 이 연습은 임신 기간에 짧아졌을 등 근육에 유익하며, 스스로 상태를 평가할 수 있는 가장 좋은 방법이다. 이 운동을 할 때 거울을 보라. 허리가 골반과 함께 양방향으로 움직이는가? 윗등이 위아래로 잘 움직이는가? 두 부분을 서로 독립적으로 움직일 수 있는가? 모든 것이 이완된 느낌이 나는가?

팁
다른 사람에게 같은 위치에서 당신의 사진을 찍어달라고 부탁하라. 고양이 자세로 한 장, 소 자세로 한 장 말이다. 그리고는 골반과 윗등의 상태를 비교해보라. 이 둘이 제대로 위로 올라가고, 아래로 내려왔는가?

골반을 자유로이 움직이지 못해 등과 허리에 문제를 겪는 사람들이 아주 많다. 고양이-소 자세를 집중적으로 트레이닝하면 골반이 이완되어 요통이 완화되거나 사라지는 경우가 많다. 골반이 이완되면, 다른 운동도 더 잘할 수 있다. 중립 자세를 취하기가 더 쉬워서 나머지 트레이닝에서도 더 많은 유익을 얻을 수 있다.

출산한 지 오래된 경우에도 (특히나 그런 경우에는) 이 운동이 시작 운동으로 가장 적합하다. 안정성과 가동성의 결합을 의식하는 가운데 연습하면 파워하우스에 굉장히 좋다.

고양이-소 자세에서는 네발로 선 자세가 되므로 중력이 복부에 작용한다. 복직근이개가 심하고, 이 자세가 불편하거나 아프다면, 복직근이개가 줄어든 다음에 비로소 이 운동을 다시 시작하라. 하지만 이 운동은 정말 좋은 운동이므로 쉽게 포기하지 말라. 견딜 수 없고, 정말 통증이 심할 때만 중단하라.

19

골반저의 트리거 포인트 발견하기

작업 치료사, 골반저 전문가, 린지 베스털, 미국 뉴욕

골반저 근육을 포함해 모든 근육에 트리거 포인트(통증 매듭, 통증 유발점)가 있을 수 있다. 골반저에도 딱딱해진 부분이 있는지를 알아내는 것이 중요하다. 이것이 배뇨, 배변, 성관계에 문제가 될 수 있기 때문이다. 그 밖에 안쪽에 있는 트리거 포인트는 나아가 케겔 운동과 같은 특정 운동을 할 때 신체에 해가 될 수도 있다. 이를 알고 이에 대처하는 사람들은 너무 적다.

골반저 치료사를 찾아가 통증 유발점을 검사받을 수도 있지만, 다음 테스트를 통해 과활성 통증 매듭을 스스로 찾아낼 수 있다. 테스트는 질을 통해 이루어진다. 그곳에 16개의 근육이 있기 때문이다. 외벽으로부터는 두 개만 느껴진다. 이 결과에 따라 BTY 프로그램 중 어떤 운동이 당신에게 적합할지가 결정될 것이다.

테스트

1. 손을 씻어라(손톱 밑도 씻는 걸 잊지 말라). 그리고 윤활제를 사용하라.

2. 두 번째 손가락 관절이 덮일 정도까지 집게손가락을 질에 삽입하라.

3. 골반저를 수축해 질로 손가락을 꽉 조이려고 해보라.

분석: 테스트를 올바르게 하고 있는가?

1. 손가락이 약간 위쪽으로 즉, 당신의 머리 쪽으로 당겨지는 느낌이 들어야 한다. 그것이 느껴지지 않으면 느껴질 때까지 계속 해보라.

2. 느낌을 분석하라. 손가락을 네 면이 둘러싸고 있는가? 아니면 앞면, 뒷면 혹은 좌우면 이런 식으로 두 면만 느껴지는가? 질의 네 면이 느껴지지 않는다면 네 면이 손가락에 힘을 가해 손가락이 들어 올려지는 느낌이 들 때까지 연습을 반복하라.

분석: 무엇이 느껴지는가?

불편했는가? 통증이나 한쪽에서 당기는 느낌이 났는가? 그렇다면 이 지점에 과활성 근육, 즉 트리거 포인트가 있을 수 있다.

트리거 포인트? 우선 풀어준 뒤 케겔 운동을 하라

통증 유발점이 있다면 골반저 근육을 수축하는 케겔 운동을 일단 하지 말아야 한다. 케겔 운동에서는 시종일관 긴장이 작용하므로 골반저 근육을 전 가동 범위 내에서 훈련할 수 있을 때만 케겔 운동을 실행해야 한다. 자칫 케겔 운동을 통해 가뜩이나 과활성화된 통증 유발점을 더 과활성화되게끔 해서는 안 된다.

트리거 포인트를 푸는 방법

케겔 운동을 시작하기 전에 먼저 트리거 포인트를 풀어주어야 한다. 골반저 전문가의 도움으로 트리거 포인트를 풀어줄 수 있다. 하지만 혼자서도 할 수 있다.

치료용 진동기를 구매하라. 이런 진동기는 가늘고 길며 S자 모양이다. 이것을 질에 들이밀면 조종할 수 있는 레버가 질 밖으로 튀어나와 있는 것처럼 보일 것이다. 그렇다. 이제 당신은 트리거 포인트가 어디에 있는지 알므로, 진동기 끝으로 트리거 포인트를 찾을 수 있다. 그리고는 트리거 포인트 주변을 마사지하며 진동기의 끝을 트리거 포인트에 대고, 그곳을 이완시켜 주라. S자형으로 생긴 진동기를 구할 수 없다면, 다른 진동기를 사용하라. 단 끝이 약간 구부러지고, 얇아서 질 전체를 두루뭉술하게 마사지하는 정도가 아니라, 정확히 트리거 포인트에 작용할 수 있는 것이라야 할 것이다.

트리거 포인트를 규칙적으로 마사지해주며, 트리거 포인트가 없어졌는지 종종 테스트해보라. 트리거 포인트가 없어졌으면 곧바로 케겔 운동을 시작할 수 있다.

연습

여기 당신을 최상의 버전으로 만들어줄 운동들이 있다. BTY 앱에서 제공하는 동영상에서 모든 운동을 설명할 것이다. 첫 번째 연습들은 단순하지만 아주 중요하다. 그 운동들은 기본을 이루고, 올바른 연결을 가능케 하여, 더 어려운 운동을 할 때도 진보를 빠르게 눈으로 확인할수 있도록 해줄 것이다. 기본 연습을 통해 복부 근육과 골반저 근육이 회복된다. 연습이 더 어려워질수록, 주의 기호(!)와 변형들을 더 자주 마주하게 될 것이다. 그리고 거기서 이제 왜 어떤 운동이 당신에게 좋은지, 왜 우리가 그것을 하는지, 그것으로 당신이 이룰 수 있는 것은 무엇이고, 주의해야 할 점은 무엇인지, 어떤 레벨이 있고 어떤 변형들이 있는지를 설명할 것이다. 모든 동작을 다 머릿속에 입력할 필요는 없다. 모든 트레이닝 블록이 동영상으로 준비되어 있어 트레이너 캐서리너와 함께 집에서도 쉽게 따라 할 수 있기 때문이다.

내전근 볼(Adductor Ball) 😷 〇←⅄

출산 후(심지어 별다른 조처를 하지 않고는 몇 년 뒤에도!) (가장 깊이 놓인) 복횡근(배가로근)을 다시 강화해주는 건 종종 힘들다. 이를 위해 이 운동이 도움이 될 것이다. 파워하우스를 활용하는 동안 긍정적인 부수 효과로 가장 안쪽에 있는 다리 근육(내전근)도 활성화될 것이다.

등을 대고 누워 무릎 사이에 (부드러운) 공을 끼우라. 그다음 공을 빠뜨리지 말고 양다리로 공을 꽉 누르라. 호흡에 집중하라. 공을 누를 때 내리눌러서는 안 된다.

이 연습과 함께 림프 순환 마사지를 해주라. 그러기 위해 숨을 내쉬면서 배나 허벅지에서 발 쪽으로 쓸어주라.

주의

- 등이 중립 자세를 취하도록 유의하라. 잘 안되는가? 그렇다면 임프린트 자세로 연습하라.
- 발과 무릎이 서로 같은 거리에 있게 하라.

레벨

1 숨을 들이쉬며 넷까지 세고(이때 몸은 아무 동작도 하지 않는다), 내쉬면서 다리 사이의 공을 4초간 꽉 누른다.

2 1번과 동일한 과정을 각각 6초간 해준다. 고요히 고른 템포로 호흡하라. 호흡이 운동의 난이도에 반드시 비례할 필요는 없다.

3 이제 8초씩 해주라. 역시 연습의 난이도와는 상관없이 고른 속도로 안정되게 호흡하라.

BB 리프트 1(골반 리프트 1) Ⓟ Ⓧ ⟵

이 운동은 골반저 근육을 이완하는 완벽한 방법으로, 무엇보다 (심하든 심하지 않든) 탈출증으로 고생하는 사람들에게 굉장히 유용하다. 또한 이 운동은 림프 배수도 자극해준다.

바닥에 누워 종아리를 의자에 올려놓아라. 그다음 골반 아래 쿠션을 끼워 몸이 약간 기울어지도록 하라. 눈을 감고, 2분간 호흡이 골반저에 미치는 영향을 느껴보라. 무엇보다 탈출증이 있는 여성들은 즉시 증상이 좋아지는 것을 느낄 것이다.

이제 약간의 림프 마사지를 하라. 배를 지나 치골까지 가벼운 압력을 주어 쓸어주라. 아래쪽으로, 즉 골반 쪽으로만 마사지하고, 위쪽으로 쓸어주어서는 안 된다. 이어서 허벅지 안쪽에서 치골 쪽으로 쓸어주라.

BB 리프트 2(골반 리프트 2) Ⓟ Ⓓ

이것은 BB 리프트 1의 변형으로 골반저를 놀랍게 완화해준다. 이 운동은 탈출증이 있는 경우에도 적합하며 림프 배수도 자극한다.

무릎을 꿇고 천천히 앞으로 몸을 구부리라. 팔을 바닥에 대고 머리를 팔 위에 올려놓아라. 그다음 다리가 직각을 이루도록 엉덩이를 들어 올리라. 골반저에서 압력이 완전히 사라지는 것이 느껴지는가? 호흡과 골반저 사이의 연결을 생각하라. 그렇게 2분간 유지하라.

주의

- 무릎을 꿇고 엎드리면 중력이 배를 당긴다. 이것은 별로 나쁘지 않지만, 복직근이개가 심하고 그로 인해 불편 증상이 있을 때는 조심해야 한다. 중력으로 말미암아 복강으로부터 복직근(배곧은근)에 더 많은 압력이 가해질 수 있고, 이것을 정확히 느낄 수 있을 것이다. 스스로 이 운동이 자신에게 맞는지, 느낌이 괜찮은지를 가장 잘 느낄 수 있을 것이다. 이 연습은 당신에게 아주 좋다. 하지만 통증이 느껴진다든지, 기분이 안 좋다면 이 연습을 건너뛰어야 한다.

베어 크롤(Bear Crawl, 네발 기기 운동) ⓓ

베어 크롤을 실행하려면 몇 미터 정도 공간이 있어야 한다. 이 운동은 함께 협력하는 모든 근육을 긴장시키고, 꽤 어려운 자세에서 몸무게의 균형을 잡아야 하므로 상당한 에너지가 들 수 있다. 그래서 베어 크롤은 가벼운 유산소 운동으로 여겨지며, 어깨와 엉덩이에 아주 좋다!

네발로 선 자세로 기어가라. 우선 무릎을 바닥에 대고 자세를 잡은 뒤, 바닥에서 무릎을 떼고 등을 똑바로 유지하고 복근을 조이라. 그다음 네발로 앞뒤로 곰처럼 걸어주라.

주의

- 이 운동의 시작 자세는 네 발로 서는 것이기에 복직근이개가 심하면 특히 주의해야 한다. 이 자세에서는 복벽에 가해지는 압력이 너무 커질 수 있기 때문이다. 불편하거나 통증이 느껴지는가? 그렇다면 운동을 중단하라.
- 등에 집중하라. 힘들어도 등이 위쪽이나 아래쪽으로 치우치지 않도록 하라.
- 속도보다 올바른 자세가 중요하다.
- 보폭을 너무 크게 하지 말라.

바이시클 크런치(Bicycle Crunches) ⓓ

아름다운 허리를 갖고 싶은가? 이 연습을 통해 허리를 아름답게 가꿀 수 있다. 난이도를 어떻게 조절할지를 결정하라. 이 운동은 그냥 편하게 누워서도 할 수 있고, 상체를 약간 일으킨 상태에서도 할 수 있다. 상체를 45도 각도로 하면, 상부 복근을 트레이닝할 수 있고, 다리를 바닥에 가깝게 하면 하부 복근을 트레이닝할 수 있다. 하지만 무엇보다 멋지게 돌려주는 것이 중요하다. 회전을 많이 할수록 복사근을 더 많이 쓰게 된다.

바닥에 누워 양손으로 머리 뒤에 깍지 껴 머리를 받쳐준다. 이제 오른쪽 팔꿈치가 왼쪽 무릎에 닿게 하는 동시에 오른쪽 다리를 펴주라. 이때 오른쪽 다리가 바닥에 닿아서는 안 된다. 그다음 왼쪽 팔꿈치를 오른쪽 무릎 쪽으로 가져가고, 왼쪽 다리를 펴준다. 여러 번 반복한다.

주의

- 호흡에 세심하게 유념하고, 몸에 힘을 주지 말라. 힘을 주는 것은 특히 탈출증이 있는 경우 골반저에 압력을 많이 가하게 되므로 굉장히 안 좋다.
- 팔꿈치로 무릎을 찍을 뿐 아니라, 어깨를 최대한 돌려주라.
- 목을 과하게 당기지 않는다.
- 다리를 너무 공중에 붕 띄우지 말고, 가능한 한 바닥에 가깝게 유지해 동작이 너무 쉬워지지 않도록 하라.
- 등이 둥글게 굽어지지 않도록 하라.

레벨

1 거의 등 전체가 바닥에 있고, 다리를 상대적으로 높이 든다.
2 다리는 약간 낮게, 상체를 약간 높게 유지한다.
3 다리는 바닥에서 조금만 떨어지고, 상체는 허리만 바닥에 닿은 상태로 한다.

보디 익스텐션(Body Extension)

자세를 위한 완벽한 운동인 동시에 척추 사이에 공간을 만들어준다. 원래 필라테스에서 유래했지만 산후 회복 기간을 시작하며 하기에 적합하고, 그 뒤에도 평생 계속하면 좋은 운동이다.

벽에 기댄 채 까치발로 서서 가능한 한 몸을 길게 뻗어준다. 자세를 유지하다가 다시 바닥을 밟고 선다. 그리고는 다시 까치발을 하고 서고 몸을 늘여주기를 반복한다. 척추뼈가 길어지고 척추뼈 사이에 공간이 생기는 것을 느낄 수 있는가?

주의

- 천천히 그러나 확실하게. 이 연습을 천천히 할수록 척추가 더 잘 늘어날 수 있다. 가능한 한 많이 스트레칭하라.

뇌-골반 연결(Brain-Pelvic-Connection), 누워서

중립 자세로 바닥에 눕는다. 때에 따라 얇은 쿠션으로 머리와 골반을 받쳐주어도 좋다. 꼬리뼈가 어디에 있는지 느껴보라.

몸통이나 다리의 나머지 부분을 움직이지 않고 골반을 위쪽으로 들어 올렸다가 바닥 쪽으로 내리라. 꼬리뼈도 위아래로 움직일 것이다. 차분하고 흐르듯이 움직이고, 골반저에 집중하라. 골반을 움직일 때, 호흡할 때 일어나는 일을 느껴보라. 골반과 뇌를 연결하라. 숨을 내쉬면서 배나 허벅지에서 다리 쪽으로 쓸어주면서 이 연습을 림프 마사지와 연결할 수 있다.

주의

- 통증이 느껴지면 즉시 운동을 중단하고 몸의 긴장을 풀라.

뇌-골반 연결(Brain-Pelvic-Connection), 네 발 자세로 ⒟

고양이-소 자세 운동을 위해 골반을 준비시키는 아주 좋은 방법이다. 복직근이개가 심한 경우에도 이 운동을 할 수 있지만, 네발로 선 자세를 할 때는 조심해야 한다. 무리하지 말고, 몸의 소리를 잘 들어라.

무릎을 바닥에 대고 몸 앞 바닥에 손을 짚어라. 호흡과 골반저에 집중하라. 호흡하면서 골반저를 느껴보라. 에너지가 척수를 따라 뇌로 흘러가며 골반과 뇌가 정말로 연결되는 것이 느껴지는가?

고양이-소 자세(Cat to Cow) ⓓ

이 운동을 통해 허리와 등을 유연하게 만들 수 있고, 파워하우스와 연결할 수 있다. 이 운동은 원래 요가에서 비롯된 것으로 요가의 가장 표준적이고 애용되는 운동 중 하나다. 여기서는 BTY에 맞게 조정해 파워하우스에 가해지는 압력을 가능한 한 최적으로 분배하고자 했다. 복직근이개가 심한가? 그렇다면 조심해서 하고, 불편이나 통증이 느껴지면 곧장 중단하라. 고양이-소 자세에서는 네발 자세를 하기 때문에 복강에 중력이 가해진다. 그러면 복강은 복부 근육을 누르고, 너무 늘어난 백선을 누른다. 복직근이개를 개선하려면 지금은 그런 강한 압력을 피해야 한다.

고양이-소 자세는 네발 자세를 취한 가운데 우선은 (고양이처럼) 등을 위쪽으로 아치형으로 만곡했다가 다시 (소처럼) 등을 아래로 쑥 내려주기를 반복하는 운동이다.

주의

- 중립 자세에서 시작해 고양이와 소 사이를 계속 왔다 갔다 하라.
- 골반과 윗등 모두 위아래 양방향으로 움직여야 한다.

레벨

① 중립 자세에서 숨을 들이쉰다. 숨을 내쉬면서 고양이나 소 자세를 취한다.

② 레벨 1보다 등을 더 낮고 높게 해주고, 고양이 자세 혹은 소 자세를 취하면 그 자세를 약간 더 유지해준다.

③ 중립 자세에서 숨을 들이쉬고 숨을 내쉬면서 고양이 자세로, 다시 중립 자세에서 숨을 들이쉬고 내쉬면서 소 자세로 반복하라.

셀프테스트: 300쪽 참조

컬 업 앤드 다운(Curl Up And Down, 롤링 & 언롤링) Ⓓ Ⓟ

척추를 빠르게 풀어주기. 이것은 등 근육에 정말 좋고, 곧장 등 근육을 강화한다. 이 연습은 나중에 프로그램에서 제시되는 더 어려운 등 근육 훈련을 할 수 있도록 등을 준비시킨다.

똑바로 서서 숨을 들이쉰다. 숨을 내쉬면서 몸을 천천히 아래쪽으로 숙여 손으로 바닥을 짚는다.

주의

- 항상 적절히 숨을 내쉬고, 다시 숨을 들이마시기 위해 필요한 경우 연습을 중단한다.

레벨(롤링 & 언롤링)

이 연습은 원래는 셀프테스트다. 특정 부분으로 말미암아 등을 감아주거나 풀어주는 것이 힘들다는 것이 느껴지면, 그 부분을 폼롤러로 풀어주어야 한다(156쪽 참조).

데드 버그(Dead Bug)

이 연습은 파워하우스를 위한 표준 트레이닝으로, 하고 나면 틀림없이 좋은 느낌이 날 것이다. 신경 써야 하는 점은 자세를 올바로 유지하면서 몸을 완전히 열어주는 것이다. 중력이 골반저에 영향을 주지 않아 탈출증이 있어도 쉽게 할 수 있는 운동이다. 팔다리를 천천히 아래로 내릴 때 근육에 많은 압력이 가해진다. 긴장을 유지하라!

등을 대고 누워 다리를 90도 각도로 올리고 팔을 머리 위로 뻗으라. 그다음 오른팔을 뒤로 내리는 동시에 왼 다리를 뻗어 그 팔과 다리가 매트 위에 놓이도록 하라. 이어 왼팔과 오른 다리로 그렇게 하라. 교대로 반복하라.

주의

• 등에 집중하라. 어렵더라도 등은 매트에 꼭 대고 있어야 한다.

레벨

1 팔다리를 구부린 채 한다.

2 다리를 바닥에 대지 않은 채 뻗으라.

3 팔다리를 뻗은 채로 해보라.

셀프테스트와 활성화: 데드버그 운동은 복근에 꽤 중노동이므로, 복근을 우선 활성화해주는 것이 때로 도움이 된다. 그러면 신체를 위해 더 많은 것을 이끌어 낼 수 있다(154쪽 참조).

다운워드 독(Downward Dog) P D

요가의 고전으로, 전신을 스트레칭해주고, 근육을 늘려줄 수 있는 좋은 방법이다. 또한 자세에도 좋다. 중요한 것은 배꼽을 들여보내는 것이다. 엉덩이는 시종일관 좀 더 천장 쪽을 향하도록 해보라. 이것은 여기서 하는 운동 중 처음으로 몸을 거꾸로 하는 (얼굴을 아래쪽으로 떨구는) 운동이다.

네발로 서서 배꼽을 집어넣고, 꼬리뼈는 되도록 천장 쪽으로 한껏 높이 쳐들라.

- 이 운동에도 중력이 배에 작용한다. 그러므로 복직근이개가 심하면 조심해야 한다. 불편하거나 통증이 있으면 연습을 중단하라.
- 팔꿈치와 무릎을 무리해서 펴지 말라.
- 머리를 팔 사이에 중립적인 위치에 두라.

셀프테스트: 먼저 폼롤러로 등 상부를 풀어주면 이 연습이 더 부드럽다. 수월하게 잘되는지 한번 테스트해보라(156쪽 참조).

더블 크런치(Double Crunch) Ⓓ

이것은 두 가지를 통합해 하나로 만든 운동이다. 보통의 윗몸일으키기와 레그 리프트Leg Lift를 하나로 결합한 것으로 효과적이고 시간을 절약할 수 있다. 배와 다리를 쭉 폈다가 당겼다가 하게 되며, 등은 중립 자세를 유지한다. 이 크런치 운동은 상당히 힘을 쓰는 운동으로 상하 복부 근육을 강화해준다. 배 근육들을 땅에서 더 많이 떨어지게 할수록 운동은 더 어려워진다. 중력을 적으로 선언하라! 그리고 명심하라. 더 느리게, 더 잘 제어된 운동을 할수록 효과는 더 좋다는 것을 말이다.

윗몸일으키기와 레그 리프트를 한꺼번에 하라. 바닥에 똑바로 누워 손으로 뒷머리를 받친다. 그리고 이제 팔꿈치와 무릎을 동시에 함께 모아주라.

주의

- 호흡에 세심한 주의를 기울이고 힘을 주지 말라. 힘을 주는 것은 탈출증이 있는 경우 매우 좋지 않다. 골반저에 많은 압력이 가해지기 때문이다.
- 가운데 등을 바닥에 대고 눕는다. 이 운동을 할 때 등 가운데 부분만 바닥에 닿은 상태로 한다. 더도 덜도 아니다!

- 엉덩이는 바닥에서 조금 들린 상태가 되게 하라.
- 운동하면서 척추전만이 되지 않도록 하라.

레벨

1 팔은 뻗고 무릎을 굽힌 상태로 한다.

2 팔을 머리 뒤로 받치고, 다리는 레벨 1보다 약간 핀 상태로 한다.

3 다리를 쭉 뻗은 상태로 한다.

셀프테스트와 활성화: 151쪽 참조

힐 드롭(Heel Drop, 뒤꿈치 내리기) (⚙) (P) ⟳ ⟳

이 운동은 힐 슬라이드와 비슷한 유익을 제공한다. 하지만 이 경우에는 엉덩이에 대해 다리가 다르게 움직여서, 약간 다른 훈련이 된다. 그 밖에도 이 운동은 다리 근육을 활용할 때 골반저 근육들의 협응을 잃지 않도록 도와준다. "함께 힘을 주고 있지 않은지" 점검하기 위해 배에 손을 올려놓아라. 힘을 준다는 건 골반저에 추가 압력이 가해지고 있음을 의미하며, 무엇보다 탈출증이 있는 경우 이것은 해로울 수 있다. 운동하는 동안 손이 약간 위쪽으로 밀리는 느낌이 나면, 힘을 주고 있는 것이다. 이 경우에는 이 운동을 곧장 더 낮은 레벨로 수행해야 할 것이다.

바닥에 누워 90도 각도를 이루게 하여 다리를 들어 올린다. 등은 똑바로 편 상태로 누워 있어야 한다. 이제 한쪽 발의 발꿈치를 바닥에 대고, 다시 90도 각도로 들어 올리면서, 다른 발꿈치를 바닥에 댄다. 그렇게 반복한다.

주의

- 등이 중립 자세를 취하도록 유의한다. 잘 안되는가? 그렇다면 임프린트 자세로 연습하라.

레벨

① 한쪽 다리는 바닥에 대고, 다른 쪽 다리는 위아래로 올렸다 내렸다 한다.

② 한쪽 다리를 공중에 올리고, 다른 한쪽 다리를 위아래로 움직인다. 즉 받쳐 주는 다리가 없게 하는 것이다.

③ 두 다리를 동시에 위아래로 올렸다 내렸다 한다.

변형

• 프레스 힐 드롭: 구부린 다리가 바닥을 가리키지 않는 상태에서 다리를 살짝 밀어라. 이 운동은 복횡근에 아주 좋다.

• 큰 진전이 있을 때: 다리를 늘 곧게 펴준다. 다리를 편 자세로 할수록 연습이 힘들어진다.

힐 슬라이드(Heel Slide)

이 운동은 다리를 움직이기에 골반을 안정시키는 데 도움이 되지만, 실제로는 골반은 움직이지 않는다. 이 운동은 상당히 간단하지만, 매우 효과적이며, 다리가 거의 들릴 정도로 운동을 점점 업그레이드할 수 있다. 집중하면 이 운동을 곧 마스터하게 될 것이다.

무릎을 구부리고 두 발을 바닥에 댄다. 이제 발꿈치로 바닥을 밀어 다리를 펴준다. 그리고 천천히 다시 무릎을 굽힌다. 다리를 바꾸어 운동한다. 우선 왼쪽 다리, 그다음 오른쪽 다리, 이런 식으로 계속 번갈아 가며 한다.

주의

• 등이 중립 자세를 취하도록 유의하라. 잘 안 되는가? 그렇다면 임프린트 자세로 연습하라(170쪽 참조).

레벨

① 다리를 구부린 상태에서 뒤꿈치로 편안하게 바닥을 민다.

② 뒤꿈치로 바닥을 편안하게 밀지 말고, 바닥을 가까스로 민다.

③ 이번에는 두 다리로 동시에 바닥을 밀되, 뒤꿈치가 바닥에 거의 닿지 않도록 한다.

고관절 외전근 운동 ⓓ

우리 모두는 매력적인 엉덩이를 갖고 싶을 것이다. 이 트레이닝을 하면 아마 그런 목표에 부쩍 더 가까워질 것이다. 또한 이 운동은 엉덩이를 안정적으로 유지하면서 엉덩이를 다시 유연하게 움직일 수 있도록 해준다. 임신과 출산을 겪은 뒤에는 다리 안쪽이 약간 짧아져 있는 경우가 많으므로, 이 운동이 때로는 무척 어려울 수 있다.

네발로 선 자세를 취하라. 이제 왼쪽 다리를 세 번 옆쪽을 향해 높이 들어준다, 그다음 오른쪽 다리를 그렇게 한다. 그렇게 반복한다.

주의

• 엉덩이를 비틀지 않는다.

• 허리가 처지지 않도록 한다.

레벨

① 다리는 잘 조절해서 오르락내리락 한다.

② 다리를 잠시 높이 든 채로 있는다.

③ 다리를 잠시 높이 든 채로 있다가 뻗어주고, 다시 끌어당겼다가 다시 내려준다.

셀프테스트와 활성화: 다리를 충분히 높이 들어 올릴 수 없다면, 우선 엉덩이를 활성화해주어야 할 것이다. 한번 해보고, 그 뒤에는 잘 되는지 보라. 엉덩이를 활성화해주는 방법은 154쪽에 나와 있다.

하이퍼백(Hyperback), 회전 포함 Ⓓ

이것은 매우 간단한 운동으로, 중간에 한번씩 해주면 허리를 강화하는 데 도움이 된다. 이 운동은 천천히 할 때 효과 만점이다.

엎드린 상태에서 팔꿈치가 옆으로 오고 손이 머리 쪽을 향하게끔 팔을 구부리라. 이제 서서히 상체를 매트에서 들어 올리고는 잠시 그렇게 유지하라. 이 동작을 반복하라.

변형: 여기에 회전이나 동시에 다리를 들어 올리는 동작을 포함하라. 이 운동은 복직근을 스트레칭하게 되므로, 복직근이개가 심한 경우는 이 운동을 해서는 안 된다.

아이스 스케이터(Ice Skaters) Ⓟ

이 운동은 발목과 무릎의 안정성을 향상하는 꽤 에너지가 드는 연습이다. 그리고 시각적 효과도 낸다. 즉 모두가 원하는 둥근 엉덩이를 만들어주는 것이다. 이 운동에서도 역시 더 이상 못하겠다 싶을 때도 몇 번 더 하고 그만두는 것이 좋다.

한쪽 다리로 서라. 그리고는 자세를 약간 구부린 다음 마치 작은 웅덩이를 뛰어넘듯이 오른쪽 다리에서 왼쪽 다리로, 왼쪽 다리에서 오른쪽 다리로 번갈아 뜀뛰기를 하라. 팔도 같이 움직여주라.

주의

- 엉덩이는 똑바로 하고, 너무 많이 돌리지 말라.
- 발가락 쪽을 쳐다보지 말고, 머리는 척추와 일직선이 되게 하라.

레벨

1. 발을 거의 바닥에서 떼지 않고 바닥을 스치듯이 한다.
2. 점프할 때 발을 바닥에서 뗀다.
3. 두 다리가 동시에 공중에 머무르는 순간이 있도록 하라.

셀프테스트와 활성화: 제대로 레벨을 밟아 올라갈 수 없는가? 우선 엉덩이를 폼롤러로 잘 풀어주고(156쪽 참조) 엉덩이 근육을 활성화(154쪽 참조)한 다음에 해보라. 더 잘되는가? 다른 부분에서 당기는 듯한 느낌이 나는가? 그렇다면 일단 그곳을 폼롤러로 풀어주라.

자벌레 운동 Ⓓ

이 운동에서는 몸을 앞쪽과 위쪽으로 동시에 움직이면서 놀랍게 몸을 스트레칭할 뿐 아니라 복부, 어깨, 팔을 집중적으로 단련할 수 있다. 앞으로 나아갈수록 도전이 커진다. 자, 시작하라!

똑바로 서서 몸을 앞으로 구부리고 양손으로 바닥을 짚는다. 그다음 손으로 "종종걸음"을 쳐 앞으로 나아간다. 다리는 거의 플랭크 자세로 곧게 펴고 있으라. 그다음 발로 마찬가지로 종종걸음으로 앞으로 나아오라. 다리가 손 가까이 올 때까지 손은 땅을 짚고 있는다. 이제 다시 손으로 종종걸음으로 앞으로 나아간다. 이를 반복한다.

- 복직근이개가 심한 경우 이 운동은 적합하지 않다. 앞으로 나아가면 복근이 아주 강하게 늘어나고, 복직근이개가 심한 경우는 좋지 않기 때문이다.
- 등을 중립 위치에 두라.
- 가능한 한 앞으로 많이 나아가라, 마지막 몇 센티미터도 중요하다.
- 다리는 곧게 펴고 있으라.

레그 리프트(Leg Lift) ⓟ

가장 깊숙이 놓인 복근인 복횡근과 하복근을 위한 기초 운동이다. 이 운동은 척추전만이 있는 경우 아주 좋다. 골반을 수월하게 들어 올릴 수 있게 하는 근육을 트레이닝하기 때문이다.

이 운동은 양다리를 교대로 하거나 -조금 더 어렵게는- 두 다리를 동시에 트레이닝할 수 있다. 등을 대고 똑바로 누운 뒤 다리를 천천히 90도 각도로 들어 올리라. 여러 번 반복하라.

주의

- 이 운동은 힘들므로, 계속 호흡하는 것을 잊지 말라. 숨을 참고 힘을 주는 것은 탈출증이 있는 경우 특히 골반저에 정말 좋지 않다.
- 척추전만 자세가 되는 것을 피하라! 중립 자세로 운동하기가 너무 힘들다면, 임프린트 자세로 시작하라(170쪽 참조).

레벨

① 한쪽 다리는 젖혀두고 한쪽 다리만 한다.
② 두 다리를 번갈아 가며 들어 올린다.

③ 두 다리를 동시에 한다(복근이 정말 잘 훈련된 경우에만 그렇게 하라!).

셀프테스트와 활성화: 우선 활성화해주면 이 운동이 더 잘되는가? 그렇다면 레그 리프트를 하기 전에 늘 활성화를 해주라. 그렇지 않다면 그냥 활성화 과정 없이 하라.

마운틴 클라이머(Mountain Climbers) ⓟ ⓓ

전형적인 유산소 운동이다. 아주 힘을 많이 쓰는 운동이기에 근력 운동을 이상적으로 보완하는 운동이다. 이 운동은 복부 근육을 강화하며, 또한 전신 운동이기도 하다. 모든 근육이 함께하고 활성화되어야 하기 때문이다. 더 이상 못하겠다는 생각이 들 때 단박에 그만하지 말고, 몇 번 더 동작을 추가하라.

플랭크 자세(323쪽 참조, 아래팔로 지탱하는 자세)를 취하고, 복근과 엉덩이 근육을 수축시킨다. 등은 중립 자세를 취하고, 이제 양다리를 교대로 무릎을 손 쪽으로 가져간다.

주의

- 힘들더라도 계속 고르게 숨을 쉬고, 힘주지 말라. 피곤할 때 자꾸 힘을 주고 싶은 유혹이 크겠지만, 무엇보다 탈출증이 있는 경우 힘을 주면 상태가 더 안 좋아진다.
- 엉덩이를 낮게 들라.
- 팔꿈치를 과도하게 펴지 말라.

레벨

① 두 발 모두 땅에서 떼는 순간 없이 한발은 늘 바닥에 착지하고 있는다.
② 다리 움직임의 속도를 높이다 보면 잠깐씩 두 발 모두 땅을 디디고 있지 않은 순간이 온다.

③ 로테이션을 집어넣어라.

나마스테

가슴 근육을 파워하우스와 협연하게 하는 완벽한 연습.

똑바로 서서 어깨를 편안히 내리고 뒤로 젖히라. 그다음 손을 서로 맞대고 힘을 주어 밀어라. 점점 더 강하게 밀면서 근육을 수축하라. 가슴 근육이 파워하우스와 협력하는 것이 느껴지는가?

주의

• 어깨를 아래로 내리고, 숨을 내쉴 때만 힘을 가하라.

변형: 손 사이에 작고 부드러운 공을 끼우고 하라.

펠빅 브리지(Pelvic Bridge) Ⓟ

평소 장시간 앉아 있다면, 골반 앞쪽 근육들이 짧아져 있을 것이다. 펠빅 브리지는 이 경우 이중의 효과를 낸다. 이 근육들을 늘릴 뿐 아니라 맞은 편에 놓인 근육, 즉 엉덩이 근육을 강화한다. 이를 통해 엉덩이도 더 예쁘게 둥글어진다.

매트에 편안하게 누워 발을 엉덩이 너비로 벌린다. 그다음 이제 골반을 들어 올린다. 그렇게 위아래로 골반을 운동해준다.

주의

• 허리가 아닌 엉덩이에서 힘을 얻어라.

• 브리지를 정말로 올바르게 할 수 있을 때만 다음 레벨로 넘어가라. 그보다 일찍 넘어가지 말라. 필요하면 동영상을 찍어서 보라. 대부분은 자신을 과대평가한다.

레벨(펠빅 브릿지 +)

① 표준적인 펠빅 브리지를 가능한 한 높게 하라.

② 골반을 들어 올린 상태에서 한 다리를 뻗었다가 다시 바닥에 놓는다.

③ 골반은 들어 올리고 한 다리를 뻗은 상태로 유지한다.

변형: 골반 위에 추를 올려놓는다.

셀프테스트와 활성화: 엉덩이를 활성화하거나 폼롤러로 풀어준 뒤(154쪽 참조) 이제 펠빅 브리지를 잘 할 수 있는지 보라. 그럴 수 있는가? 그러면 앞으로는 이 운동을 하기 직전에 늘 엉덩이를 활성화하라.

플랭크 Ⓓ

우리는 플랭크 자세가 복부 근육을 단련해줄 수 있는 최고의 트레이닝임을 알고 있다. 하지만 이 운동이 복직근과 복횡근을 강화하는 것 이상의 효과를 낸다는 걸 알고 있는가? 이 자세로 어깨와 등 근육을 동시에 단련할 수 있으며, 그밖에 자세도 개선할 수 있다. 고개를 위로 들어 쳐다보지 말고, 머리를 늘 등과 일직선으로 하라.

엎드려서 아래팔로 몸을 지탱하라. 팔꿈치가 어깨 아래쪽에 오도록 하라. 그다음 복근과 엉덩이 근육을 긴장시키며 엉덩이를 들어 올린다. 그리고 그 자세를 유지한다.

주의

- 복직근이개가 심하면 플랭크 자세를 취할 때 조심해야 한다. 불편하거나 통증이 느껴지면 곧장 중단해야 한다.
- 판자처럼 반듯한 자세를 취하라. 허리가 처지지 않도록 하고, 골반은 중립 자세를 유

지하라.

- 고개를 척추와 일직선으로 유지하라. 위를 쳐다보지 말라!

레벨

① 플랭크 자세를 하되 무릎을 굽혀 아래쪽을 지탱한다.

② 온전한 플랭크 자세를 한다.

③ 팔꿈치 아래에 짐나스틱볼을 놓는다.

변형: 팔을 쭉 뻗고, 한쪽 다리를 들고, 아래팔 밑에 짐나스틱볼을 받치고서 숫자를 쓴다든지 상상력을 발휘해 여러 가지 원하는 대로 변형시켜도 좋다.

셀프테스트와 활성화: 복근을 활성화하면 더 잘되고, 더 오래 버틸 수 있는가? 그렇다면 활성화를 해보고(154쪽 참조) 필요한 경우 플랭크 자세를 하기 전에 늘 활성화하라.

풀 다운(Pull Down) Ⓓ

스트레스를 받는 시기에 우리는 종종 어깨를 치켜올리고, 팔을 앞으로 움츠리곤 한다. 그렇다. 이 운동은 등 근육을 훈련해 이렇듯 부담이 가해지곤 하는 어깨를 다시 뒤로 젖혀주고, 아래쪽으로 내려주어 자세가 펴지도록 해준다. 그러면 이 자세는 다시금 파워하우스에서의 압력이 최적으로 분산되게끔 해준다. 벽 가장자리에 서서 풀 다운 연습을 함으로써 자세가 너무 많이 뒤로 젖혀지는 것을 막을 수 있다. 너무 젖혀지면, 무엇보다 이 연습을 처음 할 때, 그리고 복직근이개가 심한 경우 문제로 이어질 수 있기 때문이다.

등을 벽에 대고 서서 양손을 머리 양옆에 놓아라. 손바닥이 앞을 향하도록 하고, 팔꿈치는 밑을 향하도록 하라. 그다음 팔을 올렸다 내렸다 하라.

주의

~~~
• 위팔과 손은 몸과 평행을 유지하도록 하며, 앞쪽으로 구부려서는 안 된다.

• 어깨는 뒤로 젖히고 대칭을 이루도록 한다. 어렵더라도 그렇게 하라.
~~~

레벨

① 도구 없이 팔을 올렸다 내렸다 한다.

② 스웨터나 수건을 잡고 그렇게 한다.

③ 두툼한 고무 밴드를 가지고 한다.

팔굽혀펴기 ⓓ

그렇다, 우리는 이것이 여성들에게 별로 인기 있는 운동이 아니라는 걸 알고 있다. 하지만 가슴 근육이 종종 짧아져 있기에 트레이닝해줄 필요가 있다. 중요한 것은 완전히 팔을 굽혔다가 다시 완전히 팔을 펴주기까지 전 가동 범위에서 팔굽혀펴기를 시행하는 것이다. 팔을 완전히 굽혔다가 완전히 펴준다면, 벽에 대고 할지 바닥에서 할지는 알아서 선택하면 된다.

주의

~~~
• 머리는 등과 일직선이 되게 하라.

• 몸은 판자처럼 꼿꼿한 자세로 하라. 엉덩이는 너무 높거나 낮지 않게 하라.

• 팔꿈치를 몸에서 멀리 떨어뜨리지 말고 몸에 붙이라.
~~~

레벨

① 엉덩이 높이의 테이블이나 작업대에 지지한 채 한다.

② 바닥에 무릎을 대고 한다.

③ 전형적인 팔굽혀펴기 자세로, 발가락으로 지탱하고 한다.

변형: 삼두근 단련을 위해 팔을 좁게 벌리고 하는 팔굽혀펴기, 팔을 넓게 벌리고 하는 팔굽혀펴기, 다이아몬드 팔굽혀펴기 등 수많은 응용 운동이 있다!

셀프테스트와 활성화: 때때로 가슴 근육이 짧아 팔굽혀펴기를 하는 것이 공연히 너무 힘들 때도 있다. 이것은 어깨가 늘 앞으로 움츠러들어 있는 것을 통해 알 수 있다. 이 경우 어깨 근육을 우선 폼롤러로 풀어준 뒤 한번 효과가 있는지 보라.

리버스 플라이(Revers Fly), 앉거나 서서 Ⓓ

현실을 직시해보자. 엄마로서 당신의 몸은 매우 앞으로 기울어져 있다. 우리는 팔에 아기를 안고 다니며, 그렇지 않을 때는 키보드에 다시금 팔을 올린다. 그러므로 리버스 플라이 연습을 통해 다시 흉곽을 열고 가슴을 뒤로 젖혀줄 시간이다. 짧아진 근육은 늘어나고, 서로 반대편에 있는 근육들이 단련되면서 자세가 개선된다. 첫 몇 주간은 중력이 작용하지 않도록 중립 자세로 의자에 앉아 이 연습을 시행하면 된다. 중력이 파워하우스에 너무 많은 압력을 행사하면 복직근이개가 자칫 악화될 수 있기 때문이다. 이와 별도로 피부는 이제 종종 느슨하고 물컹거려서 앞으로 굽힌 자세가 별로 기분이 좋지 않을 수도 있다. 하지만 걱정하지 말라. 피부도 다시금 탄력 있어질 것이다.

서서 상체를 구부리고 팔을 아래로 뻗으라. 그다음 팔을 옆으로 들어 올리며 날개를 펴주듯 넓게 펴라. 짧게 그 자세를 유지한 뒤 다시 날개를 접고 펴주기를 반복하라.

주의

- 등 위쪽과 머리를 중립 자세로 두고 턱을 들지 말라.
- 흉곽은 가만히 두라. 흉곽이 팔에 딸려 올라오지 않게 하라.

- 어깨 역시 따라 올라오지 않게 계속 아래에 둔 채로 있어라.
- 가능한 한 넓은 범위에서 운동하라.

레벨(리버스 플라이 +)

① 똑바로 서서 운동한다.

② 다리를 90도 구부린 자세에서 한다.

③ 덤벨이나 작은 물병 두 개를 손에 쥔 채 한다(리버스 플라이 +).

초보자를 위한 리버스 플라이: 출산 뒤 산후 회복에 들어가는 첫 몇 주간은 앉은 채로 리버스 플라이를 하라. 이때는 팔을 앞으로 똑바로 뻗은 뒤 옆으로 벌려주라. 어깨는 최대한 뒤로 젖히라. 잠시 그렇게 유지한 뒤 다시 팔을 앞으로 오게 하라. 그렇게 마치 날개를 닫아주고 펴주듯이 반복하라.

라운드 더 클록 런지(Round The Clock Lunges) Ⓟ

앞으로, 뒤로, 왼쪽으로, 오른쪽으로. 사방으로 다리를 뻗어주라! 다리가 무겁고 엉덩이가 타는 느낌이 들 것이다. 계속하라. 참고 인내하지 않으면 멋진 엉덩이를 만들 수 없다. 연습은 힘들 것이다. 계속 몸의 균형을 잡아주어야 하기 때문이다.

주의

- 머리를 중립 위치에 두고 발가락 쪽을 내려다보지 않는다.
- 등은 중립 자세를 유지하고, 척추전만이 되지 않게 한다.
- 스트레이트 런지: 다리를 구부린 상태에서 무릎, 발, 엉덩이가 일직선에 오게 한다.
- 스트레이트 런지: 무릎을 바깥쪽이 아닌 발가락 쪽으로 구부린다. 발들은 앞으로 향한 채 같은 높이에서 평행하게 선다.
- 사이드 런지: 무릎을 안쪽이 아닌 발가락 쪽으로 구부린다. 발은 앞으로 향한 채 같은

높이에서 평행하게 선다. 한쪽 무릎은 엉덩이 아래에 다른 쪽 무릎은 발목 위에 있어야 한다. 뒷다리의 무릎을 바닥에 닿기까지 구부려라. 너무 빠르게 중단하지 말라.

레벨(라운드 더 클록 런지 +)

① 보통 하던 대로 한다.

② 덤벨을 들고 한다.

셀프테스트와 활성화: 런지(327쪽) 및 사이드 런지(329쪽)를 참조하라.

로(Row) Ⓓ

힘 있고 열린 오라는 개방된 자세에서 시작되며, 이 연습을 통해 그런 자세를 가질 수 있을 것이다. 그러므로 이 부분에도 집중하고, 가능하면 움직임을 크게 하라. 자랑스러워하라. 당신은 이제 또한 그렇게 보이기 때문이다. 허리가 단련되는 것은 보너스다. 이 연습은 금세 너무 쉬워질 수 있지만, 덤벨을 추가하면 계속 하중을 느낄 수 있을 것이다. 이것은 자세와 등에 좋다.

서서 무릎을 약간 구부리고, 상체를 앞으로 굽힌 뒤, 팔꿈치를 최대한 뒤로 보내라.

주의

- 복부에 중력이 작용할 수 있으므로, 복직근이개가 심하면 조심해야 한다. 통증이 느껴지면 바로 중단하라!
- 팔꿈치를 최대한 뒤로 젖힌다.
- 어깨를 뒤로 젖히고, 어깨를 치켜올리거나 기울이지 않는다.
- 손목은 바른 자세를 유지한다.
- 상체는 지면과 거의 평행하게 한다.

- 머리는 중립 위치에 두고 바닥을 쳐다 본다.

레벨(로 +)

① 표준 로

② 덤벨이나 작은 물병을 들고 한다(로 +).

도마뱀 자세(Salamander) Ⓓ

이 연습은 상당히 복잡해서 처음에는 제대로 하지 못할 가능성이 크다. 이 힘든 운동을 하다가 땀이 나더라도 낙심하지 말라. 이것은 지구력에 좋고, 어깨, 등, 골반으로부터 신체에 힘을 적절히 선사하며, 전신을 단련한다. 궁극의 올인원 운동이라고 보면 된다. 짧은 시간에 큰 효과를 볼 수 있다.

네 발로 서서 한 손과 반대쪽 다리를 동시에 앞으로 내밀면서 앞으로 나아간다.

주의

- 등에 유의하라. 운동이 너무 힘들게 느껴질 때 등을 위쪽으로 솟아오르게 하거나 아래로 처지지 않도록 하라.
- 걸음을 너무 크게 내딛지 말라. 무릎을 엉덩이 높이 정도에 있게 하라.

사이드 런지 Ⓟ

널리 활용되는 런지 운동을 멋지게 응용한 것이 바로 사이드 런지다. 이것은 스트레칭과 트레이닝을 하나로 결합한 것으로, 다리 안쪽을 스트레칭해주고, 바깥쪽도 강화해준다. 엉덩이가 타는 듯한 느낌이 나는가?

똑바로 서서 가슴을 펴라. 그다음 옆으로 크게 한 발을 내딛고 똑바로 선 다리의 무릎을 굽히라. 옆으로 내민 다리는 가능하면 무릎을 구부리지 말고 똑바로 하

라. 이제 팔을 앞으로 뻗으라. 발을 교대로 하면서 사이드 런지를 반복하라.

주의

- 머리를 중립 위치에 두고, 발가락을 보지 말라.
- 등을 중립 자세에 두고, 척추전만이 되지 않게 하라.
- 다리를 구부릴 때 무릎, 발, 엉덩이가 일직선이 되게 하라.
- 구부린 무릎은 바깥쪽이 아닌 발가락 쪽으로 움직여야 한다.
- 양발은 앞으로 향하고 수평을 이루며 서로 평행해야 한다.

셀프테스트와 활성화: 런지를 할 때 사타구니가 당기는가? 그러면 근육을 이완하고 늘리는 데 경우에 따라 도움이 필요할 수도 있다. 폼롤러가 도움이 될 것이다. 폼롤러로 풀어준 뒤, 운동이 더 잘되는지 한번 보라(156쪽 참조).

사이드 플랭크 & 미니 사이드 플랭크

이것은 복사근을 위한 멋진 운동이다. 가만히 누워 있기에 움직임을 아주 잘 통제할 수 있고, 자세와 호흡에 집중할 수 있을 것이다. 천천히 단순한 버전에서(처음으로 복사근을 다시 쓰게 된다) 상급 단계(멋진 허리선을 만들어주는)까지 연습해나가라.

팔꿈치가 어깨 아래에 놓이도록 옆으로 누우라. 이제 골반을 들어 올려 무릎과 아래팔로만 체중을 지탱하도록 하라. 위치를 유지한 뒤, 방향을 바꾸어 반대쪽 옆으로 누워라.

주의

- 팔꿈치를 어깨 바로 아래에 위치하도록 하라.
- 엉덩이를 앞쪽으로 하라. 그러면 판자처럼 일직선이 되고 꺾임이 없게 된다.

- 머리를 척추와 일직선이 되도록 하라.
- 어깨는 펴준다.

레벨

1 미니 사이드 플랭크: 무릎을 바닥에 댄 상태. 분만 후 몇 주간, 아직 복사근에 너무 많은 압력을 가하고 싶지 않을 때 이렇게 해주면 안성맞춤이다.

2 발과 팔뚝으로 몸을 지탱한다.

3 회전을 포함한다.

사이드 슬라이드 (P) (D)

이제 측면 복근을 훈련할 시간이다. 이 운동은 상당히 단순하지만 신속하고 좋은 효과를 낸다. 이 운동이 고전 운동에 속하는 것도 공연한 일이 아니다. 그 밖에 이 운동은 등에 위험하지 않다. 등을 바닥에 대고 할지, 띄우고 할지 스스로 선택할 수 있기 때문이다. 더 이상 바닥에 체중을 지지할 필요가 없는 경우에는 이 운동으로 또한 복직근도 함께 수축하게 된다.

매트에 편안하게 누워 무릎을 구부리고 발을 바닥에 대라. 몸을 따라 팔을 쭉뻗어 배를 긴장시키고는 손가락 끝으로 오른쪽과 왼쪽 발꿈치를 번갈아 가며 터치한다. 이때 가능한 한 한 자세를 오랫동안 유지한 뒤 상체를 반대쪽으로 옮아가라.

주의

- 늘 호흡에 유의하고, 아래로 힘을 주지 말라. 탈출증이 있는 경우 힘을 주면 증상이 악화된다. 올바른 호흡을 하며 운동하는 것이 너무 어려운가? 그렇다면 한 레벨 아래로 내려가라.
- 등과 어깨를 바닥과 평행하게 유지하라.

- 최대로 스트레칭했다고 생각되면 거기서 멈추지 말고 조금 더 나아가라.
- 고개를 아래쪽으로 숙이라.

레벨

1 등을 바닥에 댄다.
2 바닥에서 어깨뼈를 들어 올린 채 한다.

윗몸일으키기 P D

모든 복부 운동의 어머니 격인 운동으로, 이 운동을 통해 무엇보다 복직근을 훈련하게 된다. 하지만 속지 말라. 간단한 운동인 것 같지만 많은 사람이 이 운동을 잘못 실행하고 있다. 그 때문에 근육이 훈련되는 것이 아니라, 도리어 등이나 목에 해가 되는 경우가 있다.

바닥에 누워 무릎을 구부리고 발을 바닥에 단단히 고정하라. 이제 팔을 펴고 머리와 어깨를 들어 올리라.

위험

- 복근의 힘으로 들어 올리라. 목으로 당기거나 등을 좌우로 흔들면서 올라오지 말라.
- 호흡에 세심한 주의를 기울이고 밑으로 힘을 주지 말라. 특히 탈출증이 있는 경우 그렇게 힘을 주면 골반저에 너무 많은 압력이 행사되어 아주 좋지 않다.
- 올바르게 위아래로 몸을 굴리라.
- 복직근이개가 심하면 이 운동을 하지 말라.

레벨(윗몸 일으키기 +)

1 손을 앞으로 한다.
2 손을 어깨에 올린다.

3 손을 귀 뒤로 한다.

셀프테스트와 활성화: 몸을 말았다 펴주었다 하는 게 힘들어 윗몸일으키기 속도가 느려지는가? 그러면 우선 폼롤러로 등을 풀어주어야 한다(156쪽 참조).

변형: 가슴에 덤벨을 얹고 하거나– 정말로 힘들게 하려면– 덤벨을 머리 앞에 달고 하라.

스플릿 스쿼트(Split Squat)/런지 Ⓟ

스플릿 스쿼트와 런지는 늘 명칭이 혼동되지만, 서서 이 운동을 하는 경우는 스플릿 스쿼트라고 하고, 걸음을 옮겨가면서 (즉 걸어가면서 체중을 앞에 있는 다리로 옮기는 것) 하는 경우를 런지라고 한다. 하지만 어떤 이름으로 부르든지 포괄적인 근육 그룹을 쓰게 되므로 늘 힘들며 지방을 연소하는 운동이다. 그 밖에 짧아진 골반 앞쪽 근육을 제대로 늘려준다. 또 하나의 이점은 안정성이 훈련된다는 것이다.

한 발은 앞으로, 다른 발은 뒤로 두라. 그다음 천천히 무릎을 구부리라. 뒤쪽 무릎이 바닥에 거의 닿을 정도로 몸을 낮추라.

주의

- 호흡에 유의하고, 힘이 없더라도 아래로 힘을 주지 말라. 특히 탈출증이 있는 경우 아래로 힘을 주는 것은 좋지 않다!
- 머리를 중립 위치에 두고, 발가락을 쳐다보지 말라.
- 등은 척추전만이 되지 않게 하고, 중립 자세를 고수하라.
- 무릎은 안쪽이 아니라 발가락 쪽으로 움직이라.
- 발은 앞으로 향하게 하고, 서로 평행하게 하라.

- 한쪽 무릎은 엉덩이 아래에, 다른 쪽 무릎은 발목 위에 오도록 하라.
- 뒤쪽 무릎이 바닥에 닿도록 구부리라. 그 전에 멈추지 말라.

레벨(스플릿 스쿼트 +)

1️⃣ 보통의 스플릿 스쿼트

2️⃣ 앞다리나 뒷다리를 높여서 더 아래로 내려갈 수 있게끔 하라.

3️⃣ 뜀뛰기도 포함하라!

변형: 아령을 들고 한다든지, 뜀뛰기를 하며 다리를 바꾼다든지…. 얼마든지 변화를 줄 수 있다.

셀프테스트와 활성화: 몸을 낮추려고 하면 자동으로 척추측만이 되고, 허벅지 앞쪽이 당기는 느낌이 나는가? 그렇다면 이 부분을 폼롤러로 풀어주어야 한다. 허벅지 앞쪽이 이완되고 길어지면 몸을 더 낮추면서 할 수 있다. 이 운동은 몸을 낮출수록 효과적이다.

스쿼트, 미니 스쿼트, 의자 스쿼트, 워킹 스쿼트 Ⓟ

스쿼트는 모든 운동의 여왕이다. 스쿼트는 튼튼하고 멋진 다리를 선사하며, 큰 근육을 활성화해 칼로리를 많이 연소한다. 다리 근육을 잘 훈련하면 아기가 곧 몇 킬로그램 더 무거워져도 아기를 너끈히 안아 올릴 수 있다. 미니 스쿼트는 출산 뒤 상당히 일찍부터 시작할 수 있다. 미니 스쿼트는 임신 중에 종종 짧아진 다리 근육을 다시 늘리는 데 도움이 된다.

주의

- 호흡에 유의하고, 힘이 들더라도 밑으로 힘주지 말라. 특히 탈출증이 있는 경우 밑으

로 힘주는 것은 절대 좋지 않다!

- 머리를 중립 위치에 두라. 스쿼트를 할 때 머리를 뒤로 젖히는 사람이 너무 많다.
- 등은 중립 자세를 유지하고 구부리지 말라.
- 무릎을 발가락 위쪽에 놓고, 바깥쪽이나 안쪽을 향하게 돌리지 말라.

레벨(스쿼트 +)

1. 무릎 높이보다 더 낮게 내려가지 않는다.
2. 최대한 낮게 내리라.
3. 뜀뛰기를 포함하라.

변형

- 아령을 들고 하거나 고무 밴드를 무릎 바로 위에 묶어주라.
- 스텝을 밟으면서 스쿼트를 한다(워킹 스쿼트).

셀프테스트: 다리 근육이 따라주지 않아 원하는 만큼 몸을 낮출 수 없을 수 있다. 그럴 때는 발뒤꿈치로 뭔가를 딛고 서보라. 발뒤꿈치를 살짝 높여주기만 해도 놀라운 일이 일어날 때가 많다. 발뒤꿈치로 판자나 보드를 딛고 서서 스쿼트를 해보라. 이제 더 잘되는가? 그렇다면 종아리 근육이 짧아져 있는 것이다. 그러므로 이제부터는 스쿼트를 시작하기 전에 폼롤러로 종아리 근육을 풀어주라. 발뒤꿈치를 높여주지 않고도 할 수 있을 때까지 발뒤꿈치 아래 뭔가를 받쳐주라.

판자 위에 서서 하는데도 제대로 할 수가 없다면 엉덩이 근육이 굳어 있는 것일 수도 있다. 그런 경우는 폼롤러로 엉덩이 근육도 풀어주라. 무릎이 휘청거리더라도 엉덩이를 느슨하게 풀어주는 것이 굉장히 도움이 될 수 있다(156쪽 참조).

스쿼트가 잘 안되는 것이 종아리 때문이 아니라, 무릎이 휘청거려서 그런 것인가? 그렇다면 엉덩이를 활성화하라.

초보자 스쿼트: 미니 스쿼트

처음에는 미니 스쿼트로 시작하라. 미니 스쿼트는 그냥 서 있는 자세에서 엉덩이를 살짝 내렸다가 다시 올리는 것이다. 너무 낮게 내려가지 않는 것이 중요하다! 완전한 스쿼트를 할 수 있을 때까지 계속 운동하되, 산후 회복 기간에는 무리되지 않는 선에서 하라! 안 되는 스쿼트를 무리하게 하려고 하기보다는 미니 스쿼트를 적절히 하는 편이 낫다.

초보자 스쿼트: 의자 스쿼트

의자를 활용하면 출산 직후에 미니 스쿼트를 안전하게 시작할 수 있다. 엉덩이 근육은 임신 중에 대부분 길어진다. 상대적으로 앉아 있는 시간이 많기 때문이다. 그러므로 엉덩이 근육을 다시 강화하는 것이 첫걸음이다. 호흡에 유의하고, 무엇보다 탈출증이 있는 경우 엉덩이를 들 때 밑으로 힘을 주지 말라! 밑으로 힘을 주는 것은 탈출증을 더 악화시키기 때문이다.

의자 앞에 서서 엉덩이를 서서히 의자 쪽으로 내린다.

주의

* 힘을 위쪽으로의 반동에서 가져오지 말고, 다리에서 가져와야 한다.

스트레칭

(157쪽도 참조하라)

목 스트레칭(머리를 어깨 쪽으로 기울여준다): 목을 편안하게 해주기 위한 스트레칭. 손에 덤벨을 들고 하면 스트레칭이 더 잘된다.

똑바로 안정감 있게 선다. 이제 머리를 천천히 한쪽 어깨로 기울이고, 잠시 그렇게 유지한다. 그다음 천천히 다른 쪽 어깨로 이동한다.

종아리 스트레칭: 틈틈이 계단이나 약간 높은 발판 같은 것을 이용해 종아리를 스트레칭해주는 건 아주 쉽게 어디서나 할 수 있는 운동이다. 우리의 생활 방식과 굽이 있는 신발을 신는 습관으로 인해 종아리 근육이 짧아진다.

한쪽 발을 발판에 올려 발볼만 발판에 닿도록 한다. 이제 발뒤꿈치를 아래로 누르고, 발가락은 위를 향하게 한다.

가슴 및 옆구리 스트레칭: 복직근이 너무 과도하게 늘어나거나 강하게 스트레칭되지 않도록, 벽을 이용해 스트레칭해준다. 너무 과도하게 늘어나면 복직근이개가 있었던 경우 더 벌어질 수 있기 때문이다.

벽에 몸을 더 평평하게 붙일수록 더 많이 스트레칭을 할 수 있다. 머리 위로 팔을 들어 올리고, 손가락을 벽에 대고 밀 듯이 지탱하라. 옆구리가 스트레칭되는 것이 느껴지는가? 양 옆구리 스트레칭을 번갈아 가며 해주라.

어깨 풀어주기: 어깨로 부드럽게 원을 그리라. 우선은 앞에서 뒤로 세 번, 그다음 뒤에서 앞으로 세 번 하라. 중간중간 스트레칭을 하여 목이 이완되도록 하라. 이를 반복하라.

스모 스쿼트(앤드 워크) ⓟ

스쿼트의 변형으로, 이 운동은 스쿼트와 거의 비슷한 효과를 낸다. 하지만 완전히 비슷하지는 않다. 좌골부를 열어주기에 그곳의 유연성이 증가한다. 스모 스쿼트는 지방 킬러이기도 하다. 두 가지 가장 커다란 근육 그룹인 다리 근육과 둔부 근육을 동시에 훈련해주기 때문이다. 게다가 또 다른 유익을 동반한다. 바로 다리와 엉덩이를 멋진 형태로 만들어준다는 것이다. 연습은 쉽지 않다. 하지만 맥박을 끌어올리는 데 안성맞춤인 운동이다.

다리를 넓게 벌리고 안정감 있게 서라. 발끝을 바깥쪽으로 향한 채, 무릎을 발가락 쪽을 향하게 구부려 주며 엉덩이를 아래로 밀면서 쪼그리고 앉는다. 무릎을 구부리는 동시에 팔을 앞쪽으로 펴준다.

주의

- 호흡을 조심하고 아래로 힘을 주어서는 안 된다. 힘에 부쳐도 그렇게 하지 말라. 특히 탈출증이 있을 때는 아래로 힘을 주는 것은 정말 좋지 않다!
- 머리를 중립 위치에 놓아라. 스쿼트를 할 때 머리를 뒤로 젖히는 사람이 너무 많다.
- 등을 중립 자세로 하고, 구부리지 말라.
- 좌골부를 앞쪽으로 강하게 기울인다.
- 무릎은 안쪽이 아닌 발가락 쪽으로 향하게 한다.

레벨(스모 스쿼트 +)

1. 무릎 높이 이하까지는 내려가지 않는다.
2. 최대한 쪼그려 앉듯 아래까지 내려간다.
3. 뜀뛰기를 포함한다!

변형

- 무릎 바로 위로 덤벨을 들어주거나 고무 밴드를 걸어준다.
- 스텝과 결합한다(워킹 스쿼트).

셀프테스트와 활성화: 335쪽 스쿼트 참조.

슈퍼 맘(Super Mom) ⓓ

몸통의 안정성과 균형이 조화를 이루게 하기 위한 운동이 슈퍼 맘이다. 체중이 늘어 균형을 잃었을 때는 균형을 되찾는 것이 중요하다. 이 연습이 그것에 도움을 줄 것이다. 이 운동을 하면서 몸통의 안정감을 유지하도록 신경을 쓰라. 어렵지만 안정성을 높이는 데 아주 좋을 것이다.

무릎과 손을 바닥에 대고, 네발 자세를 취하라. 그리고는 한쪽 팔을 앞으로 뻗는 동시에 반대쪽 다리를 뒤로 쭉 뻗어주라. 그다음 팔다리를 교대하라. 팔과 다리는 숨을 내쉴 때 들어주고, 다시 숨을 내쉬면서 내려주어야 한다. 자, 이제 당신은 날게 될 것이다. 진짜 슈퍼 맘처럼!

주의

- 이 운동은 네발 자세로 출발하므로, 복직근이개가 심한 경우는 주의해야 한다. 이 자세에서는 복벽에 가해지는 압력이 너무 커질 수 있다. 불쾌하거나 고통스러운가? 그렇다면 운동을 중단해야 한다.
- 척추전만이 되지 않게 하라.
- 여기서도 역시 머리는 중립 위치에 두고 위를 쳐다보지 말라!

테이블 톱 ⓓ

이 운동은 컴퓨터 작업을 자주 하는 사람들에게 이상적인 운동이다. 이 운동은 컴퓨터 자세로 말미암아 뭉친 근육군을 스트레칭하고 정확히 맞은 편에 놓인 근육을 단련해 다시 똑바른 자세를 취하고, 짧아진 근육 때문에 지장이 없게끔 한다.

매트에 앉아 발은 엉덩이 너비로 벌리고 손은 엉덩이 뒤 어깨 아래에 놓는다. 손가락은 발 쪽을 향하게 한다. 이제 손과 발에 압력을 주면서 엉덩이를 들고 팔을 뻗어 몸이 테이블처럼 되도록 한다. 상체가 테이블 상판이 되는 것이다.

- 복직근이개가 심한 경우, 통증이 있는 경우는 이 운동을 하지 말라.

- 팔꿈치를 과도하게 펴지 말라.

- 척추전만이 되지 않게 허리를 중립 자세로 유지하라.

- 머리를 중립 위치에 놓고, 머리가 뒤로 처지지 않게 하라.

레벨

1 보통의 테이블 톱 자세

2 다리를 뻗어준다.

3 다리를 뻗은 채 잠시 유지한다.

셀프테스트 및 활성화: 배에 문제가 있어 테이블 톱 자세를 취하기 힘든 경우 우선 복근을 훈련하면, 이 연습을 더 오래, 더 잘 실행할 수 있을 것이다(154쪽 참조).

트라이셉스 딥스(Triceps Dips) Ⓟ

위팔에서 멋지게 둥글게 만져지는 부분이 바로 상완삼두근이다. 이 근육은 물론 여러 가지로 훈련할 수 있다. 하지만 이 운동은 단연 쉽고 가장 좋은 방법으로, 어디에 있든 하루 여러 번 훈련할 수 있다.

엉덩이 높이의 테이블이나 의자에 가능한 한 등을 가까이 대고 서라. 테이블이나 의자 상판에 손을 짚어 지탱하고, 몸을 아래로 낮추라.

주의

- 지탱하는 테이블이나 의자에 가능한 한 등을 가깝게 유지하라.

- 등을 바르게 하라.

- 어깨를 아래로 내리고, 약간 뒤로 젖히라.
- 팔꿈치가 구부러지지 않도록 하라.

레벨

1 싱크대처럼 엉덩이 높이의 것에 지탱하라.

2 의자에 지탱하라.

3 다리를 편 상태로 하라.

맺음말

당신은 이제 자신에게로 돌아갔을 것이다. 지금까지 어떤 여행을 하고, 어떤 변화를 경험했는가! 이 여행에 당신과 함께할 수 있었던 것을 자랑스럽게 생각한다. 물론 쉽지는 않았을 것이다. 힘든 작업, 힘든 트레이닝이었다. 하지만 이제 당신은 자신에게로 돌아왔다. 당신은 40주 전에 시각화를 통해 뇌와 골반저 근육을 처음으로 연결했고, 이제 방광이 가득 찬 상태에서도 트램펄린에서 뜀뛰기를 할 수 있을 정도가 되었다. 메모해놓은 일지를 다시 들추어보라. 전에 어떤 것을 할 수 없었던가! 이제 그런 것을 할 수 있게 된 것을 몹시 자랑스러워할 수 있을 것이다.

BTY 프로그램이 도움이 되었기를 바란다. 파워하우스는 어느 때보다도 강해졌고, BTY 케겔 운동은 일상의 습관이 되었으며, 마음과 몸이 활력을 얻고 엄마로서 힘차게 살아갈 수 있는 상태가 되었을 것이다.

XL – 기본 요소에 충실하라. 영양, 자세, 호흡, 휴식 및 이완에 계속 신경을 쓰고, 늘 몸을 움직이고 운동하라.

힘내고, 건강하고, 늘 자신에게 충실한 삶을 살아가길 바란다.

사랑을 담아
자비에라와 로런스

Back 단계: 0~6주

백투유(Back To You)는 Back 단계에서 시작한다. 당신의 몸은 임신과 출산으로 좀 축이 났고, 이젠 쉬면서 연결을 만드는 데 집중해야 한다. 아기와 연결되고, 엄마로서의 새로운 역할에 연결되어야 한다. 이 단계의 연습에서 우리는 당신의 뇌와 파워하우스를 연결하는 데 초점을 맞추고자 한다.

Back 단계 전에 다음 질문에 답해보라.

얼마나 컨디션이 좋은가?

☐1 ☐2 ☐3 ☐4 ☐5
☐6 ☐7 ☐8 ☐9 ☐10

얼마나 기분이 좋은가?

☐1 ☐2 ☐3 ☐4 ☐5
☐6 ☐7 ☐8 ☐9 ☐10

사 진

체중(킬로그램): _____
배 둘레(센티미터): _____
메모: _____

To 단계: 7~24주

To 단계에서는 천천히, 하지만 확실히 "정상적인" 삶으로 돌아간다. 다시 외출하고, 사람들을 더 많이 만나고, 자신을 더 되찾게 된다. 운동에서 우리는 안정성과 가동성을 높이는 데 집중할 것이다.

To 단계 전에 다음 질문에 답해보라.

얼마나 컨디션이 좋은가?

☐1 ☐2 ☐3 ☐4 ☐5
☐6 ☐7 ☐8 ☐9 ☐10

얼마나 기분이 좋은가?

☐1 ☐2 ☐3 ☐4 ☐5
☐6 ☐7 ☐8 ☐9 ☐10

사 진

체중(킬로그램): _____
배 둘레(센티미터): _____
메모: _____

You 단계: 25~40주

당신은 점점 더 "새로운 나"가 되어, 점점 힘을 되찾게 될 것이다. 운동하는 동안 우리는 새로운 당신이 되어 더 건강하고 (심신이 더) 튼튼하고 생동감이 있도록 하는 데 집중할 것이다. 당신은 이제 새로운 "나"로 거듭난다! 혹은 예전보다 더 나은 자신이 된다.

You 단계 전에 다음 질문에 답해보라.

얼마나 컨디션이 좋은가?

☐ 1 ☐ 2 ☐ 3 ☐ 4 ☐ 5
☐ 6 ☐ 7 ☐ 8 ☐ 9 ☐ 10

얼마나 기분이 좋은가?

☐ 1 ☐ 2 ☐ 3 ☐ 4 ☐ 5
☐ 6 ☐ 7 ☐ 8 ☐ 9 ☐ 10

사 진

체중(킬로그램): _____
배 둘레(센티미터): _____
메모: _____

Back To You: 40주

언제 예전으로 돌아갈 수 있을지 예측할 수 있는 사람은 없다. 어떤 사람은 9개월 뒤에 온전한 자기 자신이 되고, 어떤 사람은 시간이 더 필요할 것이다. 하지만 한 가지는 확실하다. 여기까지 왔다면 굉장히 열심히 한 것이며, 자랑스러워해도 된다는 사실이다.

Back To You 전에 다음 질문에 답해보라.

얼마나 컨디션이 좋은가?

☐ 1 ☐ 2 ☐ 3 ☐ 4 ☐ 5
☐ 6 ☐ 7 ☐ 8 ☐ 9 ☐ 10

얼마나 기분이 좋은가?

☐ 1 ☐ 2 ☐ 3 ☐ 4 ☐ 5
☐ 6 ☐ 7 ☐ 8 ☐ 9 ☐ 10

사 진

체중(킬로그램): _____
배 둘레(센티미터): _____
메모: _____

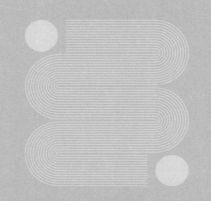

Back To You

엄마, 나는 자라고 있어요: 출산 후, 나로 돌아가는 시간

초판 1쇄 인쇄 2022년 12월 19일 | 초판 1쇄 발행 2023년 1월 10일

지은이 자비에라 프로에이 · 로런스 미슈너 | 옮긴이 유영미 | 감수 박혜성

펴낸이 신광수
CS본부장 강윤구 | 출판개발실장 위귀영 | 출판영업실장 백주현 | 디자인실장 손현지
단행본개발팀 권병규, 조문채, 정혜리
출판디자인팀 최진아, 당승근 | 저작권 김마아, 이아람
채널영업팀 이용복, 우광일, 김선영, 이채빈, 이강원, 강신구, 박세화, 김종민, 정재욱, 이태영, 전지현
출판영업팀 민현기, 최재용, 신지애, 정슬기, 허성배, 설유상, 정유
영업관리파트 홍주희, 이은비, 정은정
CS지원팀 강승훈, 봉대중, 이주연, 이형배, 이우성, 전효정, 장현우, 정보길

펴낸곳 (주)미래엔 | 등록 1950년 11월 1일(제16-67호)
주소 06532 서울시 서초구 신반포로 321
미래엔 고객센터 1800-8890
팩스 (02)541-8249 | 이메일 bookfolio@mirae-n.com
홈페이지 www.mirae-n.com

ISBN 979-11-6841-469-3 (03590)

북폴리오는 참신한 시각, 독창적인 아이디어를 환영합니다.
기획 취지와 개요, 연락처를 bookfolio@mirae-n.com으로 보내주십시오.
북폴리오와 함께 새로운 문화를 창조할 여러분의 많은 투고를 기다립니다.